SOLIDWORKS 2022 有限元、虚拟样机与流场分析从入门到精通

胡仁喜 崔秀梅 万金环 等编著

机 械 工 业 出 版 社

本书包含 SOLIDWORKS 2022 有限元分析、虚拟样机和流体分析三大部分，以分析为中心，贯穿从有限元分析到流体分析的工程实践全过程。

全书包括有限元分析中的静态分析、频率分析、热力分析、疲劳分析、非线性分析、屈曲分析、跌落测试分析、压力容器设计、设计算例优化和评估分析、多体动力学虚拟样机技术和流场分析技术。

为了方便广大读者更加形象直观地学习本书，随书配赠多媒体光盘，包含全书实例操作过程录屏讲解 AVI 文件和实例源文件，以及额外赠送的 SOLIDWORKS 工业设计相关操作实例的录屏讲解 AVI 电子教材。

本书适合自学用户，包括制造类企业的工程技术人员，并可作为高校机械专业的课程设计用书及 CAD/CAE 课程教材。

图书在版编目（CIP）数据

SOLIDWORKS2022有限元、虚拟样机与流场分析从入门到精通/胡仁喜等编著. —北京：机械工业出版社，2023.5
ISBN 978-7-111-73166-5

Ⅰ．①S⋯ Ⅱ．①胡⋯ Ⅲ．①机械设计－计算机辅助设计－应用软件 Ⅳ．①TH122
中国国家版本馆 CIP 数据核字(2023)第 087362 号

机械工业出版社（北京市百万庄大街 22 号　邮政编码 100037）
策划编辑：曲彩云　　　责任编辑：王　珑
责任校对：刘秀华　　　责任印制：任维东
北京中兴印刷有限公司印刷
2023 年 6 月第 1 版第 1 次印刷
184mm×260mm・22 印张・544 千字
标准书号：ISBN 978-7-111-73166-5
定价：89.00 元

电话服务　　　　　　　网络服务
客服电话：010-88361066　机 工 官 网：www.cmpbook.com
　　　　　010-88379833　机 工 官 博：weibo.com/cmp1952
　　　　　010-68326294　金 书 网：www.golden-book.com
封底无防伪标均为盗版　机工教育服务网：www.cmpedu.com

前　言

SOLIDWORKS 是基于 Windows 的三维实体设计软件,全面支持微软的 OLE 技术,并且支持 OLE2.0 的 API 后继开发工具。它改进了 CAD/CAE/CAM 领域传统的集成方式,使不同的应用软件能集成到同一个窗口,共享同一数据信息,以相同的方式操作,没有文件传输的烦恼。"基于 Windows 的 CAD/CAE/CAM/PDM 桌面集成系统"能够贯穿设计、分析、加工和数据管理整个过程。SOLIDWORKS 凭借其在关键技术的突破、深层功能的开发和工程应用领域的不断拓展,成为 CAD 市场中的主流产品。

随着软件功能的不断集成与发展,SOLIDWORKS 在 CAE 领域的功能越来越强大,目前 SOLIDWORKS 已经集成了 SOLIDWORKS Simulation、SOLIDWORKS Motion、SOLIDWORKS Flow Simulation 三大 CAE 分析模块,分别用于有限元分析、虚拟样机及运动仿真、流体动力学分析。SOLIDWORKS 的这些 CAE 功能与 SOLIDWORKS 平台高度集成,与 SOLIDWORKS 建模功能无缝衔接,可以直接调用 SOLIDWORKS 模型数据,简便快捷,不会出现某些 CAD 软件和 CAE 软件在数据传输时容易出现的数据转换困难和数据丢失现象,分析过程简单而准确,既节省计算时间,也节省计算机磁盘空间,因此得到了越来越广泛的应用。和一些传统 CAE 分析软件相比,SOLIDWORKS 的 CAE 功能灵活简单,精度够用,结果准确。

本书以工程实例贯穿始终,在编写的过程中吸收了大量工程技术人员应用 SOLIDWORKS 软件的经验,将重要的知识点嵌入具体的设计中,讲解力求清晰、明了、易懂、易学和易掌握,可以使读者边学习边操作。

本书在内容编排上由浅入深,循序渐进,力求避免只停留在对 SOLIDWORKS 初级功能的介绍上,深入挖掘 SOLIDWORKS 内在的强大功能,可以使读者全面深入地了解 SOLIDWORKS 软件,从本质上提高读者的设计及分析能力。本书可作为中高等院校机械专业的 CAD/CAE 课程或机械设计课程教材,也可作为读者自学用书或作为机械设计专业人员的参考工具书。

本书共 13 章。第 1 章概括地介绍了 SOLIDWORKS Simulation 的功能、特点和使用方法;第 2 章~第 9 章介绍了有限元分析模块 SOLIDWORKS Simulation 2022 的应用,包括静态分析、频率分析、热力分析、疲劳分析、非线性分析、屈曲分析、跌落测试分析和压力容器设计、设计算例优化和评估分析;第 10 章和第 11 章讲述了 SOLIDWORKS Motion 2022 技术基础及仿真分析实例;第 12 章和第 13 章讲述了 SOLIDWORKS Flow Simulation 2022 技术基础及分析实例。

本书具有以下几大特点:

1. 编者权威

编者有着多年的计算机辅助设计领域工作经验和教学经验。本书是编者总结多年的设计经验以及教学的心得体会精心编著而成,力求全面细致地展现出 SOLIDWORKS 2022 在 CAE 分析应用领域的各种功能和使用方法。

2. 内容全面

本书是市面上未曾有过的将 SOLIDWORKS 的有限元分析、虚拟样机和流场分析三大 CAE 分析模块集中在一起进行全面介绍的图书,可以实现一书在手,SOLIDWORKS 的 CAE 分析功能全掌握。

3.实例专业

书中实例具有很好的实践操作可行性,其中很多实例本身就是工程设计项目案例,经过编者精心提炼和改编,不仅可以保证读者能够学好知识点,更重要的是能帮助读者掌握实际的操作技能。

4.提升技能

本书将工程分析中涉及的专业知识融入了其中,能够让读者深刻体会到利用 SOLIDWORKS 进行工程分析的完整过程和使用技巧,有利于提高读者技术储备,使读者能够快速掌握操作技能。

5.知行合一

本书结合大量的实例详细讲解了 SOLIDWORKS 2022 的知识点,这些实例能够让读者在学习的过程中了解并掌握 SOLIDWORKS 2022 的操作技巧,同时培养其工程分析实践能力。

为了方便广大读者更加形象直观地学习本书,随书配赠了多媒体电子资料,其中包含了全书实例操作过程录屏讲解 AVI 文件和实例源文件,以及拓展知识的 SOLIDWORKS 工业设计相关操作实例的录屏讲解 AVI 电子教材,总教学时长达 1000 分钟。读者可以登录百度网盘(https://pan.baidu.com/s/1A1JqS2trFGqBz-WqFTe5jA)或者扫描下方二维码,输入密码"swsw"下载本书电子资料。

本书由三维书屋工作室策划,由胡仁喜、崔秀梅、万金环主要编写,其中胡仁喜编写了第 1 章～第 6 章,崔秀梅编写了第 7 章～第 11 章,万金环编写了第 12 章和第 13 章,刘昌丽、康士廷、闫聪聪、杨雪静、卢园、孟培、李亚莉、解江坤、秦志霞、张亭、毛瑢、闫国超、吴秋彦、甘勤涛、李兵、王敏、孙立明、王玮、王培合、王艳池、王义发、王玉秋、张琪、朱玉莲、徐声杰、张俊生、王兵学参加了部分编写整理工作。

由于编者水平有限,书中不足和错误在所难免,恳请读者予以指正。欢迎广大专家和读者发邮件至 714491436@qq.com 交流指导,也欢迎加入三维书屋图书学习交流群(QQ:379090620)交流探讨。

编　者

目　录

第 1 章

SOLIDWORKS Simulation 2022 概述

本章介绍了SRAC公司为SOLIDWORKS提供的三个插件中的SOLIDWORKS Simulation的功能和特点，并简要说明了SOLIDWORKS Simulation的具体使用方法。

 学 习 要 点

- ◎ SOLIDWORKS Simulation 2022 的功能和特点
- ◎ SOLIDWORKS Simulation 2022 的使用

1.1　有限元法

有限元法是随着电子计算机的发展而迅速发展起来的一种现代计算方法。它是 20 世纪 50 年代首先在连续体力学领域——飞机结构静、动态特性分析中应用的一种有效的数值分析方法，随后很快广泛应用于求解热传导、电磁场、流体力学等连续性问题。

简单地说，有限元法就是将一个连续的求解域（连续体）离散化，即分割成彼此用节点（离散点）互相联系的有限个单元，在单元体内假设近似解的模式，用有限个结点上的未知参数表征单元的特性，然后用适当的方法将各个单元的关系式组合成包含这些未知参数的代数方程，得出各结点的未知参数，再利用插值函数求出近似解，也就是用有限的单元离散某连续体然后进行求解的一种数值计算近似方法。

由于单元可以被分割成各种形状和大小不同的尺寸，所以它能很好地适应复杂的几何形状、复杂的材料特性和复杂的边界条件，再加上有成熟的大型软件系统支持，因此有限元法已成为一种非常受欢迎的、应用极广的数值计算方法。

有限元法发展到今天，已成为工程数值分析的有力工具，特别是在固体力学和结构分析的领域内，有限元法取得了巨大的进展，利用它已经成功地解决了一大批有重大意义的问题，有很多通用程序和专用程序投入了实际应用。同时，有限元法又是在快速发展的一个科学领域，它的理论，特别是在应用方面的文献经常大量地出现在各种刊物和文献中。

1.2　有限元分析法（FEA）的基本概念

有限元模型是真实系统理想化的数学抽象。图 1-1 所示为对真实系统理想化后的有限元模型。

a) 真实系统　　　　　　　　　　b) 有限元模型

图 1-1　对真实系统理想化后的有限元模型

在有限元分析中，如何对模型进行网格划分，以及网格的大小都直接关系到有限元求解结果的正确性和精度。

进行有限元分析时，应该注意以下事项：

1）制订合理的分析方案：

➤ 对分析问题力学概念的理解。

➤ 结构简化的原则。

➤ 网格疏密与形状的控制。

➤ 分步实施的方案。

2）目的与目标明确：

➤ 初步分析还是精确分析。

➤ 分析精度的要求。

➤ 最终需要获得的是什么。

3）不断的学习与积累经验。

利用有限元分析问题时的简化方法与原则：划分网格时主要考虑结构中对结果影响不大、但建模又十分复杂的特殊区域的简化处理，同时需要明确进行简化对计算结果带来的影响是有利还是不利。在装配体的有限元分析中，首先明确装配关系。对于装配后不出现较大装配应力同时结构变形时装配处不发生相对位移的连接，可采用两者之间连为一体的处理方法，虽然连接处的应力是不准确的，但这一结果并不影响远处的应力与位移。对于装配后出现较大应力或结构变形时装配处发生相对位移的连接，需要按接触问题处理。图 1-2 所示为有限元法与其他课程之间的关系。

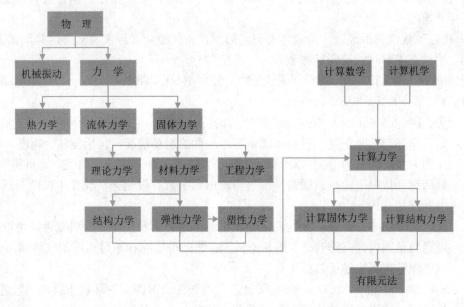

图 1-2 有限元法与其他课程之间的关系

1.3 SOLIDWORKS Simulation 2022 的功能和特点

Structural Research and Analysis Corporation（简称 SRAC）创建于 1982 年，是一个全力发展有限元分析软件的公司，公司成立的宗旨是为工程界提供一套高品质并且具有最新技术、价格低廉并能为大众所接受的有限元软件。

1998 年，SRAC 公司着手对有限元分析软件进行以 Parasolid 为几何核心的全新编写。该软件以 Windows 视窗界面为平台，可为用户提供操作简便的友好界面，其中包含了具有实体建构能力的前、后处理器的有限元分析软件——GEOSTAR。GEOSTAR 根据用户的需要可以单独存在，也可以与所有基于 Windows 平台的 CAD 软件无缝集成。在此基础上， SRAC 公司开发出了为三维 CAD 软件 SOLIDWORKS 服务的全新嵌入式有限元分析软件 SOLIDWORKS Simulation。

SOLIDWORKS Simulation 使用 SRAC 公司开发的求解极快的有限元分析算法——快速有限元算法（FFE），完全集成在 Windows 环境下并与 SOLIDWORKS 软件无缝集成。最近的测试表明，快速有限元算法（FFE）可比传统算法提升 50～100 倍的解题速度，并降低了磁盘存储空间，只需原来的 5% 就够了，更重要的是，它在计算机上就可以解决复杂的分析问题，从而节省了使用者在硬件上的投资。

SRAC 公司的快速有限元算法（FFE）比较突出的原因如下：

1）参考以往的有限元求解算法的经验，以 C++ 语言重新编写程序，程序代码中尽量减少循环语句，并且引入了当今世界范围内软件程序设计新技术的精华，因此极大提高了求解器的速度。

2）使用新的技术开发、管理其资料库，使程序在读、写、打开、保存资料及文件时能够大幅提升速度。

3）按独家数值分析经验，搜索所有可能的预设条件组合（经大型复杂运算测试无误者）来解题，所以在求解时快速而能收敛。

SRAC 公司为 SOLIDWORKS 提供了三个插件，分别是 SOLIDWORKS Motion、SOLIDWORKS Flow Simulation 和 SOLIDWORKS Simulation。

➢ SOLIDWORKS Motion：是一个全功能运动仿真软件，可以对复杂机械系统进行完整的运动学和动力学仿真，得到系统中各零部件的运动情况，包括位移、速度、加速度、作用力及反作用力等，并以动画、图形、表格等多种形式输出结果，还可将零部件在复杂运动情况下的复杂载荷情况直接输出到主流有限元分析软件中以做出正确的强度和结构分析。

➢ SOLIDWORKS Flow Simulation：是一个流体动力学和热传导分析软件，可以在不同雷诺数范围内建立跨音速、超音速和压音速的可压缩和不可压缩的气体和流体模型，以确保获得真实的计算结果。

➢ SOLIDWORKS Simulation：可为设计工程师在 SOLIDWORKS 的环境下提供比较完整的分析手段。凭借先进的快速有限元算法（FFE），工程师能非常迅速地实现对大规模复杂设计的分析和验证，并且获得修正和优化设计所需的必要信息。

SOLIDWORKS Simulation 的基本模块可以对零件或装配体进行静力学分析、固有频率和模态分析、失稳分析和热应力分析等。

静力学分析——用于分析算例零件在只受静力情况下的应力、应变分布。

固有频率和模态分析——确定零件或装配体的造型与其固有频率的关系，可在需要共振效果的场合（如超声波焊接喇叭、音叉）获得最佳设计效果。

失稳分析——用于分析当压应力没有超过材料的屈服强度时，薄壁结构件发生的失稳情况。

热应力分析——用于分析在存在温度梯度的情况下零件的热应力分布情况，以及算例热量在零件和装配中的传播。

疲劳分析——用于预测疲劳对产品全生命周期的影响，确定可能发生疲劳破坏的区域。

非线性分析——用于分析橡胶类、塑料类零件或装配体的行为，还可用于分析金属结构在达到屈服强度后的力学行为。也可以用于考虑大扭转和大变形，如突然失稳。

间隙/接触分析——用于分析在特定载荷下两个或者更多运动零件的相互作用。例如，在传动链或其他机械系统中接触间隙未知的情况下分析应力和载荷传递。

优化——用于在保持满足其他性能判据（如应力失效）的前提下自动定义最小体积设计。

SOLIDWORKS Simulation 2022 使得用户能够测试装配体的性能而无须通过繁琐费时的步骤建立完整的连接部件（如销钉和弹簧），还可通过新的可用性特性简化分析过程，如通过菜单驱动命令代替手动计算温度调节装置实现热调节。新的可视化和分析报告特性使得用户能够从分析中获取更精准的结果。SOLIDWORKS Simulation 2022 与 SOLIDWORKS 机械设计软件更紧密的集成使得所有使用 COSMOS 应用工具的用户能够分析设计而无须重新键入数据及在不同应用程序中切换。

SOLIDWORKS Simulation 2022 正好与 SOLIDWORKS 公司的 SOLIDWORKS 2022 机械设计软件同时发布。除了新的建模特性，SOLIDWORKS Simulation 2022 通过增加以下特性，在应用性方面也有很大的突破：

➤ 支持多实体零件文件，为每个实体分配不同的材料属性，然后定义不同实体间的接触条件。

➤ 在非线性算例中新增镍钛诺材料模型。镍钛诺因其具有的独特属性，已成为许多医疗器械（如展幅器）优先选择的材料。

➤ 分析库特。可以生成分析特征（如载荷、支撑和接触条件等）的常用模板；可用来为新手创建模板，以帮助其减少常见错误；在设计重复时，此特点便于重复使用设计规格。

➤ 使用热力分析计算的温度曲线作为瞬态热力算例的初始条件。

➤ 为新的优化方法设计了一组试验，以找出最佳解。对于指定数量的设计变量，试验（运行）的数量是固定的。

➤ 改进了的剖视图解。对剖视图解属性管理器进行了改进，以改善多剖面上的图解绘制过程。

与 SOLIDWORKS 2022 更紧密的集成让设计师无须重新输入设计数据即可进行分析。SOLIDWORKS Simulation 2022 自动地使用 SOLIDWORKS 2022 数据来定义装配材料的物理特性，并从嵌入 SOLIDWORKS 2022 的 SOLIDWORKS Simulation 分析工具读取数据。SOLIDWORKS

Simulation 2022 还能够在 SOLIDWORKS 2022 的任务日程表中安排分析运行的时间等。

1.4 SOLIDWORKS Simulation 2022 的启动

1）选择命令"工具"→"插件"。

2）在弹出的如图 1-3 所示的"插件"对话框中选择"SOLIDWORKS Simulation"，并单击"确定"按钮。

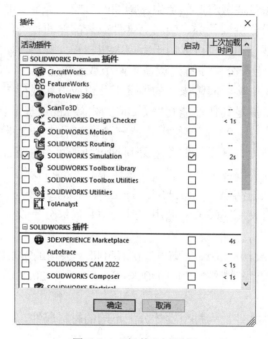

图 1-3 "插件"对话框

3）此时在 SOLIDWORKS 的主菜单中添加了一个新的选项卡"Simulation"，如图 1-4 所示。当 SOLIDWORKS Simulation 生成新算例后，在管理程序窗口的下方会出现 SOLIDWORKS Simulation 的模型树，在绘图区的下方会出现新算例的标签栏。

1.5 SOLIDWORKS Simulation 2022 的使用

本节将通过一个连接盘静力分析案例来讲述 SOLIDWORKS Simulation 2022 设置和操作的基本过程。

1.5.1 算例专题

在用 SOLIDWORKS 设计完几何模型后，即可使用 SOLIDWORKS Simulation 对其进行分析。

分析模型的第一步是建立一个算例专题。算例专题由一系列参数所定义，这些参数完整地表述了该物理问题的有限元模型。

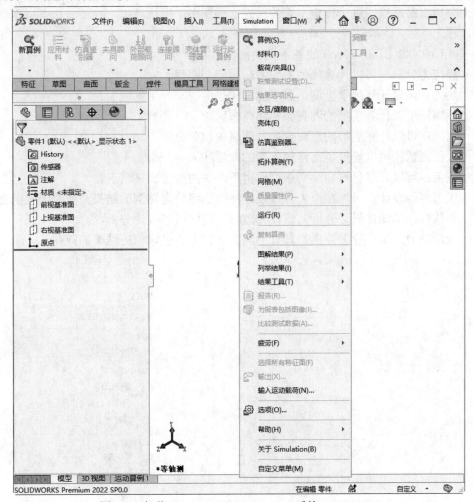

图 1-4　加载 SOLIDWORKS Simulation 后的 SOLIDWORKS

当对一个零件或装配体进行分析时，典型的问题就是要研究零件或装配体在不同工作条件下的不同反应，这就要求运行不同类型的分析，试验不同的材料，或指定不同的工作条件。每个算例专题都描述其中的一种情况。

一个算例专题的完整定义包括以下几方面：

➢　分析类型和选项。

➢　材料。

➢　载荷和约束。

➢　网格。

要确定算例专题，可按如下步骤操作：

1）单击"Simulation"主菜单工具栏中的"新算例"按钮 🔍，或选择命令"Simulation"→"算例"，如图 1-5 所示。

2）在弹出的"算例"属性管理器中定义"名称"和"类型"，如图1-6所示。

3）在SOLIDWORKS Simulation模型树中新建的"算例"上面右击，选择"属性"，打开"静应力分析"对话框，进一步定义它的属性，如图1-7所示。每一种"分析类型"都对应不同的属性。

4）SOLIDWORKS Simulation的基本模块提供了9种分析类型。

➢ 静应力分析：可以计算模型的应力、应变和变形。

➢ 热力：可以计算由于温度、温度梯度和热流影响产生的应力。

➢ 频率：可以计算模型的固有频率和模态。

➢ 屈曲：可以计算危险的屈曲载荷，即屈曲载荷分析。

➢ 跌落测试：可以模拟零部件掉落后的变形和应力分布。

➢ 疲劳：可以计算材料在交变载荷作用下产生的疲劳破坏情况。

➢ 压力容器设计：可以在压力容器设计算例中将静态算例的结果与所需因素组合。

➢ 非线性：当线性静态分析的假设无效时，需使用非线性分析。

➢ 线性动力：每个静态算例都具有不同的一组可以生成相应结果的载荷。

图1-5 单击"新算例"按钮或选择"算例"命令

图1-6 定义算例专题

5）定义完算例专题后，单击✔按钮。

在定义完算例专题后，在SOLIDWORKS Simulation的模型树中可以看到定义好的算例专题，如图 1-8 所示。

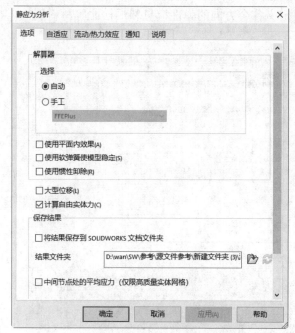

图 1-7　定义算例专题的属性

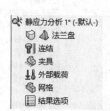

图 1-8　定义好的算例专题出现在
SOLIDWORKS Simulation 模型树中

1.5.2　定义材料属性

在运行一个算例专题前，必须要定义好指定的分析类型所对应的材料属性。在装配体中，每一个零件的材料可以不同。对于网格类型是"使用曲面的外壳网格"的算例专题，每一个壳体可以具有各自的材料和厚度。

要定义材料属性，可按如下步骤操作：

1）在 SOLIDWORKS Simulation 的管理设计树中选择要定义材料属性的算例专题，并选择要定义材料属性的零件或装配体。

2）选择命令"Simulation"→"材料"→"应用材料到所有"，或右击要定义材料属性的零件或装配体，在弹出的快捷菜单中选择命令"应用/编辑材料"，或者单击 Simulation 主菜单工具栏中的应用材料按钮 。

3）在弹出的如图 1-9 所示的"材料"对话框中选择一种方式定义材料属性。

➢ 使用 SOLIDWORKS 中定义的材质：如果在建模过程中已经定义了材质，此时在"材料"对话框中会显示该材料的属性。如果选择了该选项，则定义的所有算例专题都将选择这种材料属性。

➢ 自定义：选择"自定义"单选按钮，则可以自定义材料的属性，用户只要单击要修改的属性，然后输入新的属性值即可。对于各向同性材料，弹性模量和泊松比是必须要定义的变量。如果材料应力的产生是因为温度变化引起的，则材料的热导率必须要定义。如果在分析中，要考虑重力或者离心力的影响，则必须定义材料的密度。对于各向异性材料，则必须要定义各个方向的弹性模量和泊松比等材料属性。

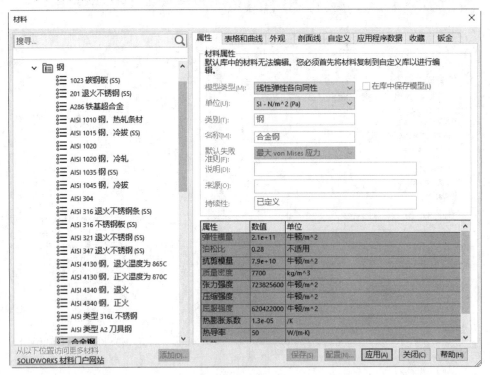

图 1-9　定义材料属性

4）在"材料属性"选项组中，可以定义材料的类型和单位。其中，在"模型类型"下拉列表中可以选择"线性弹性各向同性"（即各向同性材料），也可以选择"线性弹性各向异性"（即各向异性材料）；在"单位"下拉列表中可以选择"SI"（即国际单位）、"英制"和"米制"单位制。

5）单击"应用"按钮就可以将材料属性应用于算例专题了。

1.5.3　载荷和约束

在进行有限元分析时，必须模拟具体的工作环境，对零件或装配体规定边界条件（位移约束）和施加相应的载荷。也就是说实际的载荷环境必须在有限元模型上定义出来。

如果给定了模型的边界条件，则可以模拟模型的物理运动。如果没有指定模型的边界条件，则模型可以自由变形。对有限元模型的边界条件必须要注意，既不能欠约束，也不能过约束。加载的位移边界条件可以是零位移，也可以是非零位移。

每个约束或载荷条件都以图标的方式在载荷/制约文件夹中显示。SOLIDWORKS Simulation 提供了一个智能的"属性管理器"来定义载荷和约束。只有被选中的模型具有的选项才会显示，其不具有的选项则为灰色不可选。例如，如果选择的面是圆柱面或是轴，在属性管理器中允许定义半径、圆周、轴向抑制和压力。载荷和约束是和几何体相关联的，当几何体改变时，它们会自动调节。

在运行分析前，可以在任意的时候指定载荷和约束。利用拖动（或复制粘贴）功能，SOLIDWORKS Simulation 允许在管理树中将条目或文件夹复制到另一个兼容的算例专题中。

要设定载荷和约束，可按如下步骤操作：

1）选择一个面或边线或顶点，作为要加载或约束的几何元素。如果需要，可以按住 Ctrl 键选择更多的顶点、边线或面。

2）在菜单"Simulation"→"载荷/夹具" 中选择一种加载或约束类型，如图 1-10 所示。

图 1-10 "载荷/夹具"菜单栏

3）在对应的载荷或约束"属性管理器"中设置相应的选项、数值和单位。

4）单击✔按钮，完成加载或约束。

1.5.4 网格的划分和控制

有限元分析提供了一个可靠的数字工具用于工程设计分析。首先，要建立几何模型；然后，程序将模型划分为许多具有简单形状的小块（elements），这些小块通过节点（node）连接（这个过程称为网格划分）。有限元分析程序将集合模型视为一个网状物，这个网由离散的互相连接在一起的单元构成。精确的有限元分析结果很大程度上依赖于网格的质量，通常来说，优质的网格决定优秀的有限元分析结果。

网格质量主要靠以下几点保证：

➤ 网格类型。在定义算例专题时，需针对不同的模型和环境，选择一种适当的网格类型。

➤ 适当的网格参数。选择适当的网格大小和公差，可以实现节约计算资源和时间与提高精度的完美结合。

➤ 局部的网格控制。对于需要精确计算的局部位置，采用加密网格可以得到比较好的结果。

在定义完材料属性和载荷/约束后，就可以划分网格了。要划分网格，可按如下步骤操作：

1）单击 SOLIDWORKS Simulation 主菜单工具栏中的"生成网格"按钮，或者在 SOLIDWORKS Simulation 的管理设计树中右击网格图标，然后在弹出的快捷菜单中选择命令"生成网格"。

2）弹出 "网格"属性管理器，如图 1-11 所示。

3）拖动"网格参数"选项组中的滑块，设置网格的大小和公差。如果要精确设置网格，可以在 图标右侧的文本框中指定网格的大小，在 图标右侧的文本框中指定网格的公差。

4）如果选择了"网格化后运行分析"复选框，则在划分完网格后会自动运行分析，计算出结果。

5）单击 按钮，程序会自动划分网格。

如果需要对零部件局部应力集中的地方或者对结构比较重要的部分进行精确地计算，就要对这个部分进行网格的细分。SOLIDWORKS Simulation 本身会对局部几何形状变化较大的地方进行网格的细化，但有时候用户需要手动控制网格的细化程度。

要手动控制网格的细化程度，可按如下步骤操作：

1）选择命令"SOLIDWORKS Simulation"→"网格"→"应用网格控制"。

2）选择要手动控制网格的几何实体（可以是线或面），此时所选几何实体会出现在"网格控制"属性管理器中的"所选实体"选项组中，如图 1-12 所示。

3）在"网格参数"选项组中 图标右侧的文本框中输入网格的大小。这个参数是指步骤 2）中所选几何实体最近一层网格的大小。

4）在 图标右侧的文本框中输入网格梯度，即相邻两层网格的放大比例。

5）单击 按钮后，在 SOLIDWORKS Simulation 的模型树中的网格 文件夹中会出现控制图标 。

6）如果在手动控制网格前已经自动划分了网格，则需要重新对网格进行划分。

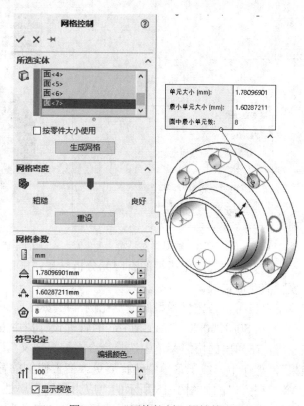

图 1-11 "网格"属性管理器　　　　　　图 1-12 "网格控制"属性管理器

1.5.5 运行分析与观察结果

1）在 SOLIDWORKS Simulation 的管理设计树中选择要求解的有限元算例专题。

2）选择命令"SOLIDWORKS Simulation"→"运行"，或者在 SOLIDWORKS Simulation 的模型树中右击要求解的算例专题图标，然后在弹出的快捷菜单中选择命令"运行"。

3）系统会自动弹出调用的解算器对话框，如图 1-13 所示。在该对话框中可显示解算器执行的过程、单元、节点和 DOF（自由度）数。

4）如果要中途停止计算，则单击"取消"按钮；如果要暂停计算，则单击"暂停"按钮。

运行分析后，系统会自动为每种类型的分析生成一个标准的结果报告。用户可以通过在管理树上单击相应的输出项，观察分析的结果。例如，程序为静力学分析，产生 5 个标准的输出项，在 SOLIDWORKS Simulation 的管理设计树中对应的算例专题中会出现对应的 5 个文件夹，分别为应力、位移、应变、变形和设计检查。单击这些文件夹下的某个图解图标，就会以图的形式显示相应的分析结果，如图 1-14 所示。

在显示结果中的左上角会显示模型名称、算例名称、图解类型和变形比例。模型也会以不同的颜色表示应力、应变等的分布情况。

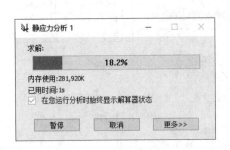

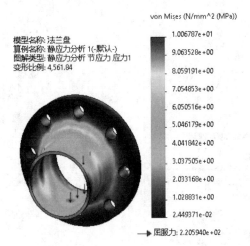

图 1-13　解算器对话框　　　　图 1-14　静力学分析中的应力分析图

为了更好地表达出模型的有限元分析结果，SOLIDWORKS Simulation 会以不同的比例显示模型的变形情况。

用户也可以自定义模型的变形比例，可按如下步骤操作：

1）在 SOLIDWORKS Simulation 的管理设计树中右击要改变变形比例的输出项，如应力、应变等，在弹出的快捷菜单中选择命令"编辑定义"，或者选择命令"Simulation"→"图解结果"，再在下一级子菜单中选择要更改变形比例的输出项。

2）在弹出的如图 1-15 所示的"应力图解"属性管理器中选择更改应力图解结果。

3）在"变形形状"选项组中选择"用户定义"单选按钮，然后在右侧的文本框中输入变形比例。

4）单击 ✔ 按钮，关闭对话框。

对于每一种输出项，根据物理结果可以有多个对应的物理量显示。图 1-14 中的应力结果中显示的是 von Mises 应力，还可以显示其他类型的应力，如不同方向的正应力、切应力等。在图 1-15 的"显示"选项组中图标 🞂 右侧的下拉列表中可以选择更改应力的显示物理量。

SOLIDWORKS Simulation 除了可以以图解的形式表达有限元分析结果，还可以将结果以数值的形式表示，步骤操作如下：

1）在 SOLIDWORKS Simulation 的模型树中选择算例专题。

2）选择命令"Simulation"→"列举结果"，在下一级子菜单中选择要显示的输出项。子菜单共有 5 项，分别为位移、应力、应变、模式和热力。

3）在弹出的如图 1-16 所示的"列举结果"属性管理器中设置要显示的数值属性，这里选择应力。

4）每一种输出项都对应不同的设置，这里不再赘述。

5）单击 ✔ 按钮后，会自动出现结果的数值列表，如图 1-17 所示。

6）单击"保存"按钮，可以将数值结果保存到文件中。在"另存为"对话框中可以选择将数值结果保存为文本文件或者 Excel 文件。

图 1-15　"应力图解"属性管理器　　　图 1-16　"列表结果"属性管理器

图 1-17　数值列表

第 **2** 章

静态分析

本章介绍了单一网格中的实体单元、壳单元、梁单元的静应力分析和混合网格的静应力分析。

学 习 要 点

- 单一网格静应力分析
- 混合网格静应力分析

2.1 单一网格静应力分析

在 SOLIDWORKS Simulation 的有限元分析中，网格化会创建 3D 四面体实体单元、2D 三角形壳单元及 1D 梁单元。网格由一种类型单元组成，除非指定了混合网格类型。实体单元适合大型模型，壳单元适合建模细薄零件（钣金），横梁和桁架单元适合建模结构构件。

一般有五种划分网格的单元类型，分别是一阶四面体实体单元、二阶四面体实体单元、一阶三角形壳单元、二阶三角形壳单元和梁单元。其中，一阶单元为"草稿品质"，二阶单元为"高品质"。如果只是对模型进行初步的分析，如确定约束或者载荷的方向以及反作用力等，可以采用草稿品质单元，而对于计算应力分布的模型则应该采用高品质单元。在进行有限元分析时，需要根据分析的目的和几何体的形状来选择四面体实体单元、三角形壳单元或梁单元。

2.1.1 静态算例的概念

结构分析一般包括静应力分析、频率分析和屈曲分析等，结构分析处理的是模型在载荷作用下的平衡状态。静态算例也称为静应力分析算例，它计算位移、反作用力、应变、应力和安全系数分布。在应力超过一定水平的位置，材料将失效。安全系数计算基于失效准则。该软件提供了四种失效准则。

静态算例可以帮助避免材料因高应力而失效。安全系数低于 1 即表示材料失效。区域中安全系数较大即表示应力较低，您可能能够从该区域中去除部分材料。

2.1.2 四面体实体单元

使用实体单元对零件或装配体进行网格化时，该软件会创建以下其中一种类型的单元，具体取决于为算例激活的网格选项：

草稿品质网格：系统会创建线性四面体实体单元。

高品质网格：系统会创建抛物线四面体实体单元。

线性四面体实体单元也称作一阶或低阶单元。抛物线四面体实体单元也称作二阶或高阶单元。

一阶四面体实体单元有 4 个节点，对应四面体的 4 个角点，每个节点有 3 个自由度，表示节点位移由 3 个线性位移分量描述。

一阶实体单元加载变形后，实体单元的边仍是直线，面也仍是平面，如图 2-1 所示。

二阶实体单元有 10 个节点，包括 4 个角点和 6 个中间节点，每个节点有 3 个自由度。

二阶实体单元加载变形后，实体单元的边可以是曲线，面也可以是曲面，如图 2-2 所示。使用实体单元划分网格至少需要有两层以上的单元才能得到比较精确的结果，当模型的尺寸相差不大时，利用四面体的实体单元划分网格比较合理，当其中一个尺寸远远小于其余的尺寸时，利用实体网格进行划分会占用更多的时间，网格密度同样会影响有限元分析的结果。

一般而言，网格密度（单元数）相同时，抛物线单元产生的结果的精度高于线性单元，原因是：

1）它们能更精确地表现曲线边界。

2）它们可以创建更精确的数学近似结果。不过，与线性单元相比，抛物线单元需要占用更多的计算资源。

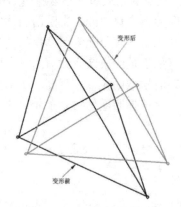

图 2-1　一阶实体单元变形前后

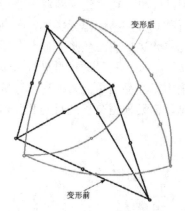

图 2-2　二阶实体单元变形前后

2.1.3　实例——内六角扳手

本实例为对一个内六角扳手进行静应力分析。内六角扳手规格为米制 10mm。如图 2-3 所示，内六角扳手短端为 7.5cm 长，长端为 20cm 长，弯曲半径为 1cm，在长端端部施加 100N 的扭曲力，端部顶面施加 20N 向下的压力。确定扳手在这两种加载条件下应力的大小。

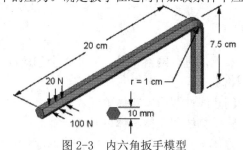

图 2-3　内六角扳手模型

【操作步骤】

1．新建算例

1）选择菜单栏中的"文件"→"打开"命令或单击快速访问工具栏中的"打开"按钮，打开源文件中的"内六角扳手.sldprt"。

2）选择"Simulation"下拉菜单中的"算例"命令，或者单击"Simulation"主菜单工具栏中的"新算例"按钮，弹出"算例"属性管理器。定义"名称"为"静应力分析 1"，设置分析类型为"静应力分析"，如图 2-4 所示。

图 2-4　"算例"属性管理器

3）单击 ✔ 按钮，关闭属性管理器。

2. 定义模型材料

1）选择"Simulation"下拉菜单中的"材料"→"应用材料到所有"命令，或者在"Simulation"主菜单工具栏中单击"应用材料"图标 ≣，或者在 SOLIDWORKS Simulation 算例树中右击 🧊 ⚗ 内六角扳手 图标，在弹出的快捷菜单中选择"应用/编辑材料"命令，弹出"材料"对话框。在"材料"对话框中定义模型的材质为"合金钢"，如图 2-5 所示。

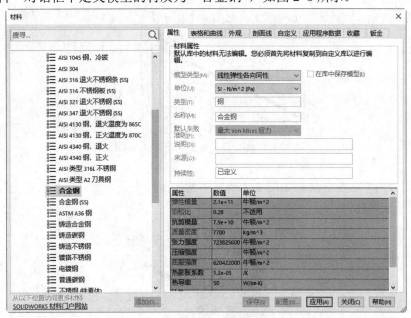

图 2-5　在"材料"对话框中定义材质

2）单击"应用"按钮，关闭对话框。

3. 添加约束

1）选择"Simulation"下拉菜单中的"载荷/夹具"→"夹具"命令，或者单击"Simulation"主菜单工具栏中的"夹具顾问"下拉列表中的"固定几何体"按钮 ⚓，或者在 SOLIDWORKS

Simulation 模型树中右击 夹具 图标，在弹出的快捷菜单中选择"固定几何体"命令，打开"夹具"属性管理器，在"标准"选项组中选择"固定几何体"，选择如图 2-6 所示的短端底面作为固定面。

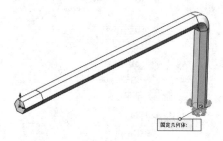

图 2-6　选择固定面

2）单击 按钮，完成固定约束的添加。

4. 添加载荷

1）选择"Simulation"下拉菜单中的"载荷/夹具"→"力"命令，或者单击"Simulation"主菜单工具栏中的"外部载荷顾问"下拉列表中的"力"按钮 ，或者在 SOLIDWORKS Simulation 模型树中右击 外部载荷 图标，在弹出的快捷菜单中选择"力"命令，打开"力/扭矩"属性管理器。单击"力"按钮 ；单击" 法向力的面可壳体边线"右侧的显示栏，在图形区域中选择如图 2-7 所示的面；选择"法向"单选按钮；在"力值"中设置力为 20N。

2）单击 按钮，完成载荷 1 的添加，如图 2-7 所示。

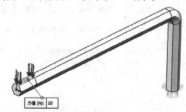

图 2-7　施加载荷 1

3）重复"力"命令，选择如图 2-8 所示的两个面作为受力面，施加大小为 100N、方向垂直于右视基准面的力。

图 2-8　施加载荷 2

4）单击 ✔ 按钮，完成载荷 2 的添加，如图 2-8 所示。

5．生成网格和运行分析

1）选择"Simulation"下拉菜单中的"网格"→"生成"命令，或者单击"Simulation"主菜单工具栏 "运行此算例"下拉列表中的"生成网格"按钮 🗔，或者在 SOLIDWORKS Simulation 模型树中右击 🗔 **网格** 图标，在弹出的快捷菜单中选择"生成网格"命令。

2）系统弹出"网格"属性管理器。勾选"网格参数"复选框，选择"基于曲率的网格"选项，设置"最大单元大小"和"最小单元大小"均为 2.8mm，如图 2-9 所示。

3）单击 ✔ 按钮，程序自动划分网格，划分后的结果如图 2-10 所示。

图 2-9　设置网格

图 2-10　划分网格

4）选择"Simulation"下拉菜单中的"运行"→"运行"命令，或者单击"Simulation"主菜单工具栏中的"运行此算例"按钮 🗔，运行分析。运行时会弹出如图 2-11 所示的"Simulation"对话框，单击"否"按钮关闭即可。当计算分析完成之后，在 SOLIDWORKS Simulation 的算例树中即可出现相应的结果文件夹。

6．查看结果

在分析完有限元模型之后，可以对计算结果进行分析，从而使其成为进一步设计的依据。

在 SOLIDWORKS Simulation 的算例树中双击"位移 1"和"应力 1"图解图标，在右面的图形区域中将显示位移和应力分布，如图 2-12 所示。

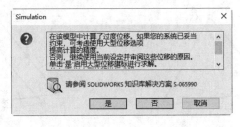

图 2-11　"Simulation"对话框

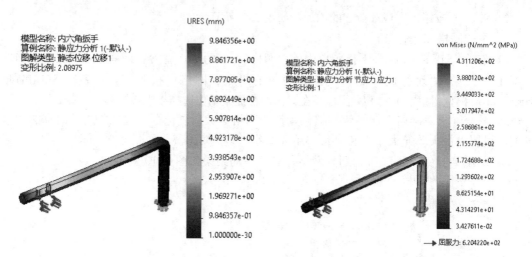

图 2-12　位移和应力分布

图中红颜色的区域代表应力比较大的地方，蓝颜色的区域代表应力较小的地方。从应力分布图中可以看出，内六角扳手在加载情况下的 von Mises 最大应力大约为 431MPa，远远小于材料合金钢的屈服极限 620MPa。

2.1.4　三角形壳单元

与四面体实体单元类似，使用壳单元时，该软件会创建以下其中一种类型的单元，具体类型取决于为算例激活的网格化选项：

草稿品质网格：系统创建线性三角形壳单元。

高品质网格：系统创建抛物线三角形壳单元。

线性三角形壳单元也称为一阶壳单元，由 3 个通过三条直边连接的边角节点来定义。

抛物线三角形壳单元也称为二阶壳单元，由 3 个边角节点、3 个中间节点和 3 个抛物线边线来定义。对于使用钣金的算例，壳体厚度将自动从模型的几何体中提取。

一阶壳单元有 3 个节点，分别位于 3 个角点。每个节点有 3 个自由度，表示节点位移可以由 3 个位移分量和 3 个转动分量描述。一阶壳单元变形后，壳单元的边仍是直线，如图 2-13 所示。

二阶壳单元有 6 个节点，包括 3 个角点和 3 个中间节点。二阶壳单元变形后，壳单元的边可以是曲线，面可以是曲面，如图 2-14 所示。

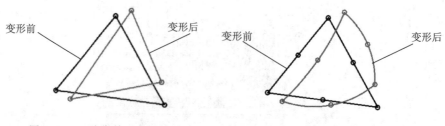

图 2-13　一阶壳单元变形前后　　　　图 2-14　二阶壳单元变形前后

1. 创建壳体网格

创建算例时，程序会自动根据现有几何体将网格类型定义为实体、壳体或混合。系统可自动为以下几何体创建壳体网格：

➤ 厚度均匀的钣金：带壳单元的钣金网格，掉落测试算例除外。系统将提取中间面并且在中间面创建壳体网格，根据钣金厚度分配壳体厚度。用户可以选择先视钣金为实体，然后将选定实体面手动转换为壳体。

➤ 曲面几何体：使用壳单元对曲面几何体进行网格化。系统将薄壳体公式分配到每个曲面实体。用户可以将壳体网格的位置控制为壳体顶面、中间面或底面。要将网格定位到参考曲面，可以输入偏移值。根据默认设定，网格始终与壳体的中央面对齐。

对于实体，不能使用壳单元网格化，但可以通过以下操作将实体面转化为曲面几何体。

在 SOLIDWORKS Simulation 算例树中右击零件图标🗔 🔺，在弹出的快捷菜单中选择"按所选面定义壳体"命令，打开"壳体定义"属性管理器，如图 2-15 所示。

在该属性管理器中可定义薄壳体和厚壳体单元的厚度，还可为静态、频率和扭曲算例将壳体定义为复合。

"壳体定义"属性管理器中各选项的含义如下：

（1）细 使用薄壳体公式。在厚度跨度比小于 0.05 时，通常使用薄壳体。

（2）粗 使用厚壳体公式。

（3）复合 将壳体定义为复合薄层。复合壳体定义只能用于静态算例、频率算例和扭曲算例的表面几何体。选中该选项，属性管理器中将增加"复合选项"和"复合方位"两个选项组，如图 2-16 所示。

图 2-15 "壳体定义"属性管理器　　　图 2-16 "复合选项"和"复合方位"选项组

（4）⬛所选实体　在图形区域中选择要编辑的面。

（5）🪨抽壳厚度　指定壳体厚度并选择单位。

（6）上下反转壳体　反转属于选定壳体的所有壳体单元的顶面和底面。

（7）偏移　用于控制壳体网格的位置。用户可以在壳体的中间、顶部或底部曲面上或在以总厚度的一小部分指定的参考曲面上定位网格，在选定曲面上生成壳体网格。系统提供了4种偏移选项：

1）▤中曲面：选定的曲面是壳体的中间平面参考。

2）▢上曲面：选定的曲面是壳体的顶部曲面。

3）▢下曲面：选定的曲面是壳体的底部曲面。

4）▢指定比率：选定的曲面是由总厚度一小部分的偏移值定义的参考曲面。偏移值介于 −0.5~0.5 之间。0.5 的比率可将选定曲面定位在壳体的顶部面上，−0.5 的比率可将选定曲面定位在壳体的底部面上。

"复合选项"和"复合方位"选项组中各选项的含义如下：

1）夹层：选择夹层复合公式。

2）总层：为复合薄层设置总层数。只能在取消选择"夹层"选项时使用。

3）对称：指定围绕薄层中间面的薄层对称连接。只能在取消选择"夹层"选项时编辑。

4）所有层材料相同：将"选择材料📰"选项定义的相同材料属性应用到所有层。

5）旋转 0o 参考：重新定义复合壳体上的条纹，以便较早的 90° 层角度符合现在 0° 层角度。该选项可应用到壳体定义的所有面。

6）"单位"下拉列表：为层厚指定单位。

7）相对于层 1 的层角度：相对于第一个层片方位定义层叠的层片角度。例如，层角度 1 为 45°，层角度 2 的绝对值为 60°，则层角度 2 相对于层角度 1 的绝对值为 15°。第 1 层的角度总为绝对值，随后层的角度单元格变成黄色，如图 2-17 所示。

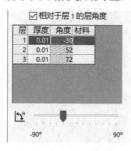

图 2-17　层角度

8）"复合壳体层"表：为表中的每个层指定厚度、角度和材料。

9）📐层角度：移动滑块可以为"复合壳体层"表中选定的层设置层角度。也可以在"复合壳体层"表中输入层角度的值。有效的角度值范围是 −90°~90°。

10）显示其他复合壳体：选择以显示模型中存在的其他复合壳体定义的层角度。

11）曲面映射：使用基于曲面的 UV 坐标的曲面映射技术来决定 0° 层角度参考。默认情况下，U 方向代表 0° 参考。用户可以使用"旋转 0° 参考"选项将 0° 参考与 V 方向对齐。

12）将层叠保存到文件...：将复合层叠信息保存到带有 .csv 或 .txt 扩展名的文件中。

13）从文件装入层叠...：打开保存的复合层叠信息，编辑并使用该信息来定义复合壳体。

14）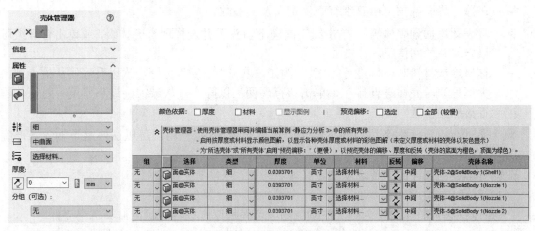面：选择材料方位更改适用的面。

15）镜向方位：切换时，三元组中蓝箭头的方向反转。因此层角度定义从逆时针方向更改为顺时针方向，或反之亦然。

16）旋转方位：沿层表面将条纹旋转 90º。 此选项类似于旋转 0º 参考，但允许控制个别面。

2.壳体管理器

壳体管理器改善了定义、编辑和组织多个零件或装配体壳体定义的工作流程。 可以通过在单一界面中显示所有壳体的壳体类型、厚度、方向和材料，实现更好的可视性及验证，并能够编辑壳体属性。"壳体管理器"命令只有在零件或装配体中存在壳体时才能激活。

选择菜单栏中的"Simulation"→"壳体"→"壳体管理器"命令，或者单击"Simulation"选项卡中的"壳体管理器"按钮，打开"壳体管理器"属性管理器和壳体管理器列表界面，如图 2-18 和图 2-19 所示。

图 2-18 "壳体管理器"
属性管理器

图 2-19 壳体管理器列表界面

"壳体管理器"属性管理器中各选项的含义如下：

（1）面和曲面实体 选择实体的面、曲面实体的面或整个曲面实体以将其定义为壳体。

（2）壳体类型 分配细或粗壳体公式。通常在厚度跨度比小于 0.05 时使用薄壳体。

（3）壳体间距 控制壳体网格的位置。用户可以在壳体的中间、顶部或底部曲面上或在以总厚度的一小部分指定的参考曲面上定位网格，在选定曲面上生成壳体网格。其选项包括：

1）中曲面：在定义壳体的选定面的每一侧平均分割壳体厚度。壳体网格与定义壳体的选定面对齐。

2）上曲面：将壳体上曲面上的壳体网格对齐。壳体的理论中平面位于从定义壳体的选定面向下 0.5 厚度单位处。

3）下曲面：将壳体下曲面上的壳体网格对齐。壳体的理论中平面位于从定义壳体的选定面向上 0.5 厚度单位处。

4）指定比率：将由从定义壳体的选定面向下偏移值定义的参考曲面上的壳体网格对齐，偏移值介于 0 到壳体厚度一倍数值之间。

（4） 壳体材料　单击下拉列表中的"选择材料"选项，打开"材料"属性管理器。可从"材料"属性管理器中选择材料以应用到选定壳体，分配到材料的壳体具有图标 。

（5）厚度和单位　指定壳体厚度及其单位。

（6）分组（可选）　生成壳体组对象。其下拉列表中包含两个选项：

1）无：不创建分组。

2）管理壳体组：创建壳体组并指派通用于指派给该组的所有壳体的属性。相同组内的所有壳体具有相同的薄/厚公式、厚度和材料属性。如果更改壳体组的任意属性，则更改会传播至组内的所有壳体。

屏幕底部的壳体管理器列表以表格形式列出了所有现有壳体定义。在壳体管理器列表中可以进行以下操作：

➤ 在单一界面中预览所有现有壳体定义及其参数。

➤ 将壳体添加到壳体组。单击组下的向下箭头 并选择现有壳体组，或单击管理组可以定义新的网格组。

➤ 按厚度或材料对壳体进行排序。例如，单击"厚度"标题一次以升序（从最小到最大厚度）对壳体进行排序，单击该标题两次以降序（从最大到最小厚度）对壳体进行排序。

➤ 通过单击单元格旁边的向下箭头 编辑壳体属性。用户可以在厚度下输入新厚度值。

壳体管理器列表界面中各选项的含义如下：

（1）颜色依据

1）厚度：显示壳体的颜色图，在颜色图中可根据厚度以特定颜色渲染每个壳体。

2）材料：显示壳体的颜色图，在颜色图中可根据材料以特定颜色渲染每个壳体。

（2）预览偏移

1）选定：渲染选定壳体的厚度及其方向（顶部面为绿色）。

2）全部（较慢）：渲染模型中所有壳体的厚度及其方向（顶部面为绿色）。

2.1.5 实例——书挡

本实例为对一个书挡进行静应力分析。书挡模型如图 2-20 所示，底面为固定面，支承板的竖直面受力为 1N，底板的上表面受力为 2N。确定书挡在这两种加载条件下的应力和位移。

【操作步骤】

1. 新建算例

1）单击"Simulation"主菜单工具栏中的"新算例"按钮 ，弹出"算例"属性管理器。定义"名称"为"静应力分析 1"，设置分析类型为"静应力分析"，如图 2-21 所示。

2）单击 按钮，关闭属性管理器。此时在 SOLIDWORKS Simulation 模型树中可以看到书挡前的图标壳单元，这是因为书挡为钣金件，所以系统自动定义为壳单元，若该书挡是通过实体单元创建的，则需要将其转化为壳单元。

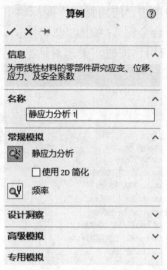

图 2-20 书挡模型   图 2-21 "算例"属性管理器

3）在 SOLIDWORKS Simulation 模型树中右击 静应力分析 1*(-默认-) 图标，在弹出的快捷菜单中选择"属性"命令，如图 2-22 所示。打开"静应力分析"对话框，设置"解算器"为"FFEPlus"，如图 2-23 所示。

4）单击 ✔ 按钮，关闭对话框。

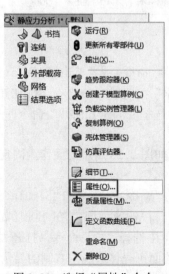

图 2-22 选择"属性"命令   图 2-23 "静应力分析"对话框

2. 定义材料

1）选择"Simulation"下拉菜单中的"材料"→"应用材料到所有"命令，或者在"Simulation"主菜单工具栏中单击"应用材料"图标 ≣ᴱ，弹出"材料"对话框。在"材料"对话框中定义模型的材质为"合金钢"，如图 2-24 所示。

2）单击"应用"按钮，关闭对话框。

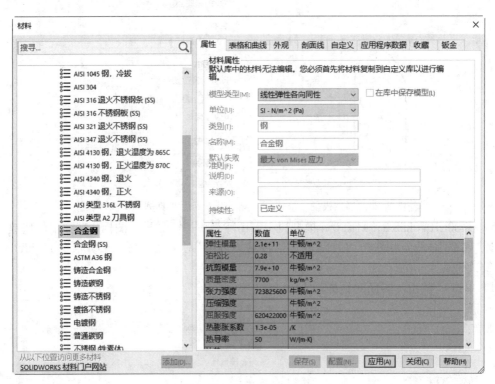

图 2-24　设置书挡的材料

3. 添加约束

1）选择"Simulation"下拉菜单中的"载荷/夹具"→"夹具"命令，或者单击"Simulation"主菜单工具栏中的"夹具顾问"下拉列表中的"固定几何体"按钮 ，或者在 SOLIDWORKS Simulation 模型树中右击 夹具图标，在弹出的快捷菜单中选择"固定几何体"命令，打开"夹具"属性管理器。

2）在"标准"选项组中选择"固定几何体"，然后选择如图 2-25 所示的面作为固定面。

4. 添加载荷

1）选择"Simulation"下拉菜单中的"载荷/夹具"→"力"命令，或者单击"Simulation"主菜单工具栏中的"外部载荷顾问"下拉列表中的 "力"按钮 ，或者在 SOLIDWORKS Simulation 模型树中右击 外部载荷图标，在弹出的快捷菜单中选择"力"命令，打开"力/扭矩"属性管理器。单击"力"按钮 ；单击" 法向力的面可壳体边线"右侧的显示栏，在图形区域中选择如图 2-26 所示的面；选择"法向"单选按钮；在"力值"中设置力为 1N。

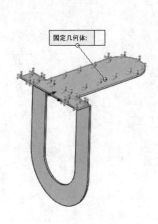

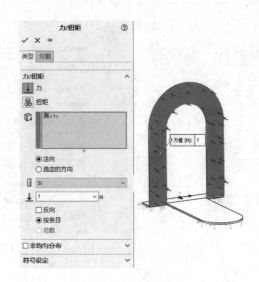

图 2-25　设置固定面　　　　　　　　　　图 2-26　添加载荷 1

2）单击✔按钮，完成载荷 1 的添加，如图 2-26 所示。

3）重复"力"命令，选择如图 2-27 所示的面作为受力面，选择"法向"单选按钮；在"力值"中设置力为 2N。

4）单击✔按钮，完成载荷 2 的添加，如图 2-27 所示。

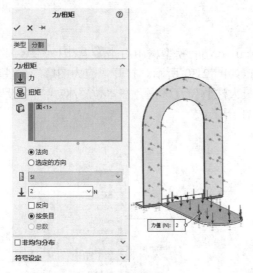

图 2-27　添加载荷 2

5. 划分网格并运行

1）选择"Simulation"下拉菜单中的"网格"→"生成"命令，或者单击"Simulation"主菜单工具栏 "运行此算例"下拉列表中的"生成网格"按钮，或者在 SOLIDWORKS Simulation 模型树中右击 网格 图标，在弹出的快捷菜单中选择"生成网格"命令，弹出"网格"属性管理器，勾选"网格参数"复选框，选择"基于曲率的网格"选项，"最大单元大小"设置为 5.4mm，"最小单元大小"设置为 0.76mm，如图 2-28 所示。

图 2-28　"网格"属性管理器

2）单击✔按钮，系统开始划分网格。划分网格后的模型如图 2-29 所示。由图中可以看出网格为三角形壳单元。

3）选择"Simulation"下拉菜单中的"运行"→"运行"命令，或者单击"Simulation"主菜单工具栏中的"运行此算例"按钮 📳，SOLIDWORKS Simulation 则调用解算器进行有限元分析。

6. 观察结果

1）在 SOLIDWORKS Simulation 模型树中右击 📊 应力1 (-vonMises-) 图标，在弹出的快捷菜单中选择"编辑定义"命令，如图 2-30 所示。打开"应力图解"属性管理器，选择 "图表选项"选项卡，勾选"显示最大注解"复选框，在"位置/格式"中设置数字格式为"普通"、小数位数为 6 位，如图 2-31 所示。

图 2-29　划分网格后的模型　　　图 2-30　选择"编辑定义"命令　　　图 2-31　"图表选项"选项卡

2）单击✔按钮，关闭属性管理器。

3）在 SOLIDWORKS Simulation 模型树中右击  位移1 (-合位移-) 图标，在弹出的快捷菜单中选择"编辑定义"命令，打开"位移图解"属性管理器，在"定义"选项卡中设置"变形形状"为"真实比例"，如图 2-32 所示。在 "图表选项"选项卡中勾选"显示最大注解"复选框，在"位置/格式"中设置数字格式为"普通"、小数位数为 6 位，如图 2-33 所示。

图 2-32　"定义"选项卡　　　　　　图 2-33　"图表选项"选项卡

4）双击"结果"文件夹下的"应力 1"和"位移 1"图解图标，在图形区域中观察书挡的应力和位移分布，如图 2-34 所示。从图中可以看出，书挡根部的应力最大，最大应力值为 2.41011MPa，最大位移为 0.0737394mm。

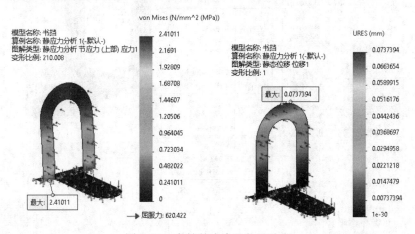

图 2-34　书挡的应力和位移分布

5）右击"结果"文件夹下的 应力1 (-vonMises-) 图标，在弹出的快捷菜单中选择 "探测"命

31

令，如图 2-35 所示。打开"探测结果"属性管理器。

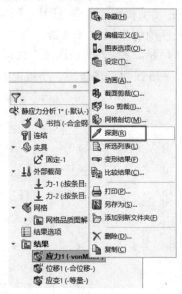

图 2-35　选择"探测"命令

6）在图形区域中沿挡板的左侧边线依次选择几个点，这些点对应的应力都会显示在"探测结果"属性管理器中，如图 2-36 所示。

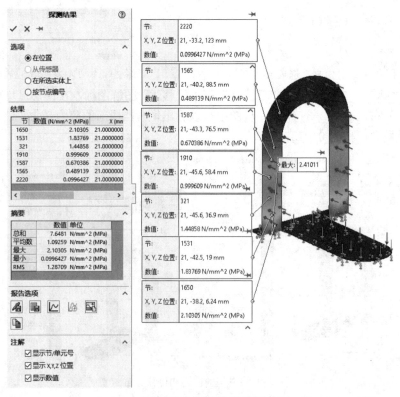

图 2-36　显示节点应力

7）单击"图解"按钮，则打开应力-节点图，显示应力随节点变化的情况，如图 2-37 所示。

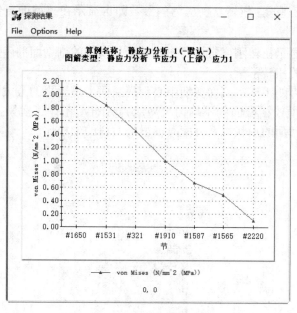

图 2-37　应力-节点图

2.1.6　梁单元

梁单元一般用于细长的零部件，生成横梁的结构，其长度需要超过截面最大尺寸的 10 倍。对于具有固定横截面的拉伸或旋转对象，可使用横梁或桁架单元。

梁单元有两个节点，每个节点有 6 个自由度。两节点梁单元在初始时是平直的，变形前后如图 2-38 所示。梁的截面特征可在推导单元的刚度矩阵时得到，这样界面特征就不用反映在有限元网格中，简化了模型准备和分析求解的过程。对于焊件模型，如果采用实体单元和壳单元进行分析，会生成过多的单元数量，划分网格也会花费大量时间，若采用梁单元进行划分，则会大大简化模型。

横梁单元是由两个端点和一个横断面定义的直线单元。横梁单元能够承载轴载荷、折弯载荷、抗剪载荷和扭转载荷。桁架只能承载轴载荷。当与焊件一同使用时，系统会定义横断面属性并检测接榫。

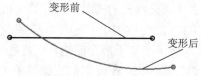

图 2-38　梁单元变形前后

利用梁单元分析焊件结构的大致步骤如下：

1）新建算例。对焊件结构进行有限元分析时，会自动生成梁单元。对于不符合梁单元定义要求的零部件，软件会在零部件前面出现警告提示标志，如图 2-39 所示。若要查看某一横梁单元的界面属性，右击该横梁单元，在弹出的快捷菜单中选择"编辑定义"命令，弹出"应用/编辑钢梁"属性管理器，扭转抗剪应力的参数即可显示在"截面属性"选项组中，如图 2-40 所示。

- ➢ 扭转常数：显示扭转刚度常量。扭转常量是横梁的剖切面的函数，系统会计算大多数横梁轮廓的扭转常量。
- ➢ 最大抗剪应力的距离：剖面剪切中心到横断面上最远点的最大距离。
- ➢ 抗剪因子：横梁横截面的不均匀抗剪应力分布，在计算横梁抗剪变形时考虑。其值取决于横截面的形状以及分配给横梁的材料的泊松比。

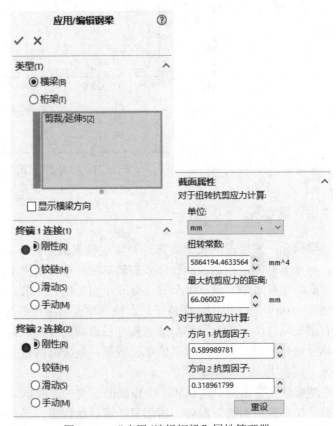

图 2-39　警告提示标志　　　　　图 2-40　"应用/编辑钢梁"属性管理器

2）计算并编辑结点。在生成横梁单元的同时，会计算生成单元之间的已有接点，并自动生成一个"结点组" 的文件夹。

其中，紫红色的接点表示连接了不少于两个的构件，黄色的接点表示只连接了一个构件，如图 2-41 所示。右击"结点组"文件夹，在弹出的快捷菜单中选择"编辑"命令，弹出"编辑接点"属性管理器，如图 2-42 所示。可以在"选择结构构件" 列表框中添加或移除构件，再单击 计算(C) 按钮来编辑接点。

图 2-41 生成接点 　　　　　　　　图 2-42 "编辑接点"属性管理器

3）指定接点的自由度。对于每个横梁的端点都有 6 个自由度，可以在"应用/编辑钢梁"属性管理器中设置接点的类型来进行约束，一共有 4 种方式，如图 2-43 所示。

➢ **刚性**：对接点的 6 个自由度都进行约束，不能释放任何力和力矩到接点。

➢ **铰链**：对接点的 3 个自由度进行约束，不能释放力矩到接点上。

➢ **滑动**：端点可以自由平移，不能转移任何力到接点。

➢ **手动**：手动指定每个力和力矩分量是否已知为零。

4）加载约束和载荷。

5）划分网格并运行分析。有时横梁的网格显示为圆柱，若要显示真实的横梁轮廓，可右击网格，在弹出的快捷菜单中选择"渲染横梁轮廓"，渲染前后如图 2-44 所示。

6）查看分析结果。

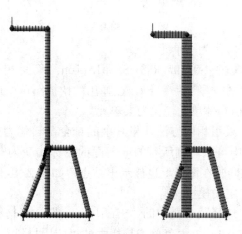

图 2-43 接点类型 　　　　　　　　图 2-44 渲染横梁轮廓

2.1.7 实例——鞋架

本实例为对一个鞋架进行静应力分析。鞋架模型如图 2-45 所示,鞋架两侧的竖支承杆和 6 根横长杆为梁单元,短杆为实体单元,竖支承杆的底面结点为固定约束,每根长杆受力为 500N。确定鞋架在载荷作用下的应力和位移。

【操作步骤】

1. 新建算例

1)选择菜单栏中的"文件"→"打开"命令或单击快速访问工具栏中的"打开"按钮 ,打开源文件中的"鞋架.sldprt"。

2)单击"Simulation"主菜单工具栏中的"新算例"按钮 ,或选择菜单栏中的 "Simulation"→"算例"命令。

3)在弹出的"算例"属性管理器中设置分析类型为"静应力分析"、"名称"为"静应力分析 1",如图 2-46 所示。

4)单击 ✔ 按钮,进入 SOLIDWORKS Simulation 的"静应力分析"算例界面。

图 2-45 鞋架模型

图 2-46 新建算例专题

2. 转化为梁单元

1)在 SOLIDWORKS Simulation 算例树中右击鞋架其中一根横长杆的图标 SolidBody 10(阵列(线性)1[2]),在弹出的快捷菜单中选择"视为横梁"命令,如图 2-47 所示,将横长杆由实体单元转化为梁单元。

2)采用相同方法,将其余的杆全部转化为梁单元。此时,在 SOLIDWORKS Simulation 算例树中可以看到所有的杆前面的图标均变为 ,并且还增加了一个名为"结点组"的图标 ,同时在图形上也显示出结点,如图 2-48 所示。

3. 定义模型材料

1)选择菜单栏中的"Simulation"→"材料"→"应用材料到所有"命令,或者单击 "Simulation"主菜单工具栏中的"应用材料"按钮 ,或者在 SOLIDWORKS Simulation 算例树中右击 鞋架 图标,在弹出的快捷菜单中选择"应用材料到所有实体"命令,如图 2-49

所示。

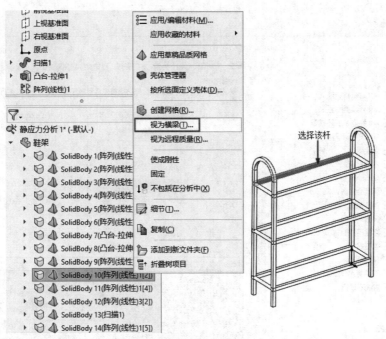

图 2-47　选择"视为横梁"命令

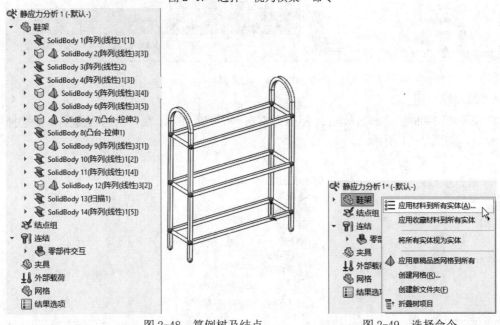

图 2-48　算例树及结点　　　　　图 2-49　选择命令

2）弹出"材料"对话框。在"材料"对话框中定义模型的材质为"普通碳钢"，如图 2-50 所示。

3）单击"应用"按钮，关闭对话框。

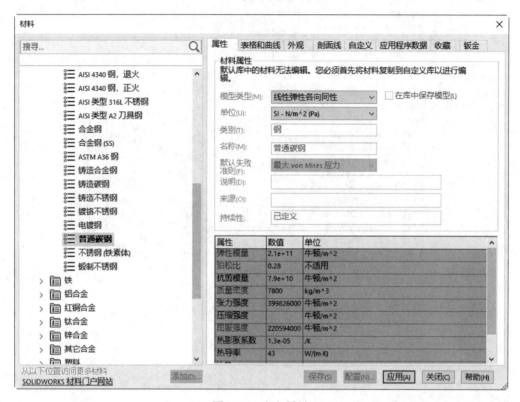

图 2-50　定义材料

4. 编辑结点组

1）在 SOLIDWORKS Simulation 算例树中右击 结点组 图标，在弹出的快捷菜单中选择"编辑"命令，如图 2-51 所示。

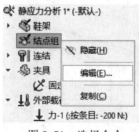

图 2-51　选择命令

2）打开"编辑接点"属性管理器。在"所选横梁"选项组中选择"所有"单选按钮，在"视接榫为间隙"选项组选择"等于零（相触）"单选按钮，勾选"在更新上保留修改的接点（K）"复选框，如图 2-52 所示。单击 计算(C) 按钮，此时在"结果"列表框中显示有 16 个结点。在图形上显示的结点如图 2-53 所示。单击 ✔ 按钮，结点编辑完成。

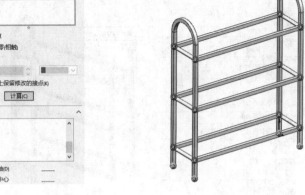

图 2-52　"编辑接点"属性管理器　　　　图 2-53　显示结点

5.添加约束

1)选择"Simulation"下拉菜单中的"载荷/夹具"→"夹具"命令,或者单击"Simulation"主菜单工具栏中的"夹具顾问"下拉列表中的"固定几何体"按钮 ，或者在 SOLIDWORKS Simulation 模型树中右击 夹具图标,在弹出的快捷菜单中选择"固定几何体"命令,打开"夹具"属性管理器。

2)单击"固定几何体"按钮 ，再单击"铰接"按钮 ，选择如图 2-54 所示的 4 个结点作为固定顶点。

6.　定义载荷

1)选择"Simulation"下拉菜单中的"载荷/夹具"→"力"命令,或者单击"Simulation"主菜单工具栏中的"外部载荷顾问"下拉列表中的"力"按钮 ，或者在SOLIDWORKS Simulation 模型树中右击 外部载荷图标,在弹出的快捷菜单中选择"力"命令,打开"力/扭矩"属性管理器。单击"横梁"按钮 ，选择如图 2-55 所示的 6 根横长杆承受载荷,设置每根横梁受力为 200N,力的方向垂直于上视基准面,再勾选"反向"复选框,调整力的方向向下。

2）单击 按钮,载荷添加完成,如图 2-55 所示。

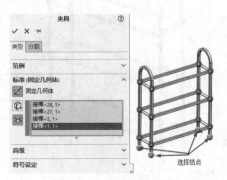

图 2-54　设置固定顶点

图 2-55　施加载荷

7．生成网格和运行分析

1）选择 "Simulation" 下拉菜单中的 "网格" → "生成" 命令，或者单击 "Simulation" 主菜单工具栏 "运行此算例" 下拉列表中的 "生成网格" 按钮 ，或者在 SOLIDWORKS Simulation 模型树中右击 网格 图标，在弹出的快捷菜单中选择 "生成网格" 命令。

2）系统自动生成网格，结果如图 2-56 所示。

图 2-56　生成网格

3）选择"Simulation"下拉菜单中的"运行"→"运行"命令，或者单击"Simulation"主菜单工具栏中的"运行此算例"按钮 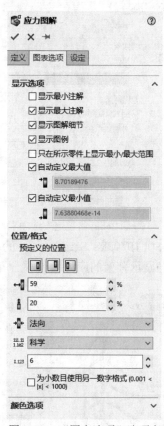，运行分析。当计算分析完成之后，在 SOLIDWORKS Simulation 的算例树中将出现相应的结果文件夹。

8. 查看结果

1）在 SOLIDWORKS Simulation 模型树中右击 应力1 (-vonMises-) 图标，在弹出的快捷菜单中选择"编辑定义"命令，如图 2-57 所示。打开"应力图解"属性管理器，在"定义"选项卡中"显示"选择"横梁"，在" 横梁应力"下拉列表中选择"上届轴向和折弯"，单击 "图表选项"选项卡，勾选"显示最大注解"复选框，如图 25-8 所示。

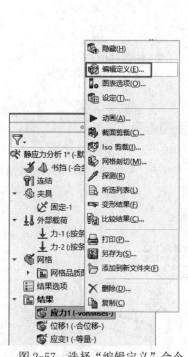

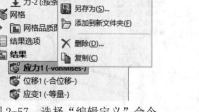

<table>
<tr><td>图 2-57　选择"编辑定义"命令</td><td>图 2-58　"图表选项"选项卡</td></tr>
</table>

2）选择"设定"选项卡，勾选"将模型叠加于变形形状上"复选框，设置颜色为"半透明（单一颜色）"、"编辑颜色"为黄色、"透明度"为 0.42，如图 2-59 所示。

3）单击 ✓按钮，关闭属性管理器。

4）在 SOLIDWORKS Simulation 模型树中右击 位移1 (-合位移-) 图标，在弹出的快捷菜单中选择"编辑定义"命令，打开"位移图解"属性管理器，选择"图表选项"选项卡，勾选"显示最大注解"复选框，如图 2-60 所示。

图 2-59　"设定"选项卡

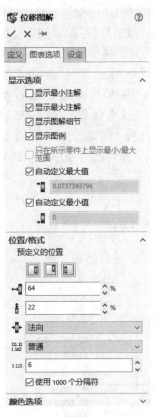

图 2-60　"图表选项"选项卡

5）在 SOLIDWORKS Simulation 的算例树中双击"应力 1"和"位移 1"图解图标，在图形区域中将显示鞋架的应力和位移分布，如图 2-61 所示。

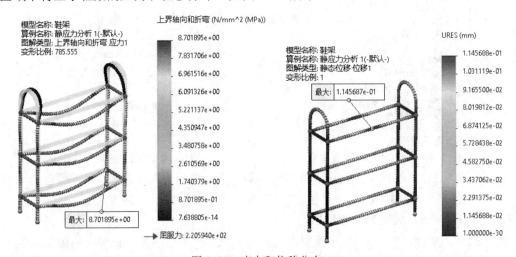

图 2-61　应力和位移分布

6）从应力分布图中可以看出，模型已经叠加在应力图解上，鞋架横长杆端部的应力最大，最大值约为 8.7MPa，远小于材料的屈服极限 220MPa。从位移分布图中可以看出，最大位移发生在上面横长杆的中间部位。

7）在 SOLIDWORKS Simulation 的算例树中右击 结果图标，在弹出的快捷菜单中选择"定义安全系数图解"命令，如图 2-62 所示。

8）系统弹出"安全系数"属性管理器，如图 2-63 所示。通过该属性管理器可以评估模型的安全性，计算模型的安全系数。

图 2-62　选择"定义安全系数图解"命令　　　　图 2-63　"安全系数"属性管理器

9）单击✔按钮，生成安全系数图解，如图 2-64 所示。由图可知，最小安全系数为 25。

图 2-64　安全系数图解

2.2 混合网格静应力分析

在进行有限元分析时，如果零部件中既存在实体单元，又存在壳单元，或者实体单元、壳单元和梁单元都存在，就需要进行混合网格的划分。在对装配体划分网格时，还要进行交互条件的设置。

混合网格的划分适用于静态、频率、扭曲、热力、非线性和线性动力学分析。

2.2.1 混合网格——实体单元、壳单元和梁单元

有些零部件中可能既存在适用于实体单元的厚的部分，也存在适用于壳单元的薄壁部分，这种情况下要进行有限元分析就需要混合使用实体单元和壳单元划分模型，并保证混合网格相互兼容。但混合网格是不兼容的，会使得壳单元部分和实体单元部分完全分离(全局接合在壳和实体接触面上不起作用)，为了连接它们，就必须恰当地定义沿着接触边界上的局部接触条件，也就是需要进行本地交互的设置，如图 2-65 所示。

大型厚重的零件一般视为实体单元，钣金件、薄壁件一般视为壳单元，长度尺寸大于截面最大尺寸 10 倍以上的零件视为梁单元。除此之外，还可以将符合条件的焊接件转化为梁单元，方法是在 SOLIDWORKS Simulation 的算例树中右击要转化的实体件图标 ⬡ ◁，在弹出的快捷菜单中选择"视为横梁"命令，若符合条件，则系统会自动将其转化为梁单元，同时图标变为 ◥。

2.2.2 实例——椅子

本实例将对如图 2-66 所示的椅子模型进行有限元分析。该模型由椅架和椅子板构成，其中对于符合"长度尺寸大于截面最大尺寸 10 倍以上"条件的管道结构件可视为梁单元，对于不符合此条件的可作为实体单元。

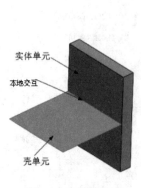

图 2-65 本地交互　　　　　图 2-66 椅子模型

【操作步骤】

1．打开源文件

选择菜单栏中的"文件"→"打开"命令或单击快速访问工具栏中的"打开"按钮 ，
打开源文件中的"椅子.sldprt"。

2．设置单位和数字格式

1）选择菜单栏中的"Simulation"→"选项"命令，打开"默认选项-一般"对话框，
选择"默认选项"选项卡。

2）选择"单位"选项，将"单位系统"设置为"公制（I）（MKS）"，"长度/位移（L）"
设置为"毫米"，"压力/应力（P）"设置为"N/mm^2（MPa）"，如图 2-67 所示。

3）选择"颜色图表"选项，将"数字格式"设置为"科学"，"小数位数"设置为 3，
如图 2-68 所示。

4）单击"确定"按钮，关闭对话框。

图 2-67　设置单位

图 2-68　设置数字格式

3．新建算例

1）单击"Simulation"主菜单工具栏中的"新算例"按钮 🔍，或选择菜单栏中的
"Simulation"→"算例"命令。

2）在弹出的"算例"属性管理器中设置分析类型为"静应力分析"、"名称"为"静应力
分析 1"，如图 2-69 所示。

3）单击 ✔ 按钮，进入 SOLIDWORKS Simulation 的"静应力分析"算例界面。此时，
SOLIDWORKS Simulation 算例树如图 2-70 所示。可以看到在"椅子"文件夹中，系统自动
创建了梁单元、壳单元和实体单元，对于不符合条件的梁单元，在其图标后会显示一个叹
号 ⓘ。

图 2-69　新建算例专题　　　　　　　　　图 2-70　算例树

4.转换为实体单元

1）在 SOLIDWORKS Simulation 算例树中选中一个不符合条件的梁单元，右击，在弹出的快捷菜单中选择"视为实体"命令，如图 2-71 所示。或者按住 Ctrl 键，选中图 2-70 中所有带有叹号图标 ⓘ 的梁单元，右击，在弹出的快捷菜单中选择"将所选实体视为实体"命令，如图 2-72 所示。转换为实体后的算例树如图 2-73 所示。

2）在 SOLIDWORKS Simulation 算例树中右击 SolidBody 3(凸台-拉伸2) 图标，在弹出的快捷菜单中选择"按所选面定义壳体"命令，如图 2-74 所示。

3）打开"壳体定义"属性管理器，如图 2-75 所示。设置"类型"为"细"，在绘图区选择椅子板的上表面；然后设置抽壳厚度为 2mm，在"偏移"选项组中选择中曲面选项，如图 2-76 所示。

4）单击 ✔ 按钮，关闭属性管理器。此时，在 SOLIDWORKS Simulation 算例树中的实体单元转化为壳单元，如图 2-77 所示。

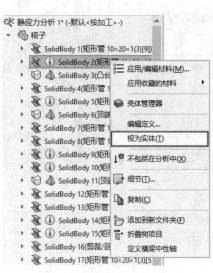

图 2-71 选择"视为实体"命令

图 2-72 选择"将所选实体视为实体"命令

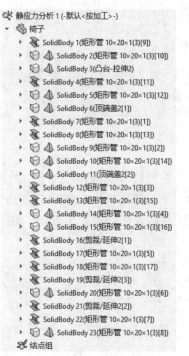

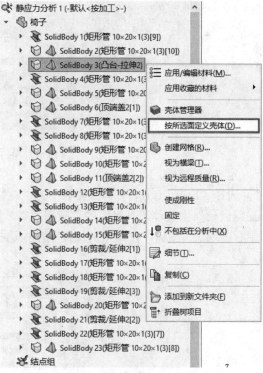

图 2-73 转换为实体后的算例树

图 2-74 选择命令

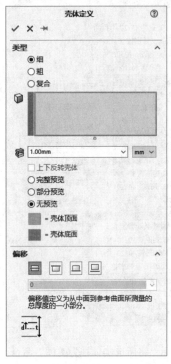

图 2-75　"壳体定义"属性管理器　　　　　图 2-76　选择椅子板的上表面

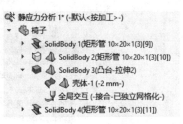

图 2-77　转化为壳单元

5．定义模型材料

1）选择"Simulation"下拉菜单中的"材料"→"应用材料到所有"命令，或者单击"Simulation"主菜单工具栏中的"应用材料"按钮，或者在 SOLIDWORKS Simulation 算例树中右击椅子图标，在弹出的快捷菜单中选择"应用材料到所有实体"命令，如图 2-78 所示。

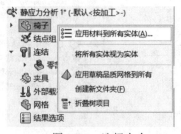

图 2-78　选择命令

2）打开"材料"对话框。在"材料"对话框中定义模型的材质为"不锈钢（铁素体）"，如图 2-79 所示。

3）单击"应用"按钮，关闭对话框。此时，已将材料赋予各零部件。

4）在 SOLIDWORKS Simulation 算例树中右击 SolidBody 3(凸台-拉伸2) (-不锈钢 (铁素体)-) 图标，在弹出的快捷菜单中选择"应用/编辑材料"命令，系统弹出"材料"对话框，在"材料"对话框中修改椅子板的材质为"ABS"塑料。

5）单击"应用"按钮，关闭对话框。

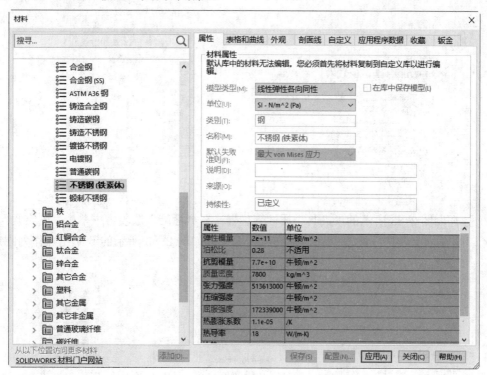

图 2-79　定义材料

6．编辑结点

1）在 SOLIDWORKS Simulation 算例树中右击"结点组"文件夹，在弹出的快捷菜单中选择"编辑"命令，如图 2-80 所示。

2）系统弹出"编辑接点"属性管理器，如图 2-81 所示。选择"所有"单选按钮，单击 计算(C) 按钮，在"结果"列表框中会列出所有的接点。

3）单击 ✔ 按钮，关闭属性管理器。

7．添加约束

1）选择"Simulation"下拉菜单中的"载荷/夹具"→"夹具"命令，或者单击"Simulation"主菜单工具栏中的"夹具顾问"下拉列表中的"固定几何体"按钮 ，或者在 SOLIDWORKS Simulation 模型树中右击 夹具 图标，在弹出的快捷菜单中选择"固定几何体"命令，如图 2-82 所示。

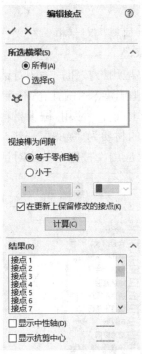

图 2-80　选择命令　　　　　图 2-81　"编辑接点"属性管理器

2）打开如图 2-83 所示的"夹具"属性管理器。在"标准"选项组中单击"固定几何体"按钮，再单击"铰接"按钮，然后在绘图区选取如图 2-83 所示的 6 个结点作为固定约束。

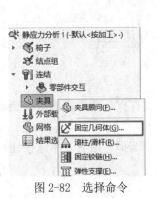

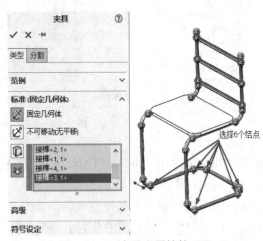

图 2-82　选择命令　　　　　图 2-83　"夹具"属性管理器

3）单击 ✓ 按钮，关闭"夹具"属性管理器。

8．添加载荷

1）选择"Simulation"下拉菜单中的"载荷/夹具"→"力"命令，或者单击"Simulation"主菜单工具栏"外部载荷顾问"下拉列表中的"力"按钮，或者在 SOLIDWORKS Simulation 算例树中右击 外部载荷 图标，在弹出的快捷菜单中选择"力"命令，如图 2-84 所示。

2）系统弹出"力/扭矩"属性管理器，如图 2-85 所示。

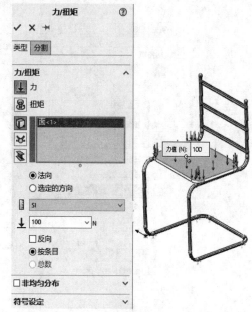

图 2-85　"力/扭矩"属性管理器

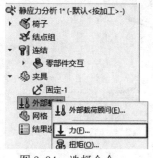

图 2-84　选择命令

3）单击"力"按钮 ⬇，在绘图区选取如图 2-86 所示的表面，选择"法向"单选按钮，设置"力值"为 100N。

4）单击 ✔ 按钮，关闭属性管理器。

5）采用同样的方法，重复"力"命令，在"力/扭矩"属性管理器中单击"横梁"按钮 ⬛，选择如图 2-86 所示的横梁作为受力单元，设置力的方向垂直于右视基准面、力的大小为 10N。

6）单击 ✔ 按钮，关闭属性管理器。添加载荷完成。

9．创建本地交互

1）在 SOLIDWORKS Simulation 算例树中右击 ⬛ 连结 图标，在弹出的快捷菜单中选择 "本地交互"命令，如图 2-87 所示。

2）打开如图 2-88 所示的"本地交互"属性管理器。在"交互"选项组中选择"手动选择本地交互"单选按钮。在"类型"下拉列表中选择"接合"，单击"横梁"按钮 ⬛，在绘图区选择如图 2-88 所示的椅子架的两个矩形管和椅子板并定义为壳体的表面（这里选择椅子板的上表面），"接合的缝隙范围"选择"用户定义"，数值设置为 0mm。

3）在"高级接合公式"选项组中设置"接合公式"为 "曲面到曲面"。

4）单击 ✔ 按钮，关闭属性管理器。本地交互创建完成。

10．生成网格和运行分析

1）选择"Simulation"下拉菜单中的"网格"→"生成"命令，或者单击"Simulation"主菜单工具栏 "运行此算例"下拉列表中的"生成网格"按钮 ⬛，或者在 SOLIDWORKS Simulation 算例树中右击 ⬛ 网格 图标，在弹出的快捷菜单中选择"生成网格"命令。

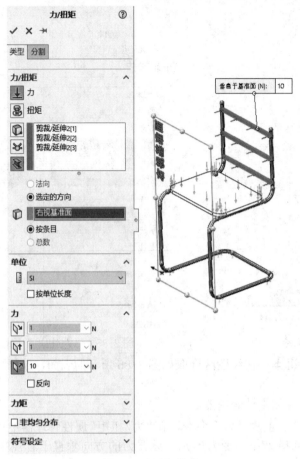

图 2-86　添加载荷

2）打开"网格"属性管理器。将"网格密度"滑块拖动到最右端，勾选"网格参数"复选框，选择"基于混合曲率的网格"选项，其他参数采用默认，如图 2-89 所示。

3）单击 ✔ 按钮，生成如图 2-90 所示的网格。

4）选择"Simulation"下拉菜单中的"运行"→"运行"命令，或者单击"Simulation"主菜单工具栏中的"运行此算例"按钮 🗐，运行分析。当计算分析完成之后，在 SOLIDWORKS Simulation 的算例树中将出现对应的结果文件夹。

11. 查看结果

在分析完有限元模型之后，便可以对计算结果进行分析，从而使其成为进一步设计的依据。

1）在 SOLIDWORKS Simulation 的算例树中右击 🗐 应力1 (-vonMises-) 图解图标，在弹出的快捷菜单中选择"编辑定义"命令，如图 2-91 所示。

2）打开"应力图解"属性管理器。选择"定义"选项卡，在"显示"选项组中选择"实体与壳体"单选按钮，在"高级选项"选项组中选择"波节值"单选按钮，在"变形形状"选项组中选择"真实比例"单选按钮，如图 2-92 所示。

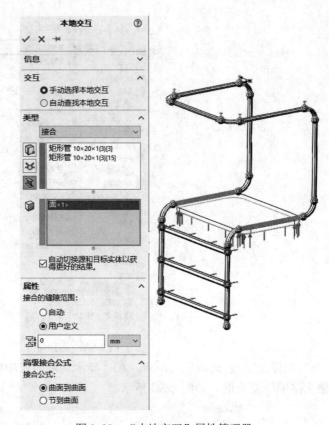

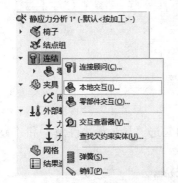

图 2-87　选择命令

图 2-88　"本地交互"属性管理器

图 2-89　"网格"属性管理器

图 2-90　生成网格

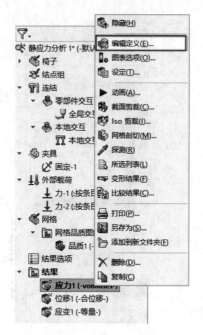

图 2-91　选择命令

3）选择 "图表选项"选项卡，在"显示选项"选项组组勾选"显示最小注解"和"显示最大注解"复选框，如图 2-93 所示。

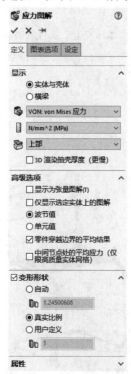

图 2-92　设置"定义"选项卡

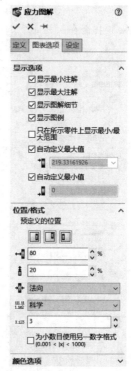

图 2-93　设置"图表选项"选项卡

4）选择 "设定" 选项卡，在 "变形图解选项" 选项组中勾选 "将模型叠加于变形形状上" 复选框，在下拉列表中选择 "半透明（单一颜色）"，再单击 "编辑颜色" 按钮，打开 "颜色" 对话框，设置颜色为 "粉色"，单击 "确定" 按钮，关闭对话框，然后拖动 "透明度" 滑块，调整透明度值为 0.33，如图 2-94 所示。

5）单击✔按钮，关闭 "应力图解" 属性管理器。

6）在 SOLIDWORKS Simulation 的算例树中右击 位移1 (-合位移-) 图解图标，在弹出的快捷菜单中选择 "编辑定义" 命令。

7）打开 "位移图解" 属性管理器。选择 "定义" 选项卡，在 "变形形状" 选项组中选择 "真实比例" 单选按钮，如图 2-95 所示。

8）选择 "图表选项" 选项卡，在 "显示选项" 选项组中勾选 "显示最小注解" 和 "显示最大注解" 复选框。

9）单击✔按钮，关闭 "位移图解" 属性管理器。

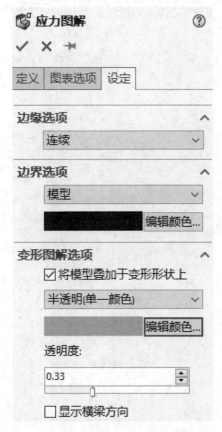

图 2-94　设置 "设定" 选项卡

图 2-95　"位移图解" 属性管理器

10）在 SOLIDWORKS Simulation 的算例树中双击 "应力 1" 和 "位移 1" 图解图标，在图形区域中将显示椅子的应力和位移分布，如图 2-96 所示。由应力图解可以看出，最大应力为 219MPa，没有超过材料的屈服极限。

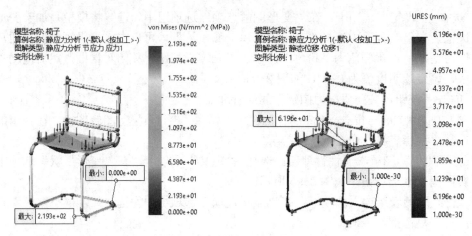

图 2-96 应力和位移分布

第 **3** 章

频率分析

本章介绍了零件的频率分析(包括带约束的频率分析、不带约束的频率分析、带载荷的频率分析)和装配体的频率分析(包括全部接合的频率分析和部分接合的频率分析)。

- 零件的频率分析
- 装配体的频率分析

3.1　频率分析概述

　　任何结构都有自己的固有频率，固有频率与结构自身的材料和形状等有关。振动的形式称为振动模态。当某一结构所受激励的频率与固有频率一致或接近时，就会发生共振。每个共振频率都与结构以该频率振动时趋于呈现的特定形状（称为模式形状）有关，共振频率和相应的模式形状取决于几何、材料和支撑条件。共振会使振动变得剧烈，容易造成破坏，一般需要避免。

　　频率分析主要用于计算结构的共振频率和对应的振动模态。特定的固有频率对应唯一的振动模态，如 1 阶固有频率对应 1 阶振动模态，2 阶固有频率对应，2 阶振动模态，依次类推，如图 3-1 所示。振动形式的阶数越高，振动形式越复杂。

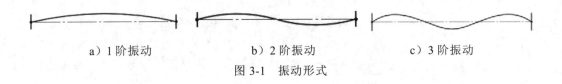

　　　　　a）1 阶振动　　　　　　　　b）2 阶振动　　　　　　　　c）3 阶振动

图 3-1　振动形式

　　在实际设计中为了避免出现共振现象，应使得结构的固有频率远离受到的激励频率。若要改变结构的固有频率，可以改变结构的几何形状、材料属性等。提高结构的刚度，会使固有频率增大。振动部件的质量越大，则固有频率越低。

3.2　零件的频率分析

　　频率分析需要的材料属性包括三类：
- 弹性模量：用于衡量物体抵抗弹性变形能力大小的指标。用 E 表示，单位为 $\mathrm{N/m^2}$，定义为理想材料有小形变时应力与相应的应变之比。
- 泊松比：反应材料横向变形的弹性常数。用 μ 表示，定义为垂直方向上的应变与载荷方向上的应变之比。
- 密度：对特定体积内的质量的度量。用 ρ 表示，单位为 $\mathrm{kg/m^3}$，定义为物体的质量与体积之比。

　　频率分析并不计算位移和应力，，而且为了模拟惯性刚度，在频率分析中必须包含材料的密度。

3.2.1　带约束的频率分析

　　对带支撑的零件进行分析时一般需要以下步骤：
　　1）新建算例，在"频率"对话框中设置算例属性。一般默认的频率数为 5。

2）定义材料属性和约束。

3）生成网格并运行分析。应力分析需采用高品质的默认网格，频率分析可以采用粗糙一些的网格。

4）查看结果，对结果进行处理，分析研究各类数值的含义。频率分析不考虑位移结果。

3.2.2 实例——带约束的风叶的振动分析

本实例将对风叶进行带约束的频率分析。风叶模型如图 3-2 所示。其中小圆柱面为固定约束面。

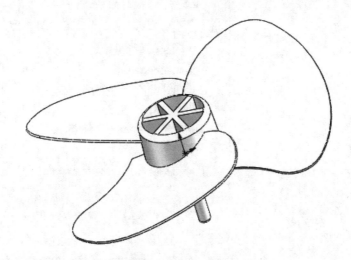

图 3-2 风叶模型

1. 新建频率算例

1）选择菜单栏中的"文件"→"打开"命令或单击快速访问工具栏中的"打开"按钮 ，打开源文件中的"风叶.sldprt"。

2）单击"Simulation"主菜单工具栏中的"新算例"按钮 ，或选择菜单栏中的"Simulation"→"算例"命令。

3）在弹出的"算例"属性管理器中定义"名称"为"带约束的频率分析"，设置分析类型为"频率"，如图 3-3 所示。

4）单击 按钮，进入 SOLIDWORKS Simulation 的算例树界面。

5）在 SOLIDWORKS Simulation 的算例树中右击 带约束的频率 分析 (-默认-) 图标，在弹出的快捷菜单中选择 "属性"命令，打开"频率"对话框。选择 "选项"选项卡，在"频率数"微调框中设置要计算的模态阶数为 5，如图 3-4 所示。

6）单击"确定"按钮，关闭对话框。

图 3-3 "算例"属性管理器

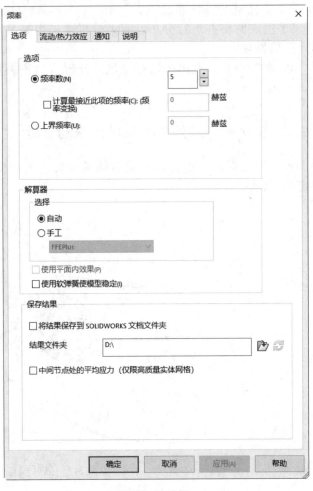

图 3-4 "频率"对话框

7）选择"Simulation"下拉菜单中的"材料"→"应用材料到所有"命令，或者在"Simulation"主菜单工具栏。中单击"应用材料"图标 ≡，或者在 SOLIDWORKS Simulation 算例树中右击 🛡 🔺 风叶图标，在弹出的快捷菜单中选择"应用/编辑材料"命令，打开"材料"对话框。在"材料"对话框中定义模型的材质为铝合金中的"1060 合金"，如图 3-5 所示。

8）单击"应用"按钮，关闭"材料"对话框。

2. 添加约束

1）选择"Simulation"下拉菜单中的"载荷/夹具"→"夹具"命令，或者单击"Simulation"主菜单工具栏"夹具顾问"下拉菜单中的"固定几何体"按钮 ⚙，或者在 SOLIDWORKS Simulation 算例树中右击 🔧 夹具图标，在弹出的快捷菜单中选择"固定几何体"命令，打开"夹具"属性管理器。设置夹具类型为"固定几何体"，选择圆柱面作为固定约束面，如图 3-6 所示。

2）单击 ✔ 按钮，完成风叶的固定约束。

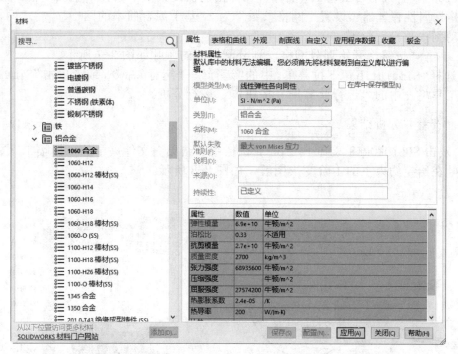

图 3-5　"材料"对话框

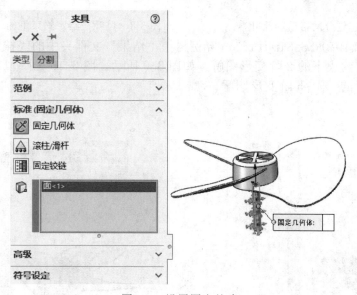

图 3-6　设置固定约束

3. 生成网格和运行分析

1)选择"Simulation"下拉菜单中的"网格"→"生成"命令,或者单击"Simulation"主菜单工具栏。"运行此算例"下拉列表中的"生成网格"按钮，或者在 SOLIDWORKS

Simulation 算例树中右击 网格 图标，在弹出的快捷菜单中选择"生成网格"命令，打开"网格"属性管理器。设置"网格参数"为 "基于混合曲率的网格"，将"网格密度"滑块拖动到"粗糙"位置。

2）单击 按钮，开始划分网格。划分网格后的风叶如图 3-7 所示。

3）选择"Simulation"下拉菜单。中的"运行"→"运行"命令，或者单击"Simulation"主菜单工具栏。中的"运行此算例"按钮 ，运行分析。

4. 查看并分析结果

1）双击 SOLIDWORKS Simulation 算例树中"结果"文件夹中的"振幅 1"图标 ，生成风叶在给定约束下的 1 阶变形图解，如图 3-8 所示。

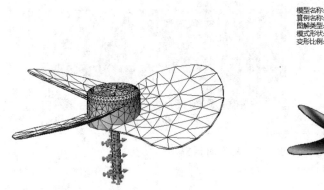
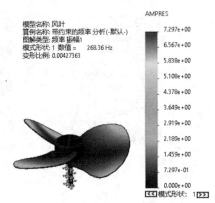

图 3-7　划分网格后的风叶　　　　图 3-8　风叶在给定约束下的 1 阶变形图解

2）双击 SOLIDWORKS Simulation 算例树中"结果"文件夹中的"振幅 2"图标 ，生成风叶在给定约束下的 2 阶变形图解，如图 3-9 所示。图 3-10~图 3-12 所示分别为风叶在给定约束下的 3 阶~5 阶变形图解。

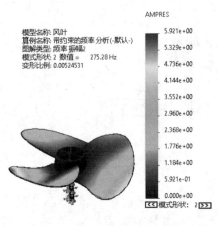
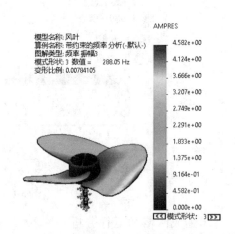

图 3-9　风叶在给定约束下的 2 阶变形图解　　　　图 3-10　风叶在给定约束下的 3 阶变形图解

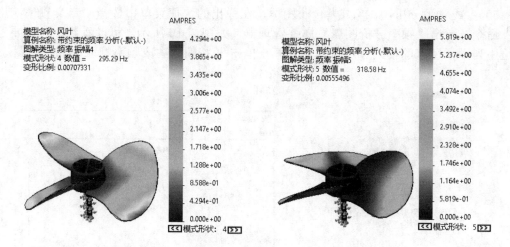

图 3-11　风叶在给定约束下的 4 阶变形图解　　图 3-12　风叶在给定约束下的 5 阶变形图解

3）选择 "Simulation" 下拉菜单中的 "列举结果"→"模式" 命令，弹出 "列举模式" 对话框，其中显示了计算得出的前 5 阶振动频率，如图 3-13 所示。

4）查看其他模式形状。在显示某一个图解时，右击该图解，在弹出的快捷菜单中选择 "动画" 命令，如图 3-14 所示，弹出 "动画" 属性管理器，如图 3-15 所示，设置播放的速度，即可观看动画模式。

图 3-13　前 5 阶振动频率

图 3-14　选择 "动画" 命令

图 3-15　"动画" 属性管理器

5）生成频率分析图。右击 📖 **结果** 图标，在弹出的快捷菜单中选择"定义频率响应图表"命令，弹出"频率分析图表"属性管理器，如图 3-16 所示。可以看到，"摘要"选项组中列举了所有的模式号及对应的频率。单击 ✔ 按钮，生成频率响应图表，如图 3-17所示。

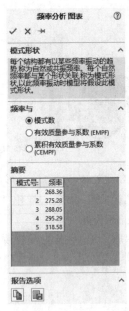

图 3-16　"频率分析图表"属性管理器

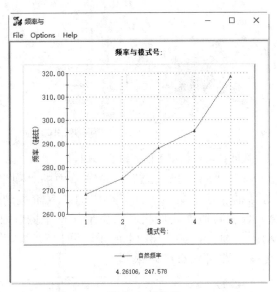

图 3-17　频率响应图表

3.2.3　不带约束的频率分析

没有添加约束或部分约束的模型为刚体模态，对刚体模态的频率分析必须使用FFEPlus 解算器。对不带支撑的零件进行分析时不需要添加约束，其余的步骤与带支撑零件的分析步骤大体相同。

3.2.4　实例——不带约束的风叶的振动分析

本实例将在 3.2.2 节实例的基础上继续分析不带约束风叶模型的振动模态和固有频率。风叶模型如图 3-18 所示。

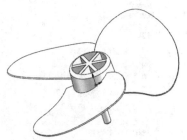

图 3-18　风叶模型

【操作步骤】

1. 复制算例

右击前面创建的"带约束的频率分析"算例标签,在弹出的快捷菜单中选择"复制算例"命令,如图 3-19 所示。在弹出的"复制算例"属性管理器中设置新算例的名称为"不带约束的频率分析",如图 3-20 所示。

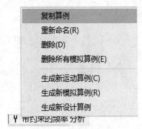

图 3-19 选择"复制算例"命令

2. 压缩算例中的约束

在创建的新算例的界面中右击 固定-1 图标,在弹出的快捷菜单中选择"压缩"命令,如图 3-21 所示。

将固定约束压缩后,该算例中就不存在约束了。

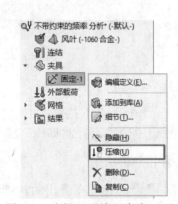

图 3-20 "复制算例"属性管理器   图 3-21 选择"压缩"命令

3. 设置算例属性

在 SOLIDWORKS Simulation 的算例树中右击新建的"不带约束的频率分析",在弹出的快捷菜单中单击"属性"命令,打开"频率"对话框,如图 3-22 所示,在"频率数"的微调框中设置要计算的模态阶数为 10。

图 3-22 "频率"对话框

4．运行分析

选择"Simulation"下拉菜单中的"运行"→"运行"命令，或者单击"Simulation"主菜单工具栏。中的"运行此算例"按钮 ，运行分析。

5．查看并分析结果

1）右击 结果 图标，在弹出的快捷菜单中选择"列出共振频率"命令，弹出"列举模式"对话框，如图 3-23 所示。

从"列举模式"对话框中可以看出，前 6 个模式对应的频率几乎为 0，这是因为风叶没有支撑，它们对应着 6 个自由度（即 3 个平移自由度和 3 个旋转自由度）的刚体模式。风叶产生弹性变形的第 1 阶振动模式对应的是模式 7。

2）在 SOLIDWORKS Simulation 算例树中双击 频率响应图表1 图标，打开"频率与"对话框，其中显示了频率响应图表，如图 3-24 所示。

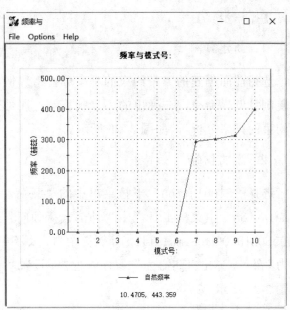

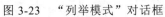

图 3-23 "列举模式"对话框   图 3-24 频率响应图表

3.2.5 带载荷的频率分析

在对一个带载荷的模型进行频率分析时，在载荷方向上必须有支撑条件，若没有支撑条件将会产生奇异刚度矩阵，导致模型求解失败。在对模型施加载荷时，拉力和压力会改变结构的刚度（即抗弯的能力），如拉力可以增大结构的刚度，压力会减小结构的刚度，通过影响结构的刚度即可改变结构对载荷的响应和振动特性。

施加载荷可以改变结构共振概率的大小，如压力可以降低共振概率，但是模式形态不会随着施加的载荷而发生改变，它与真实的几何体有关。

3.2.6 实例——带载荷和约束的风叶的振动分析

本实例将在 3.2.2 节实例的基础上分析带载荷和约束风叶模型的振动模态和固有频率。风叶模型如图 3-25 所示，小圆柱面为固定约束面，风叶受到的离心力为 1200rad/s。

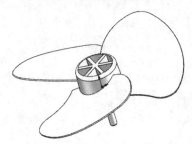

图 3-25 风叶模型

【操作步骤】

1. 新建算例

选择前面创建的"带约束的频率分析"算例标签,右击,在弹出的快捷菜单中选择"复制算例"命令,在弹出的"复制算例"属性管理器中设置新算例的名称为"带载荷和约束的频率分析",如图 3-26 所示。

2. 添加载荷

选择"Simulation"下拉菜单中的"载荷/夹具"→"离心力"命令,或者单击"Simulation"主菜单工具栏中"外部载荷顾问"下拉菜单中的 "离心力"按钮,或者在 SOLIDWORKS Simulation 算例树中右击 外部载荷图标,在弹出的快捷菜单中选择"离心力"命令,弹出"离心力"属性管理器,设置基准轴 1 为参考、"角速度"为 1200rad/s,如图 3-27 所示。

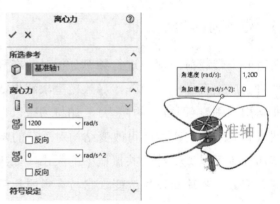

图 3-26　"复制算例"属性管理器　　　　图 3-27　"离心力"属性管理器

3. 设置算例属性

在 SOLIDWORKS Simulation 的算例树中右击"带载荷和约束的频率分析",在弹出的快捷菜单中单击"属性"命令,打开"频率"对话框,在"解算器"选项组中选择"手工"单选按钮,在下拉列表中选择"Intel Direct Sparse"解算器,如图 3-28 所示。

4. 运行分析

选择"Simulation"下拉菜单中的"运行"→"运行"命令,或者单击"Simulation"主菜单工具栏中的"运行此算例"按钮,运行分析。

5. 查看并分析结果

1)右击"结果"文件夹,在弹出的快捷菜单中选择"列出共振频率"命令,弹出"列举模式"对话框,如图 3-29 所示。

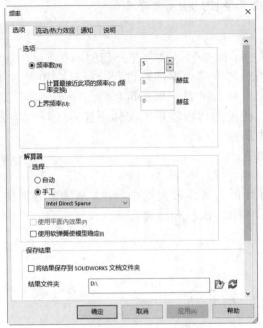

图 3-28   "频率"对话框

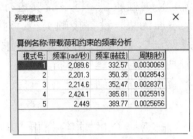

图 3-29   "列举模式"对话框

2)在 SOLIDWORKS Simulation 算例树中双击 频率响应图表1图标,打开"频率与"对话框,其中显示了频率响应图表,如图 3-30 所示。

3)双击 SOLIDWORKS Simulation 算例树中"结果"文件夹中的 振幅1图标,观察风叶的变形图解,如图 3-31 所示。与"带约束的频率分析"算例的共振频率相比,可以看到因为施加了离心力载荷,共振频率升高了。

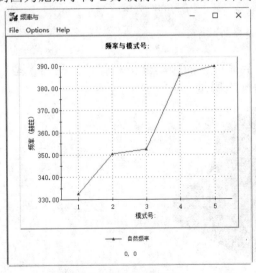

图 3-30   频率响应图表

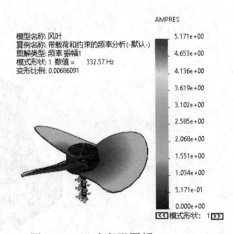

图 3-31   风叶变形图解

4)在显示某一个图解时,右击该图解,在弹出的快捷菜单中选择"动画"命令,弹出"动画"属性管理器,在其中设置播放的速度,可观看动画模式。

3.3 装配体的频率分析

对装配体进行频率分析时，装配体中的零件必须是接合在一起的，不可以出现缝隙，如果出现干涉，则必须去除干涉部分。当对其中某个零部件进行分析时，如果与其连接的实体的质量很重要，但是其应力和变形没那么重要，那么可以将这个实体看作远程质量，并刚性地连接在要分析的零部件上。被视为远程质量的实体不需要进行网格化，但进行频率分析时要考虑其质量属性和惯性张量。

对装配体进行频率分析的大致步骤如下：

1）新建算例，设置材料属性。

2）定义远程质量，将不需要进行频率分析的实体视为远程质量，从频率分析中消除。

3）添加约束，设置接触类型。对装配体中的接触和连接，可以设置接合、自由接触、销连接等方式，不要使用无穿透接触。

4）划分网格并运行分析。

5）查看并分析结果。

3.3.1 全部接合的频率分析

零部件之间的交互方式有接合、相触、空闲、冷缩配合和虚拟壁。下面将讲解全部零部件采用接合的交互方式进行连接的装配体的频率分析。

全部接合指的是装配体中的所有零部件均采用接合的交互方式连接在一起，此时，整个装配体的处理方式与单独零部件的处理方式相同，但是全部接合的交互方式会导致装配体的刚度要比实际刚度高得多。

3.3.2 实例——脚轮装配全部接合的频率分析

本实例将对脚轮装配体进行接触方式为全部接合的频率分析。脚轮装配体模型如图3-32所示，底面为固定约束面，轮子可视为远程质量。

图 3-32 脚轮装配体模型

【操作步骤】

1. 新建频率算例

1）选择菜单栏中的"文件"→"打开"命令或单击快速访问工具栏中的"打开"按钮 ，打开源文件中的"脚轮.sldasm"。

2）单击"Simulation"主菜单工具栏中的"新算例"按钮 ，或选择菜单栏中的"Simulation"→"算例"命令。

3）在弹出的"算例"属性管理器中，定义"名称"为"全部接合"，分析类型选择"频率"，如图 3-33 所示。

4）单击 按钮，进入 SOLIDWORKS Simulation 算例树界面。

5）在 SOLIDWORKS Simulation 算例树中右击 全部接合*(-Default-) 图标，在弹出的快捷菜单中单击"属性"命令，打开"频率"对话框。选择"选项"选项卡，在"频率数"的微调框中设置要计算的模态阶数为 5，如图 3-34 所示。

6）单击"确定"按钮，关闭对话框。

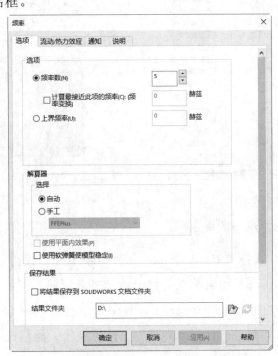

图 4-33 "算例"属性管理器　　　　图 3-34 "频率"对话框

2. 定义材料

1）选择"Simulation"下拉菜单中的"材料"→"应用材料到所有"命令，或者在"Simulation"主菜单工具栏中单击"应用材料"图标 ，或者在 SOLIDWORKS Simulation 算例树中右击 零件 图标，在弹出的快捷菜单中选择"应用材料到所有"命令，打开"材料"对话框。在"材料"对话框中定义模型的材料为"合金钢"，如图 3-35 所示。

2）单击"应用"按钮，关闭"材料"对话框。

3）在 SOLIDWORKS Simulation 算例树中右击底座 top_plate-1(-合金钢-) 图标，在弹出的快捷菜单中选择"应用/编辑材料"命令，系统弹出"材料"对话框，在"材料"对话框中修改底座的材质为"普通碳钢"。

4）采用同样的方法，修改两侧的支撑架"axle_support-1"和"axle_support-1"的材料为"普通碳钢"。

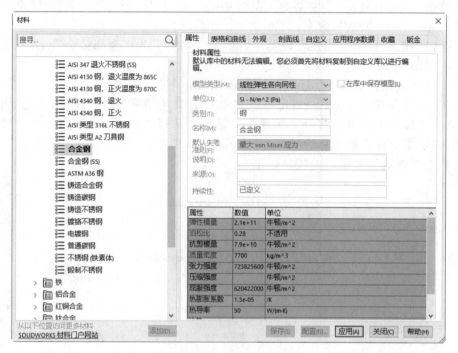

图 3-35　"材料"对话框

3．添加约束

1）选择"Simulation"下拉菜单中的"载荷/夹具"→"夹具"命令，或者单击"Simulation"主菜单工具栏中的"夹具顾问"下拉菜单中的"固定几何体"按钮 ，或者在 SOLIDWORKS Simulation 算例树中右击 夹具 图标，在弹出的快捷菜单中选择"固定几何体"命令，打开"夹具"属性管理器，然后选择底座的底面作为约束面，如图 3-36 所示。

2）单击 ✔ 按钮，完成固定约束。

4．查看质量属性

在 SOLIDWORKS Simulation 算例树中右击 全部接合*(-Default-) 图标，在弹出的快捷菜单中单击"质量属性"命令，系统弹出"Simulation 质量属性（-全部接合-）"对话框，如图 3-37 所示。在对话框中查看质量属性可知轮子的质量为 0.7kg。

图 3-36　选择约束面　　图 3-37　"Simulation 质量属性（-全部接合-）"对话框

5. 定义远程质量

1）在 SOLIDWORKS Simulation 算例树中右击  wheel-1 (-合金钢-) 图标，在弹出的快捷菜单中选择"视为远程质量"命令，如图 3-38 所示。

2）打开"视为远程质量"属性管理器，在绘图区选取轴的外表面作为远程质量的面，如图 3-39 所示。

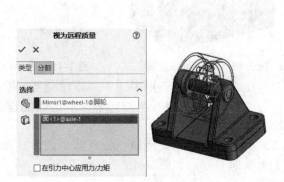

图 3-38　选择命令　　图 3-39　"视为远程质量"属性管理器及选取的作为远程质量的面

3）单击 ✔ 按钮，完成远程质量定义，结果如图 3-40 所示。

6. 设置本地交互

1）在 SOLIDWORKS Simulation 算例树中右击 连结 图标，在弹出的快捷菜单中选择"本地交互"命令，如图 3-41 所示。

2）打开"本地交互"属性管理器。在"交互"选项组中选择"自动查找本地交互"单选按钮，在"类型"下拉列表中选择"接合"，在"属性"选项组中的"接合的缝隙范围"选择"自动"，数值设置为 0mm。在"选择零部件或实体"列表中单击，然后在临时设计树中选择"脚轮"。

3）单击 查找本地交互 按钮，可以看到在"结果"列表框中列出了 11 个本地交互，如图 3-42 所示。

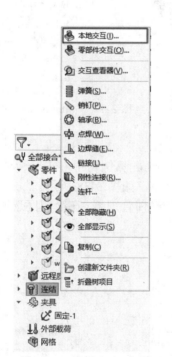

图 3-40　定义远程质量　　　　图 3-41　选择命令　　图 3-42　"本地交互"属性管理器

4）在"结果"列表框中选中"本地交互-1"，然后按住 Shift 键，再选中"本地交互-11"，将所有本地交互全部选中，单击"创建本地交互"按钮，本地交互全部创建完成。

5）单击 ✔ 按钮，关闭属性管理器。此时，在 SOLIDWORKS Simulation 算例树中列出了 11 个本地交互，如图 3-43 所示。

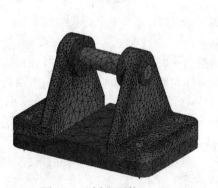

图 3-43 创建的本地交互

7. 生成网格和运行分析

1）选择"Simulation"下拉菜单中的"网格"→"生成"命令，或者单击"Simulation"主菜单工具栏"运行此算例"下拉列表中的"生成网格"按钮，或者在 SOLIDWORKS Simulation 算例树中右击 网格 图标，在弹出的快捷菜单中选择"生成网格"命令。

2）系统弹出"网格"属性管理器。"网格参数"选择"基于曲率的网格"，网格密度设置为粗糙。

3）单击 按钮，开始划分网格，划分网格后的模型如图 3-44 所示。

4）选择"Simulation"下拉菜单。中的"运行"→"运行"命令，或者单击"Simulation"主菜单工具栏。中的"运行此算例"按钮，运行分析。

8. 查看并分析结果

1）双击 SOLIDWORKS Simulation 算例树中"结果"文件夹中的"振幅 1"图标，可观察脚轮在给定约束下的 1 阶模式形状，如图 3-45 所示。

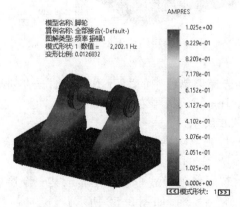

模型名称：脚轮
算例名称：全部接合(-Default-)
图解类型：频率 振幅1
模式形状：1 数值 = 2,202.1 Hz
变形比例：0.0126832

AMPRES

值
1.025e+00
9.229e-01
8.203e-01
7.178e-01
6.152e-01
5.127e-01
4.102e-01
3.076e-01
2.051e-01
1.025e-01
0.000e+00

模式形状：1

图 3-44 划分网格　　　图 3-45 脚轮在给定约束下的 1 阶模式形状

2）双击 SOLIDWORKS Simulation 算例树中"结果"文件夹中的"振幅 2"图标，

可观察脚轮在给定约束下的 2 阶模式形状，如图 3-46 所示。图 3-47~图 3-49 所示分别为脚轮在给定约束下的 3 阶模式形状~5 阶模式形状。

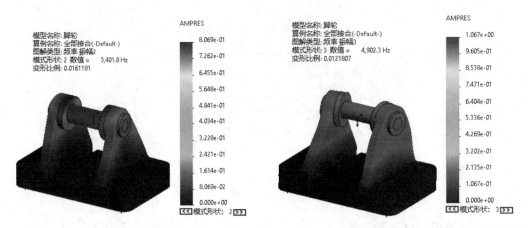

图 3-46　脚轮在给定约束下的 2 阶模式形状　　　图 3-47　脚轮在给定约束下的 3 阶模式形状

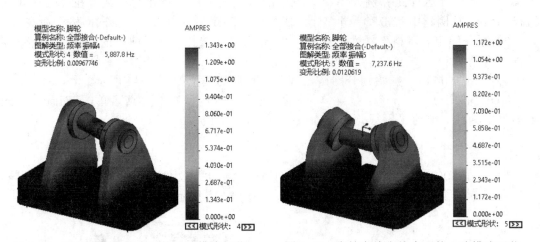

图 3-48　脚轮在给定约束下的 4 阶模式形状　　　图 3-49　脚轮在给定约束下的 5 阶模式形状

3) 选择菜单栏中的"Simulation"→"列举结果"→"模式"命令，或者在 SOLIDWORKS Simulation 算例树中右击 📄 结果 图标，在弹出的快捷菜单中选择"列出共振频率"命令，如图 3-50 所示。

4) 打开"列举模式"对话框。其中显示出计算得出的前 5 阶振动频率，如图 3-51 所示。

5) 查看其他模式形状。在显示某一个图解时，右击该图解，在弹出的快捷菜单中选择"动画"命令，如图 3-52 所示。

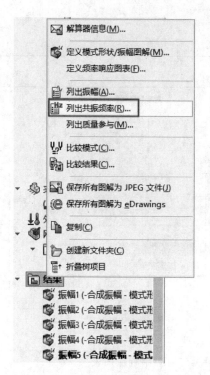

图 3-50 选择命令

图 3-51 前 5 阶振动频率

6）打开"动画"属性管理器，如图 3-53 所示。拖动"速度"滑块，调整播放的速度。

图 3-52 选择"动画"命令

图 3-53 "动画"属性管理器

7）在 SOLIDWORKS Simulation 算例树中右击 结果 图标，在弹出的快捷菜单中选择"定义频率响应图表"命令，弹出"频率分析图表"属性管理器，在"摘要"选项组中列举了所有的模式号及对应的频率，如图 3-54 所示。单击 按钮，生成频率响应图表，如图 3-55 所示。

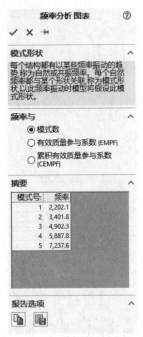

图 3-54 "频率分析图表"属性管理器

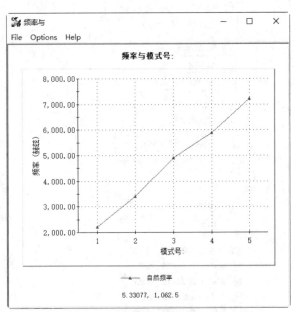

图 3-55 频率响应图表

3.3.3 部分接合的频率分析

在前面章节中介绍了全部接合的频率分析，下面将在此基础上进行接合和空闲两种接触条件的频率分析。

空闲指的是相接触的零部件认为对方不存在。

3.3.4 实例——脚轮装配部分接合的频率分析

本实例将对脚轮装配体进行接合和空闲两种接触条件作用下的频率分析。脚轮装配体模型如图 3-56 所示，底面为固定约束面，轮子可视为远程质量。

图 3-56 脚轮装配体模型

【操作步骤】

1. 复制算例

选择前面创建的"全部接合"算例标签，右击，在弹出的快捷菜单中选择"复制算例"命令，如图 3-57 所示。在弹出的"复制算例"属性管理器中设置新算例的名称为"部分接合"，如图 3-58 所示。

图 3-57 选择"复制算例"命令　　图 3-58 "复制算例"属性管理器

2. 编辑本地交互

1）在 SOLIDWORKS Simulation 算例树中选择中轴与轮子的"本地交互-9"，右击，在弹出的快捷菜单中选择"编辑定义"命令，如图 3-59 所示。系统弹出"本地交互"属性管理器，将交互类型修改为"空闲"，如图 3-60 所示。

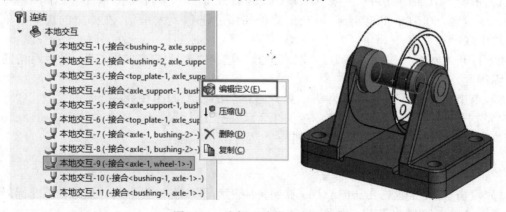

图 3-59 选择"编辑定义"命令

2）单击 ✔ 按钮，关闭属性管理器。

3）采用同样的方法，编辑本地交互-2 本地交互-2 (-接合<bushing-2, axle_support-2>-)（见图 3-61）、本地交互-5 本地交互-5 (-接合<axle_support-1, bushing-1>-)（见图 3-62）、本地交互-7

本地交互-7 (-接合<axle-1, bushing-2>-)（见图 3-63）和本地交互-10 本地交互-10 (-接合<bushing-1, axle-1>-) （见图 3-64）。

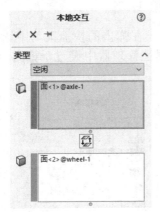

图 3-60　修改交互类型为"空闲"

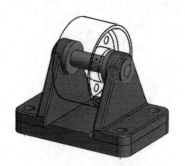

图 3-61　本地交互-2

图 3-62　本地交互-5

图 3-63　本地交互-7

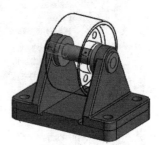

图 3-64　本地交互-10

3. 生成网格和运行分析

1）单击"Simulation"主菜单工具栏"运行此算例"下拉列表中的"生成网格"按钮，或者在 SOLIDWORKS Simulation 算例树中右击 网格图标，在弹出的快捷菜单中选择"生成网格"命令。

2）打开"网格"属性管理器。"网格参数"选择"基于曲率的网格"，采用网格的默认粗细程度。

3）单击 ✔按钮，开始划分网格，划分网格后的模型如图 3-65 所示。

4）选择"Simulation"下拉菜单中的"运行"→"运行"命令，或者单击"Simulation"主菜单工具栏中的"运行此算例"按钮，运行分析。

4. 查看并分析结果

1）双击 SOLIDWORKS Simulation 算例树中"结果"文件夹中的"振幅1"图标，可观察脚轮的1阶模式形状，如图 3-66 所示。

2）选择菜单栏中的"Simulation"→"列举结果"→"模式"命令，或者在 SOLIDWORKS Simulation 算例树中右击 结果图标，在弹出的快捷菜单中选择"列出共振频率"命令。

图 3-65　划分网格　　　　　　　图 3-66　脚轮的 1 阶模式形状

3）打开"列举模式"对话框。其中显示示计算得出的前 5 阶振动频率，如图 3-67 所示。

4）在 SOLIDWORKS Simulation 算例树中双击  图标，打开"频率与"对话框，其中显示了频率响应图表，如图 3-68 所示。

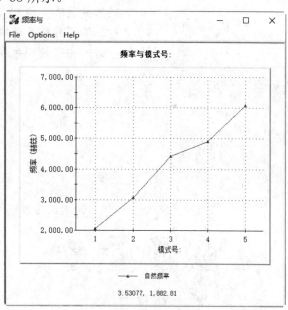

图 3-67　前 5 阶振动频率　　　　　　　图 3-68　频率响应图表

第 4 章

热力分析

本章介绍了稳态热力分析、瞬态热力分析、带辐射的热力分析和高级热应力2D简化。其中，瞬态热力分析又包括阶梯热载荷的瞬态热力分析、变化热载荷的瞬态热力分析和恒温控制热载荷的瞬态热力分析。

- 热力分析概述
- 稳态热力分析
- 瞬态热力分析
- 带辐射的热力分析
- 高级热应力 2D 简化

4.1 热力分析概述

温度的变化也会引起结构的变形、应变和应力。热力分析指的是包含温度影响的静态分析。热力分析可用于处理固体的热传导，主要的未知量是温度，因为温度是一个标量，所以不论什么类型的单元，在模型的节点上只有一个自由度。热力分析可分为稳态的热力分析和瞬态的热力分析，稳态的热力分析相当于线性的静力分析，瞬态的热力分析相当于动态的结构分析。热力分析中的温度相当于结构分析中的位移。

热力分析可用于计算一个系统或部件的温度分布及其他热物理参数，如热量的获取或损失、热梯度及热流密度（热通量）等，它在许多工程应用中扮演重要角色，如内燃机、涡轮机、换热器、管路系统及电子元件等。

4.1.1 热力分析材料属性

在热力分析中需要的材料属性有三种，分别是热导率、比热容和质量密度。热导率可用于稳态和瞬态的热力分析，而比热容和质量密度仅用于瞬态的热力分析。

热导率又称为"导热系数"，衡量的是物体的导热能力，是单位温度梯度下的导热通量，用 λ 表示。热导率与材料的组成、结构、温度、湿度、压强及聚集状态等许多因素有关，一般金属的热导率最大，非金属次之，液体的较小，气体的最小。非金属固体的热导率与温度成正比，金属固体的热导率与温度成反比。

比热容是单位质量物质的热容量，即单位质量物体改变单位温度时吸收或放出的热量，用符号 c 表示。不同的物质有不同的比热容。比热容是物质的一种特性，同一物质的比热容一般不随质量、形状的变化而变化。

4.1.2 热传递的原理

在没有做功而只有温度差的情况下，能量从一个物体转移到另一个物体，或从物体的一部分转移到另一部分的现象称为热传递。热传递一般有三种方式，分别是热传导、热辐射和热对流。传导和对流传热需要通过中间介质，而辐射传热则不需要。

1. 热传导

热传导就是当不同物体或同一物体的不同部分存在温度差时，能量通过分子、原子或电子的振动或相互碰撞进行传递的现象。气体内部的导热是通过其内部分子做不规则的热运动发生相互碰撞来传递能量。非金属固体的导热是通过晶格结构的振动将能量传递给相邻分子。金属固体的导热则是通过自由电子在晶格结构之间的运动来传递能量。

热传导的热量与热导率、温度差和热传送通过的面积有关。

2. 热辐射

热辐射就是物体以电磁波的方式向外发射能量的现象。一切温度高于绝对零度的物体都会产生辐射。电磁波的传播不需要任何介质，因此热辐射是真空中唯一的热传递方式。辐射的热量与辐射源表面的性质和温度有关，表面越黑暗越粗糙，发射（吸收）能量的能力就越强。辐射的热量与温度的四次方成正比。

根据斯蒂藩-玻耳兹曼定律，黑体总的发射能量 Q 为

$$Q_{黑体} = \delta T^4$$

式中，δ 为斯蒂藩-玻耳兹曼常数，值为 4.67032×10^{-8} W/($m^2 \cdot K^4$)；T 为黑体的绝对温度。

黑体具有以下特性：

1）黑体吸收所有的辐射（没有反射），不管波长和方向。

2）黑体是纯粹的发射器，对于给定的波长和温度，没有平面发射的能量比黑体发射的能量更多。黑体在所有方向上发射的能量均一致。

3. 热对流

热对流是指流体内部质点发生相对位移的热量传递现象。

对流有自然对流和强制对流两种方式。自然对流是在没有外界驱动力的作用下流体依然运动的情况。引起流体运动的原因是存在温度差。强制对流是由于外力驱动（如电风扇、水泵等）引起的流体运动。强制对流可以交换大量的热量，提高热交换率。

热对流传导的热量与温度差、热导率和导热物体的表面积成正比。

4.2 稳态热力分析

稳态是指模型的温度在经过很长的时间后，热流量达到平衡并且温度场处于稳定的状态。稳态热力分析就是计算模型中的稳态温度分布，也就是在指定条件下对温度场的稳定状态进行分析。

4.2.1 稳态热力分析术语

对模型进行稳态分析时不需要设置初始温度，初始温度会影响模型达到稳定平衡的时间，并不会影响稳态条件，因此初始温度与稳态分析的关联性不大。进行稳态热力分析需要了解以下几个概念。

1. 热流量

热流量是一定面积的物体两侧存在温度差时，单位时间内由传导、对流、辐射方式通过该物体所传递的热量，单位为 W。通过物体的热流量与两侧温度差成正比，与厚度成反比，并且与材料的导热性能有关。单位面积内的热流量为热流通量。

2. 温度场

物质系统内各个点上温度的集合称为温度场。它是时间和空间坐标的函数，反映了温度在空间和时间上的分布。不随时间改变的温度场称为稳态温度场，随着时间的推移而不断发生变化的温度场称为瞬态温度场。

3．接触热阻

两个互相接触的固体表面不可能完全接触，在未接触的界面之间会有一层薄薄的空气间隙，热量将以导热的方式穿过这种空气间隙层，这种情况与固体表面完全接触相比，增加了附加的传递阻力，称为接触热阻。接触热阻单位是 $m^2 \cdot K/W$。

4.2.2 实例——芯片的稳态热力分析

本实例将对芯片进行稳态热力分析。芯片模型如图 4-1 所示，芯片的底面作为发热面，所有的散热翅面都是散热面。

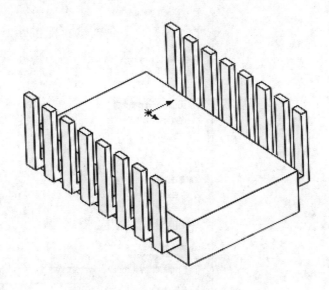

图 4-1 芯片模型

【操作步骤】

1．新建算例

1）选择菜单栏中的"文件"→"打开"命令或单击快速访问工具栏中的"打开"按钮，打开源文件中的"芯片.sldprt"，如图 4-1 所示。

2）单击"Simulation"主菜单工具栏中的"新算例"按钮，弹出如图 4-2 所示的"算例"属性管理器，定义"名称"为"稳态热力分析"，设置分析类型为"热力"。

3）在 SOLIDWORKS Simulation 算例树中右击新建的 稳态热力分析 *(-默认-)图标，在弹出的快捷菜单中单击"属性"命令，打开"热力"对话框。设置解算器为"FFEPlus"，并选择"求解类型"为"稳态"（即计算稳态传热问题），如图 4-3 所示。单击"确定"按钮，关闭对话框。

2．定义材料

1）选择"Simulation"下拉菜单中的"材料"→"应用材料到所有"命令，或者单击

SOLIDWORKS 2022 有限元、虚拟样机与流场分析从入门到精通

"Simulation"主菜单工具栏中的"应用材料"按钮，或者在 SOLIDWORKS Simulation 算例树中右击芯片图标，在弹出的快捷菜单中选择"应用/编辑材料"命令，打开"材料"对话框。在"材料"对话框中定义模型的材质为"黄铜"，如图 4-4 所示。

算例

- 信息
- 名称
  - 稳态热力分析
- 常规模拟
- 设计洞察
- 高级模拟
  - 热力
    - □ 使用 2D 简化
  - 屈曲
  - 疲劳
  - 非线性
  - 线性动力
- 专用模拟

图 4-2 "算例"属性管理器

热力

选项　通知　说明

求解类型
- ○ 瞬态(T)
  - 总的时间(O): 1 秒
  - 时间增量(M): 0.1 秒
  - □ 热算例的初始温度
  - 热算例: 热力 1　时间步长: 1
- ● 稳态(S)

□ 包括 SOLIDWORKS Flow Simulation 中的液体对流效应(F)

液对流选项

SOLIDWORKS 模型名称　:
配置名称　　　　　:
流动迭代数　　　　:

解算器选择
- ○ 自动
- ● 手工
  - FFEPlus

保存结果
- □ 将结果保存到 SOLIDWORKS 文档文件夹
- 结果文件夹　D:\

高级选项...

确定　取消　帮助

图 4-3 "热力"对话框

2）单击"应用"按钮，关闭对话框。

3．添加热量载荷

1）单击"Simulation"主菜单工具栏"热载荷"下拉列表中的"热量"按钮，或者在 SOLIDWORKS Simulation 算例树中右击热载荷图标，在弹出的快捷菜单中选择"热量"命令，打开"热量"属性管理器。选择图 4-5 所示的芯片底面作为发热面，热量为 300W。

2）单击✔按钮，完成"热量-1"热载荷的创建。

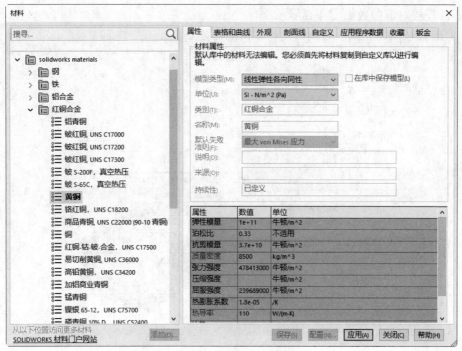

图 4-4　"材料"对话框

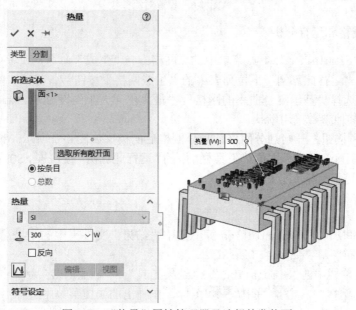

图 4-5　"热量"属性管理器及选择的发热面

4. 定义对流参数

1）单击"Simulation"主菜单工具栏"热载荷"下拉列表中的"对流"按钮，或者在 SOLIDWORKS Simulation 算例树中右击　热载荷 图标，在弹出的快捷菜单中选择"对流"命令，打开"对流"属性管理器。单击"对流的面"列表框，选择图 4-6 所示的散热翅面作为散热面，设置对流参数如图 4-6 所示。

2）单击✔按钮，完成"对流-1"热载荷的创建。

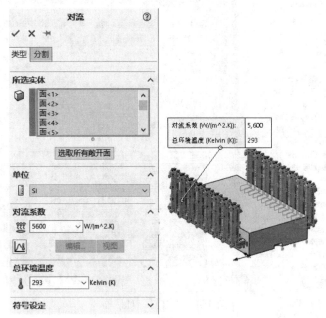

图 4-6　设置对流参数

5．生成网格和运行分析

1）选择"Simulation"下拉菜单中的"网格"→"生成"命令，或者单击"Simulation"主菜单工具栏"运行此算例"下拉列表中的"生成网格"按钮🔷，打开"网格"属性管理器。"网格参数"选择"基于混合曲率的网格"，"最大单元大小"设置为 20mm，"最小单元大小"设置为 1mm，其他参数采用默认。

2）单击✔按钮，开始划分网格，划分网格后的模型如图 4-7 所示。

3）单击"Simulation"主菜单工具栏。中的"运行此算例"按钮🟢，SOLIDWORK Simulation 则调用解算器进行有限元分析。

6．查看结果

1）双击 SOLIDWORKS Simulation 算例树中"结果"文件夹中的 🟢 **热力1(-温度-)** 图标，生成芯片的温度分布图解，如图 4-8 所示。

2）单击菜单栏中的"Simulation"→"结果工具"→"截面剪裁"命令，或者在 SOLIDWORKS Simulation 算例树中右击 🟢 **热力1(-温度-)** 图标，在弹出的快捷菜单中选择"截面剪裁"命令，打开"截面"属性管理器。选择"上视基准面"作为参考实体，设置偏移距离为-30mm，设置其他选项如图 4-9 所示。

3）单击✔按钮，生成以"上视基准面"作为截面的剖切图解，结果如图 4-10 所示。

4）单击菜单栏中的"Simulation"→"结果工具"→"探测"命令，或右击"结果"文件夹中的 🟢 **热力1(-温度-)** 图标，在弹出的快捷菜单中选择"探测"命令。

5）在图形区域中沿芯片的厚度方向依次选择几个节点作为探测目标，这些节点的序号、坐标及其对应的温度都显示在"探测结果"属性管理器中，如图 4-11 所示。

图 4-7　划分网格后的模型

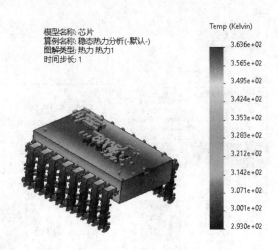

图 4-8　芯片的温度分布图解

图 4-9　"截面"属性管理器

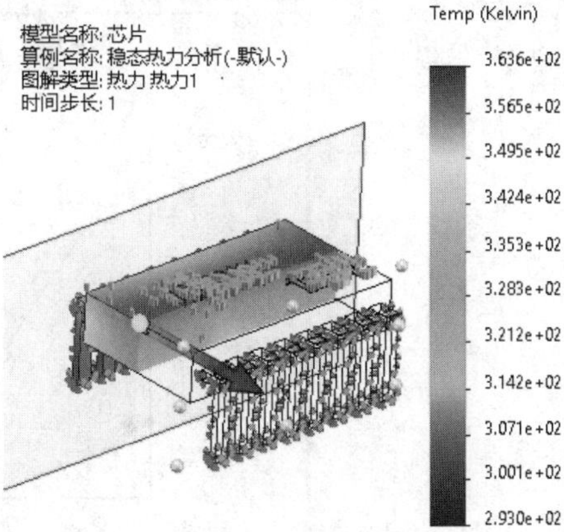

图 4-10　剖切图解

6）单击"图解"按钮，生成沿芯片半径的温度分布曲线，如图 4-12 所示。

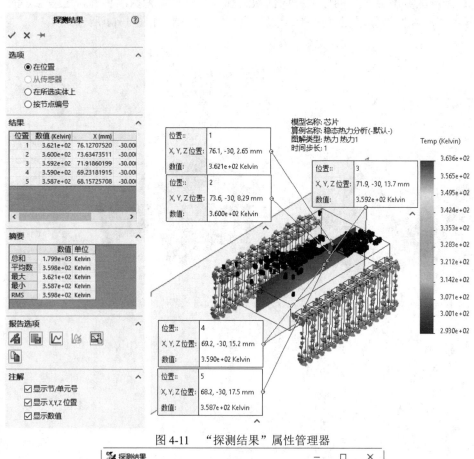

图 4-11　"探测结果" 属性管理器

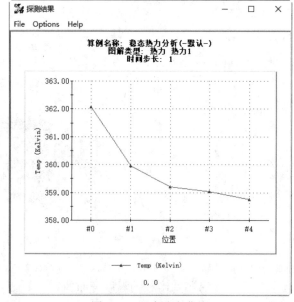

图 4-12　温度分布曲线

4.3　瞬态热力分析

要分析温度随时间变化的情况，可以采用瞬态热力分析。瞬态热力分析需要指定初始温度、求解时间和时间增量等，设置解算器类型为 Direct Sparse，分析完成后可以查看温度结果，了解各个梯度的温度情况，还可以得到温度变化的曲线。在进行瞬态热力分析时，热载荷的变化情况一般有三种，分别是呈阶梯均匀变化、按定义的时间曲线变化和保持恒温。

4.3.1　阶梯热载荷的瞬态热力分析

阶梯热载荷瞬态热力分析的操作步骤如下：

1）设置温度呈阶梯均匀变化。右击新建的算例，在弹出的快捷菜单中选择"属性"命令，弹出如图 4-13 所示的"热力"对话框，选择"求解类型"为"瞬态"，然后设置"总的时间"和"时间增量"（"总的时间"表示瞬态分析会执行多久，"时间增量"表示结果多久保存一次），最后设置解算器类型为"Direct Sparse"。

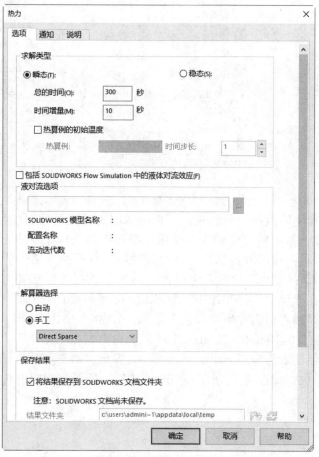

图 4-13　"热力"对话框

2)设置初始温度。右击 SOLIDWORKS Simulation 算例树中的 🔍 热载荷按钮，在弹出的快捷菜单中选择"温度"命令，如图 4-14 所示，弹出"温度"属性管理器，在"类型"选项组中选择"初始温度"单选按钮，在下面的列表框中选择要设置初始温度的装配体组件，在"温度" 🌡️ 右侧的文本框中设置初始温度，如图 4-15 所示。设置完各个参数之后，就可以运行分析并查看结果了。

3）查看结果。双击"结果"文件夹中相应的图解按钮，就会显示相应的结果，但是显示的是最后一步的结果，若要显示中间的结果，可右击相应的图解按钮，在弹出的快捷菜单中选择"编辑定义"命令，弹出"热力图解"属性管理器，在"图解步长"选项组中的"图解步长" 🎲 文本框中设置步长，如图 4-16 所示。单击 ✔️ 按钮，就可以查看某一时间的结果了。

图 4-14　选择"温度"命令　　　图 4-15　"温度"属性管理器　　　图 4-16　"热力图解"属性管理器

若要观察某一点随温度的变化结果，可以添加瞬态数据传感器：回到模型视图，右击 FeatureManager 设计树中的"传感器"按钮，在弹出的快捷菜单中选择"添加传感器"命令，如图 4-17 所示；弹出"传感器"属性管理器，选择传感器类型为"Simulation 数据"，在"结果" 📊 右侧的下拉列表中选择"热力"，在"零部件" 🔩 右侧的下拉列表中选择图解类型，在"属性"选项组中设置单位、准则和要查看的某一点，设置步长准则为"瞬时"（可保存瞬态仿真中所有步长的数据），如图 4-18 所示；单击 ✔️ 按钮，返回相应的算例界面，在 SOLIDWORKS Simulation 算例树中右击"结果"，在弹出的快捷菜单中选择"瞬态传感器图表"命令，如图 4-19 所示;弹出"瞬时传感器图"属性管理器，设置 X 轴和 Y 轴以及单位，如图 4-20 所示;单击 ✔️ 按钮，即可观察瞬时传感器图，如图 4-21 所示。

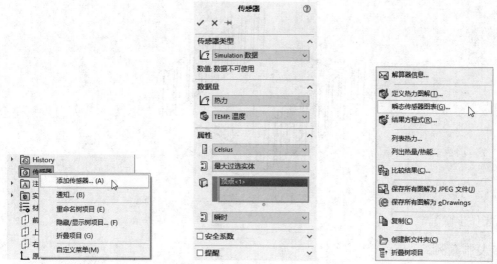

图 4-17 选择"添加传感器"命令　图 4-18 "传感器"属性管理器　图 4-19 选择"瞬态传感器图表"命令

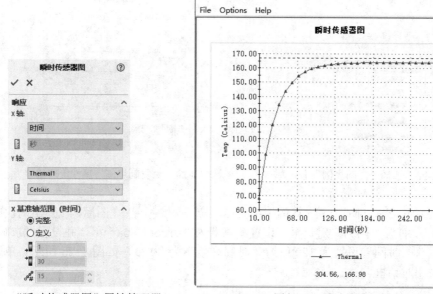

图 4-20 "瞬时传感器图"属性管理器　　　　图 4-21 瞬时传感器图

4.3.2 实例——芯片阶梯热载荷的瞬态热力分析

本实例将对芯片进行阶梯热载荷瞬态热力分析。芯片模型如图 4-22 所示，芯片的底面作为发热面，所有的散热翅面都是散热面。

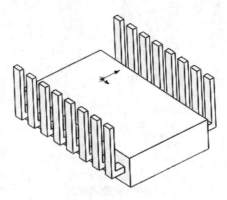

图 4-22　芯片模型

【操作步骤】

1. 复制算例

1）右击前面创建的"稳态热力分析"算例标签，在弹出的快捷菜单中选择"复制算例"命令，如图 4-23 所示。打开"复制算例"属性管理器，设置算例名称为"阶梯瞬态"，如图 4-24 所示。

图 4-23　选择"复制算例"命令　　　　　图 4-24　"复制算例"属性管理器

2）单击 ✔ 按钮，生成新算例。

3）在 SOLIDWORKS Simulation 算例树中右击 阶梯瞬态 (-默认-) 图标，在弹出的快捷菜单中单击"属性"，打开"热力"对话框，设置解算器为"Direct Sparse"，并设置"求解类型"为"瞬态"，"总的时间"设置为 1200 秒，"时间增量"为 30 秒，如图 4-25 所示。单击"确定"按钮，关闭对话框。

2. 设置初始温度

在进行瞬态热力分析时，必须要设置"初始温度参数"。

1）单击"Simulation"主菜单工具栏"热载荷"下拉列表中的"温度"图标 🌡，或者在 SOLIDWORKS Simulation 算例树中右击 热载荷 图标，在弹出的快捷菜单中选择"温度"命令。

2）打开"温度"属性管理器。"类型"选择"初始温度"，单击 选取所有敞开面 按钮，设置温度值为 290K，如图 4-26 所示。

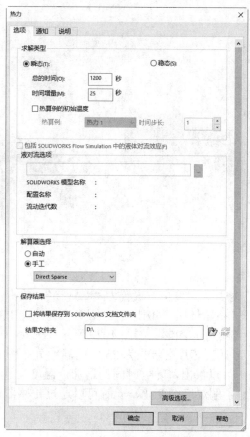

图 4-25 设置热力研究属性

① 注意

开尔文（Kelvin）=273.15+摄氏度(Celsius)

华氏度（Fahrenheit）=1.8×摄氏度(Celsius)+32

3）单击 ✔ 按钮，完成初始温度设置。

3. 运行分析

选择 "Simulation" 下拉菜单中的 "运行" → "运行" 命令，或者单击 "Simulation" 主菜单工具栏中的 "运行此算例" 按钮 ，SOLIDWORK Simulation 则调用解算器进行有限元分析。

4. 查看结果

1）双击 SOLIDWORKS Simulation 算例树中 "结果" 文件夹中的 **热力1 (-温度-)** 图标，可以观察芯片在步长为 40 时的温度分布图解，如图 4-27 所示。

2）在 SOLIDWORKS Simulation 算例树中右击 **结果** 图标，在弹出的快捷菜单中选择 "定义热力图解" 命令，打开 "热力图解" 属性管理器，如图 4-28 所示。

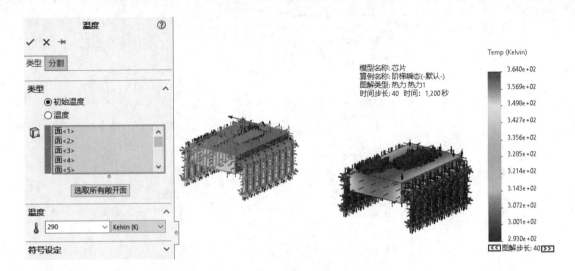

图 4-26 "温度"属性管理器　　　　　　　图 4-27 步长为 40 的温度分布图解

3）设置"图解步长"为 10，温度单位设置为"Kelvin"，单击 ✔ 按钮，关闭属性管理器。

4）双击 SOLIDWORKS Simulation 算例树中"结果"文件夹中的 🔥热力2 (-温度-) 图标，可以观察芯片在步长为 10 时的温度分布图解，如图 4-29 所示。

5）采用同样的方法，可观察芯片在步长为 25 时的温度分布图解，如图 4-30 所示。通过 3 个不同步长的温度分布图可以看出，随着时间的增加，温度在逐步升高。若要了解温度的变化趋势，则需要更详细地了解温度的变化，此时可以通过传感器进行监测。

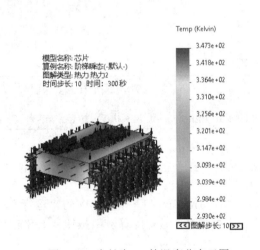

图 4-28 "热力图解"属性管理器　　　　　图 4-29 步长为 10 的温度分布云图

5．定义瞬态传感器

1）在屏幕左下角单击"模型"标签，进入建模界面。在 FeatureManager 设计树中右击 📷传感器 图标，在弹出的快捷菜单中选择"添加传感器"命令，如图 4-31 所示。

2）打开"传感器"属性管理器。"传感器类型"选择"Simulation 数据"，"数据量"选择"热力"和"TEMP：温度"，单位选择"Kelvin"，准则选择"最大过选实体"，步长准则选择"瞬时",在绘图区选择如图 4-32 所示的顶点,如图 4-33 所示。

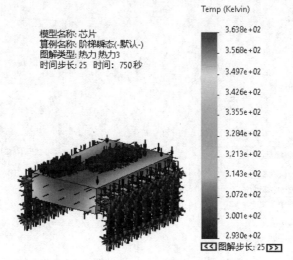

图 4-30　步长为 25 的温度分布云图

3)单击✔按钮,传感器定义完成。

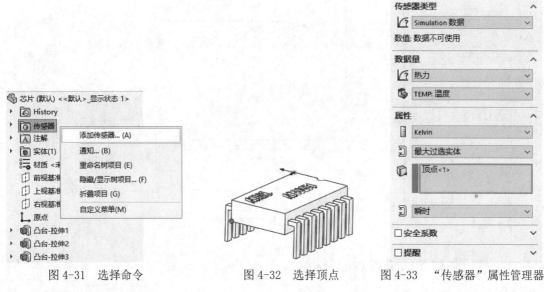

图 4-31　选择命令　　　　图 4-32　选择顶点　　　　图 4-33　"传感器"属性管理器

6. 查看瞬态传感器图表

1)单击屏幕左下角的"阶梯瞬态"标签,返回到热力分析算例。在 SolidWorks Simulation 算例树中右击 🗐 结果 图标,在弹出的快捷菜单中选择"瞬态传感器图表"命令,如图 4-34 所示。

2)打开"瞬态传感器图"属性管理器,如图 4-35 所示。

3)单击✔按钮,生成"瞬时传感器图",如图 4-36 所示。由该图可以看出温度随时间的变化规律。

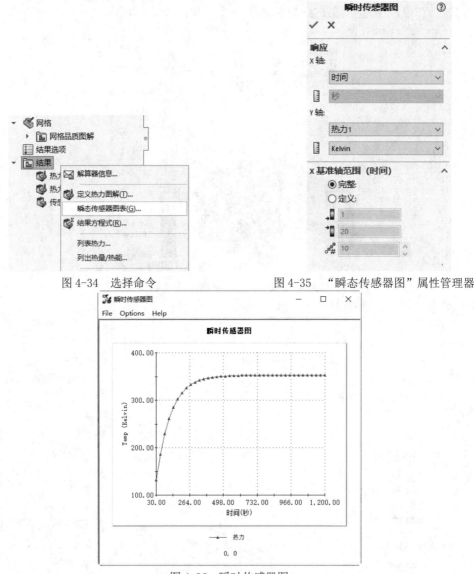

图 4-34　选择命令　　　　　　　　　　　图 4-35　"瞬态传感器图"属性管理器

图 4-36　瞬时传感器图

4.3.3　变化热载荷的瞬态热力分析

对于更复杂的瞬态热力分析，可以设置热量随时间变化的情况。单击"Simulation"主菜单工具栏。"热载荷"下拉列表中的"热流量"按钮，或右击 SOLIDWORKS Simulation 算例树中的"载荷"按钮，在弹出的快捷菜单中选择"热流量"命令，弹出如图 4-37 所示的"热流量"属性管理器，在"热流量的面"列表框中选择要加载载荷的面，设置热流量值，单击"热流量"选项组中的"使用时间曲线"按钮，并选择"编辑"按钮，弹出"时间曲线"对话框，在其中定义时间曲线，如图 4-38 所示。单击"确定"按钮，返回属性管理器，再单击"视图"按钮即可查看定义的时间曲线，如图 4-39 所示。

图 4-37 "热流量"属性管理器

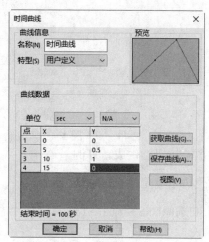

图 4-38 "时间曲线"对话框

除了定义时间曲线外，也可以定义温度曲线，即在不同的平均温度上产生的热力。在"热流量"属性管理器中单击"使用温度曲线"按钮，并选择"编辑"按钮，弹出"温度曲线"对话框，在其中定义温度曲线，如图 4-40 所示。

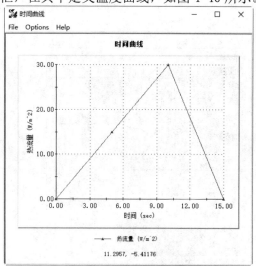

图 4-39 定义的时间曲线

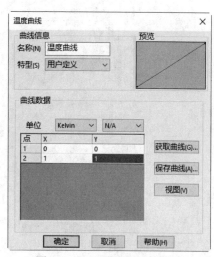

图 4-40 "温度曲线"对话框

4.3.4 实例——芯片变化热载荷的瞬态热力分析

本案例将在 4.3.2 节的基础上将热载荷设置为变化的热载荷，观察瞬态热力分析结果。

【操作步骤】

1. 复制算例

1）在屏幕左下角右击"阶梯瞬态"标签，在弹出的快捷菜单中选择"复制算例"命令，打开"复制算例"属性管理器，设置"算例名称"为"变化瞬态"，如图 4-41 所示。

图 4-41　"复制算例"属性管理器

2）单击 ✓ 按钮，生成新算例。

2. 修改热量载荷

1）在 SOLIDWORKS Simulation 算例树中右击 ♨ 热量-1 图标，在弹出的快捷菜单中选择"编辑定义"命令。

2）打开"热量"属性管理器，如图 4-42 所示。单击"使用时间曲线"按钮 🗠，激活该选项。单击 编辑… 按钮，打开"时间曲线"对话框，输入（0，0），（300，1），（600，0），（900，1）和（1200，0）5 个点来定义时间曲线，如图 4-43 所示。双击序号可以创建新点。

图 4-42　"热量"属性管理器

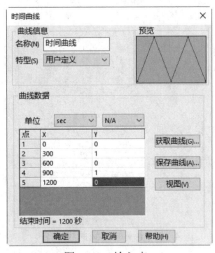

图 4-43　输入点

3）单击"确定"按钮，关闭"时间曲线"对话框。

4）单击 ✓ 按钮，关闭属性管理器。

⚠ 注意

输入完一个点后，双击序号可继续输入下一个点。

3. 运行分析并查看瞬态传感器图表

1）选择"Simulation"下拉菜单中的"运行"→"运行"命令，或者单击"Simulation"主菜单工具栏中的"运行此算例"按钮 🐾，SOLIDWORK Simulation 则调用解算器进行有限元分析。

2）双击 SOLIDWORKS Simulation 算例树中"结果"文件夹中的 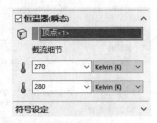 热力1 (-温度-) 图标，可以观察芯片在步长为 40 时的温度分布图解，如图 4-44 所示。

3）在 SOLIDWORKS Simulation 算例树中双击 传感器图表1 (-时间-) 图标，打开"瞬态传感器图"属性管理器。

4）参数采用默认，单击 ✔ 按钮，生成"瞬时传感器图"图表，如图 4-45 所示。该图显示了在变化载荷作用下选取的点的温度变化情况。

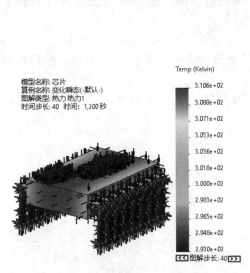

图 4-44　步长为 40 的温度分布图解

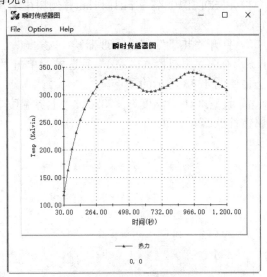

图 4-45　瞬时传感器图

4.3.5　恒温控制热载荷的瞬态热力分析

除了设置变化的热载荷外，也可以通过恒温器控制给定特征的温度。在相应的属性管理器中勾选"恒温器（瞬态）"复选框，在"传感器（选择一顶点）"列表框中选择一顶点作为恒温器的安装位置，然后设置"上界温度"和"下界温度"，如图 4-46 所示。这样即可将所选位置的温度固定在特定的范围内，如果温度超过上界温度，热量就会被切断，如果低于下届温度，热量会重新启动。

图 4-46　设置参数

4.3.6　实例——芯片恒温控制热载荷的瞬态热力分析

前面两个实例介绍了阶梯热载荷作用下的瞬态热力分析和变化热载荷作用下的瞬态热力分析，本实例将介绍第三种情况——恒温热载荷作用下的瞬态热力分析。为了将温度控制在一定范围内，可以通过恒温器对加热体的温度进行控制。

【操作步骤】

1. 复制算例

1）在屏幕左下角右击"阶梯瞬态"标签，在弹出的快捷菜单中选择"复制算例"命令，打开"复制算例"属性管理器，设置"算例名称"为"恒温瞬态"，如图 4-47 所示。

2）单击✓按钮，生成新算例。

2. 修改热量载荷

1）在 SOLIDWORKS Simulation 算例树中右击 热量-1 图标，在弹出的快捷菜单中选择"编辑定义"命令。

2）打开"热量"属性管理器。

3）勾选"恒温器（瞬态）"复选框，单击"传感器（选择一顶点）"列表框，然后在绘图区选择如图 4-48 所示的顶点。

4）设置"下界温度"为 320K，"上界温度"为 340K，如图 4-49 所示。单击✓按钮，关闭属性管理器。

图 4-47 "复制算例"属性管理器

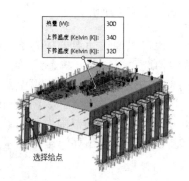

图 4-48 选择顶点

图 4-49 参数设置

3. 生成网格和运行分析

1）单击"Simulation"控制面板"运行此算例"下拉列表中的"生成网格"按钮，打开"网格"属性管理器。保持网格的默认粗细程度。

2）单击✓按钮，开始划分网格，结果如图 4-50 所示。

3）选择"Simulation"下拉菜单中的"运行"→"运行"命令，或者单击"Simulation"主菜单工具栏中的"运行此算例"按钮，SOLIDWORK Simulation 则调用解算器进行有限元分析。

4．查看瞬态传感器图表

1）在SOLIDWORKS Simulation算例树中双击 热力1(-温度-)图标，生成热力1温度分布图，如图4-51所示。

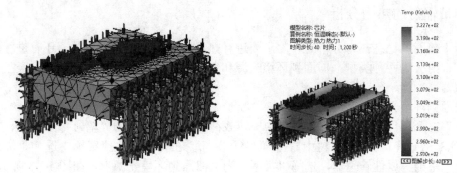

图4-50　划分网格　　　　　　　　　图4-51　热力1温度分布图

2）在SOLIDWORKS Simulation算例树中双击 传感器图表1(-时间-)图标，系统生成"瞬时传感器图"，如图4-52所示。由该图可以看出，因为温控器的控制，温度呈现周期性变化。

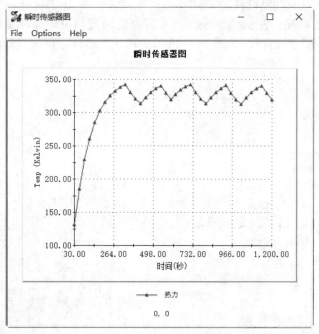

图4-52　瞬时传感器图

4.4　带辐射的热力分析

辐射是一种通过电磁波传递能量的方式。电磁波以光速传播且无需任何介质。热辐射只是电磁波谱中的一小段。辐射只能用于热力算例。

4.4.1　带辐射的热力分析

进行带辐射的稳态热力分析时，除了要进行热量、对流参数的设置外，还有进行辐射参数设置。辐射分为两种类型：曲面到环境光源和曲面到曲面。下面分别介绍两种类型辐射的属性管理器。

1. 曲面到环境光源

单击"Simulation"主菜单工具栏中"热载荷"下拉菜单中的"辐射"图标，或者在SOLIDWORKS Simulation 算例树中右击 热载荷 图标，在弹出的快捷菜单中选择"辐射"命令，打开"辐射"属性管理器，选择"类型"为"曲面到环境光源"，如图 4-53 所示。

"辐射"属性管理器中各参数的含义如下：

1）辐射的面：可在绘图区选择与环境光源接触的辐射面。对于具有横梁或构架的模型应先单击"横梁"按钮。

2）环境温度：用于选择所需单位，并输入环境温度的值。

3）发射率：用于设置材料的发射率。

4）使用温度曲线：激活该选项，则可将温度曲线与发射率相关联。单击 编辑... 按钮，打开"温度曲线"对话框，如图 4-54 所示。在该对话框中可定义温度曲线。

图 4-53　选择"曲面到环境光源"类型

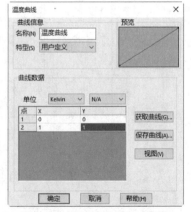

图 4-54　"温度曲线"对话框

5）视图因数：在辐射传热中起直接作用。图 4-55 所示为两个小区域 A_i 和 A_j 之间的视

图因数 R_{ij}，该值为离开区域 A_i 并被区域 A_j 所拦截的那部分辐射。换句话说，R_{ij} 表示 A_i 到 A_j 的辐射程度如何。视图因数 R_{ij} 取决于小区域 A_i 和 A_j 的方向以及它们之间的距离。若两个区域之间的辐射被第三个面完全阻隔，则视图因数为 0。

2. 曲面到曲面

在曲面到曲面辐射时，在任何辐射特征中选取的所有面都彼此辐射。

打开"辐射"属性管理器，选择"类型"为"曲面到曲面"，如图 4-56 所示。

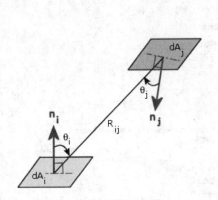

图 4-55　视图因数示意图

图 4-56　选择"曲面到曲面"类型

"辐射"属性管理器中部分参数的含义的如下：

开放系统：勾选该复选框，则在考虑曲面到曲面辐射的同时还要考虑对环境的辐射。不勾选该复选框，则不需要考虑对环境的辐射。

4.4.2　实例——灯泡辐射的热力分析

【操作步骤】

1. 新建算例

1）选择菜单栏中的"文件"→"打开"命令或单击快速访问工具栏中的"打开"按钮，打开源文件中的"台灯灯泡.sldasm"，灯泡模型如图 4-57 所示。

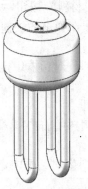

图 4-57　灯泡模型

2）单击"Simulation"主菜单工具栏中的"新算例"按钮，弹出如图 4-58 所示的"算例"属性管理器，定义"名称"为"热力 1"，设置分析类型为"热力"。

3）在 SOLIDWORKS Simulation 算例树中右击新建的 热力 1*（-默认-）图标，在弹出的快捷菜单中单击"属性"，打开"热力"对话框，设置解算器为"自动"、"求解类型"为"稳态"，如图 4-59 所示。单击"确定"按钮，关闭对话框。

图 4-58　"算例"属性管理器

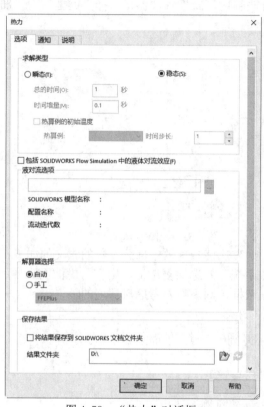

图 4-59　"热力"对话框

2. 定义材料

1）选择"Simulation"下拉菜单中的"材料"→"应用材料到所有"命令，或者单击"Simulation"主菜单工具栏中的"应用材料"按钮，或者在 SOLIDWORKS Simulation 算例树中右击"台灯灯泡"图标 台灯灯泡，在弹出的快捷菜单中选择"应用材料到所有实体"命令。

2）打开"材料"对话框。在"材料"对话框中定义模型的材质为"玻璃"，如图 4-60 所示。

3）单击"应用"按钮，关闭对话框。

4）在 SOLIDWORKS Simulation 算例树中右击 SolidBody 1（圆角4）图标，在弹出的快捷菜单中选择"应用/编辑材料"命令。

5）打开"材料"对话框。在"材料"对话框中定义模型的材质为"1060 合金"。

6）单击"应用"按钮，关闭对话框。

3．添加热量载荷

1）单击"Simulation"主菜单工具栏"热载荷"下拉列表中的"热量"按钮 ⚒，或者在 SOLIDWORKS Simulation 算例树中右击 🔧 热载荷 图标，在弹出的快捷菜单中选择"热量"命令。

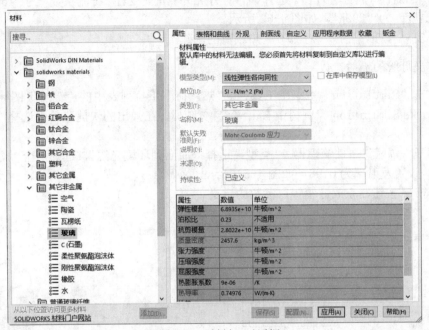

图 4-60　"材料"对话框

2）打开"热量"属性管理器。在临时设计树中选择两个"灯管"零件，设置热量为"60W"，如图 4-61 所示。

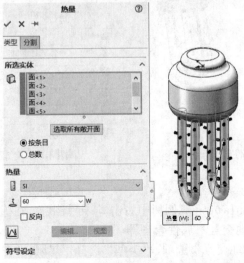

图 4-61　"热量"属性管理器

3）单击 ✔ 按钮，热量载荷添加完成。

4．添加对流载荷 1

1）单击"Simulation"主菜单工具栏"热载荷"下拉列表中的"对流"按钮 🎰，或者在 SOLIDWORKS Simulation 算例树中右击 🖱 热载荷 图标，在弹出的快捷菜单中选择"对流"命令。

2）打开"对流"属性管理器。选择铝合金外壳外侧面，设置"对流系数"为"150W/m² ·K"、"总环境温度"为"293K"，如图 4-62 所示。

3）单击 ✔ 按钮，完成"对流-1"热载荷的创建。

5．定义灯管的辐射参数

1）单击"Simulation"主菜单工具栏。"热载荷"下拉列表中的"辐射"图标 🕯️，或者在 SolidWorks Simulation 算例树中右击 🖱 热载荷 图标，在弹出的快捷菜单中选择"辐射"命令。

2）打开"辐射"属性管理器。"类型"选择"曲面到环境光源"，选择两个"灯管"零件的外表面，设置发射率为 0.98，如图 4-63 所示。

3）单击 ✔ 按钮，完成灯管辐射参数的定义。

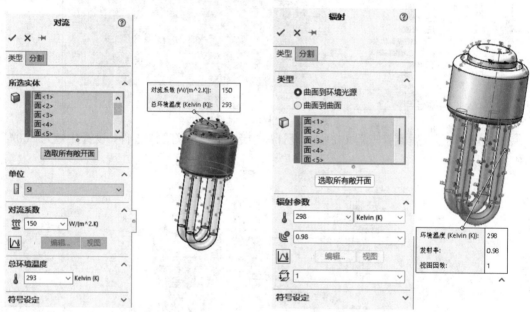

图 4-62　"对流"属性管理器　　　　　　　　图 4-63　"辐射"属性管理器

6．创建本地交互

1）在 SOLIDWORKS Simulation 算例树中右击 🖇 连结 图标，在弹出的快捷菜单中选择"本地交互"命令，打开"本地交互"属性管理器。

2）选择"自动查找本地交互"选项，"类型"选择"热阻"，在绘图区分别拾取两个灯管和凸台，然后单击 查找本地交互 按钮，在"结果"列表框中列出 4 个本地交互，勾选"热阻"复选框，设置热阻值为 2e-06（K·m²）/W，如图 4-64 所示。选中"结果"列表框中所有的本地交互，单击"创建本地交互"按钮 ➕，本地交互创建完成。

3）单击 ✔ 按钮，关闭属性管理器。

7. 生成网格和运行分析

1）选择"Simulation"下拉菜单中的"网格"→"生成"命令，或者单击"Simulation"主菜单工具栏。"运行此算例"下拉列表中的"生成网格"按钮 🖱，打开"网格"属性管理器。"网格参数"设置为"基于混合曲率的网格"，将网格密度滑块拖到最左端，采用网格的默认粗细程度。

2）单击 ✔ 按钮，开始划分网格，结果如图 4-65 所示。

3）选择"Simulation"下拉菜单。中的"运行"→"运行"命令，或者单击"Simulation"主菜单工具栏。中的"运行此算例"按钮 🖱，SOLIDWORK Simulation 则调用解算器进行有限元分析。

8. 查看结果

双击 SOLIDWORKS Simulation 算例树中"结果"文件夹中的 🖱 **热力1 (-温度-)** 图标，可以观察灯泡的温度分布图解，如图 4-66 所示。由图可以看出，灯泡的最高温度可达 293.1℃。

图 4-64　"本地交互"属性管理器

图 4-65　划分网格

图 4-66　灯泡的温度分布图解

4.5 高级热应力 2D 简化

热应力分析属于结构问题，是静应力分析的一种类型。一个模型在其温度改变时会发生膨胀或收缩，若模型各零部件之间互相约束或存在外在约束，则其形变就会受到限制，此时就会产生热应力。

由此可知，产生热应力应该具备两个条件：

1）模型内有温度变化。

2）模型不能自由形变。

在进行热应力分析之前，首先要进行热力分析，再把热力分析的结果应用到静应力分析中。

使用 SOLIDWORKS Simulation 进行仿真分析，有时会因为所用到的模型结构太过于复杂，使得计算时间较长。针对这种情况，可以考虑使用 2D 简化，选择可供使用的平面应力、平面应变、拉伸及轴对称选项。在选取了 2D 简化选项后，求解问题的工作流程与未简化时的工作流程类似。

4.5.1 2D简化的属性管理器介绍

当生成一个新的 Simulation 算例为静态、热力或非线性时，在算例树的选项下，选择使用 2D 简化。

1. 静应力分析 2D 简化

单击"Simulation"主菜单工具栏中的"新算例"按钮🔍，弹出"算例"属性管理器，定义"名称"为"静应力分析"，设置分析类型为"静应力分析"，勾选"使用 2D 简化"复选框，如图 4-67 所示。单击✔按钮，打开"静应力分析（2D 简化）"属性管理器，如图 4-68 所示。

"静应力分析（2D 简化）"属性管理器中各选项的含义如下：

（1）算例类型

1）平面应力：适用于细薄几何体，在这些几何体中一个尺寸比其他两个尺寸要小很多。垂直于截面的作用力必须可以忽略，从而产生垂直于截面的零值应力。此选项不可用于热力算例。

2）平面应变：适用于模型尺寸之一比其他两个尺寸大很多的几何体。在垂直于截面的方向，实体不能变形，而且力不能变化。此选项不可用于热力算例。

3）轴对称：当几何体、材料属性、结构和热载荷、夹具以及接触条件绕轴对称时可使用该项。选择该项后的属性管理器如图 4-69 所示。

（2）截面定义

1）剖切面：定义与 3D 几何体相交的截面。可选取参考基准面、平面或草图基准面。对于实体，选定的参考基准面必须与实体相交。

2）剖面深度：设定剖面垂直于截面的厚度。此选项不可用于热力算例。剖面深度用来计算应用到选定实体的总载荷。例如，如果给一个 1m 边线应用 10N 的力且剖面深度是 1m，那么会在 $1m^2$ 面积上应用总共 10N 的力。

3）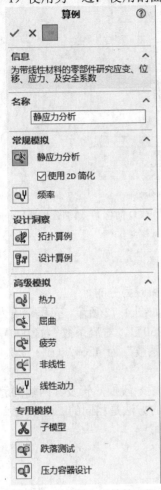 对称轴：定义用作对称轴的参考轴。几何体、材料属性、载荷、夹具和接触条件应绕轴对称。该选项只可用于"轴对称"选项。

4）使用另一边：使用剖面的对边。该选项只可用于"轴对称"选项。

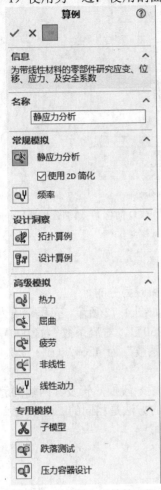

图 4-67 "算例"属性管理器　　图 4-68 "静应力分析（2D 简化）"　　图 4-69 选择"轴对称"类型
属性管理器

2.热力分析 2D 简化

单击"Simulation"主菜单工具栏中的"新算例"按钮，弹出"算例"属性管理器，定义"名称"为"热应力分析"，设置分析类型为"热力"，勾选"使用 2D 简化"复选框，如图 4-70 所示。单击 ✔ 按钮，打开"热力分析（2D 简化）"属性管理器，如图 4-71 所示。

"热力分析（2D 简化）"属性管理器中部分选项的含义如下：

 拉伸：使用该选项定义沿拉伸方向的恒定热载荷。此选项仅适用于热力算例。

图 4-70 "算例"属性管理器　　　　图 4-71 "热力分析（2D 简化）"属性管理器

4.5.2　实例——换热管的2D热力分析和热应力分析

本实例将确定一个换热器中带管板结构的换热管的温度分布和应力分布。

某单程换热器的其中一根换热管和与其相连的两端管板结构如图 4-72 所示，壳程介质为热蒸汽，管程介质为液体，换热管材料为不锈钢。壳程蒸汽温度为 250℃，"对流系数"为 3000W/（m²·℃），壳程压强为 8.1MPa；管程液体温度为 200℃，"对流系数"为 426W/（m²·℃），管程压强为 4.7MPa。

本实例为了说明计算过程以及看清楚结构的实际情况，只取了一段换热管及其两端的管板结构，实际换热器的换热管要比本实例中的长得多，但是分析的方法是相同的。

图 4-72　换热管及管板结构

根据结构的对称性，分析时取该结构的 1/4 建立有限元模型进行研究即可。

【操作步骤】

1. 新建算例

1）选择菜单栏中的"文件"→"打开"命令或单击快速访问工具栏中的"打开"按钮，打开源文件中的"换热管.sldprt"。

2）单击"Simulation"主菜单工具栏中的"新算例"按钮，弹出如图 4-73 所示的"算例"属性管理器，定义"名称"为"热力 2D"，设置分析类型为"热力"，勾选"使用 2D 简化"。

3）单击✔按钮，系统打开"热力 2D（2D 简化）"属性管理器。

4）"算例类型"选择"轴对称"，"剖切面"选择"上视基准面"，"对称轴"选择换热管轴线，勾选"使用另一边"复选框，如图 4-74 所示。

5）勾选"显示预览"复选框，单击✔按钮，简化后的图形如图 4-75a 所示。将图形的一端放大，结果如图 4-75b 所示。

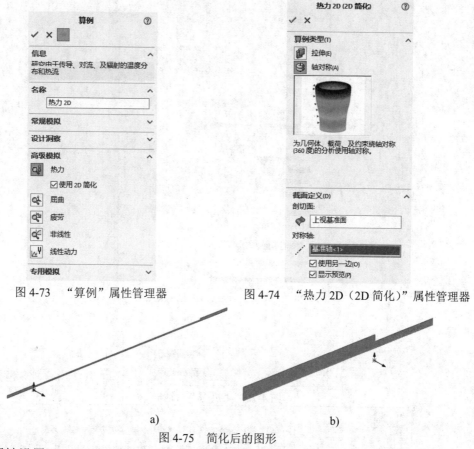

图 4-73 "算例"属性管理器   图 4-74 "热力 2D（2D 简化）"属性管理器

a)   b)

图 4-75 简化后的图形

2. 属性设置

在 SOLIDWORKS Simulation 算例树中右击新建的 热力 2D (-默认-) 图标，在弹出的快捷菜单中单击"属性"命令，打开"热力"对话框。设置解算器为"自动"、"求解类型"为"稳态"（即计算稳态传热问题），如图 4-76 所示。单击"确定"按钮，关闭对话框。

3. 定义材料

1）选择"Simulation"下拉菜单中的"材料"→"应用材料到所有"命令，或者单击"Simulation"主菜单工具栏中的"应用材料"按钮 ，或者在 SOLIDWORKS Simulation 算例树中右击 换热管 (-1 m-) 图标，在弹出的快捷菜单中选择"应用/编辑材料"命令，打开"材料"对话框。在"材料"对话框中定义模型的材质为"不锈钢（铁素体）"，如图 4-77 所示。

2）单击"应用"按钮，关闭对话框。

4. 添加对流载荷

1）单击"Simulation"主菜单工具栏。"热载荷"下拉列表中的"对流"按钮 ，打开"对流"属性管理器。单击"为对流选择边线"列表框，在图形区域中选择换热管内侧边线作为对流面，设置"对流"系数为 $426W/m^2 \cdot K$，因为管程液体温度为 200℃，换算成热力学温度为 473K，所以"总环境温度"设置为 473K，如图 4-78 所示。

图 4-76 "热力"对话框

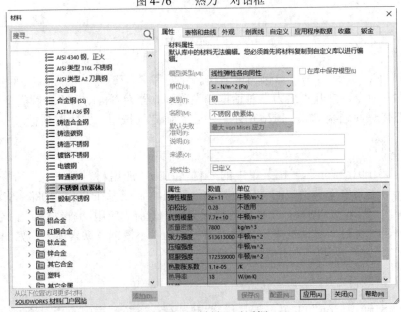

图 4-77 "材料"对话框

2）单击 ✔ 按钮，完成"对流-1"热载荷的创建。

3）采用相同的方法，在图形区域中选择换热管所有的外侧边线作为对流面，设置"对流系数"为 3000W/m^2·K，因为壳程蒸汽温度为 250℃，换算成热力学温度为 523K，所以"总环境温度"设置为 523K，如图 4-79 所示。

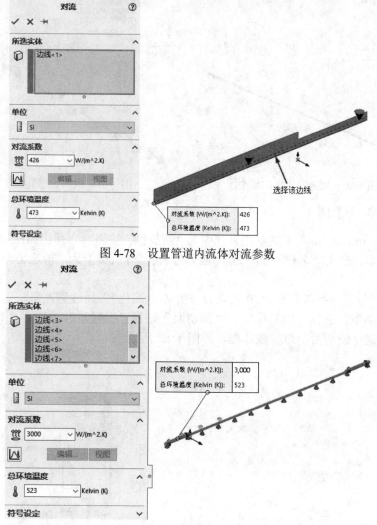

图 4-78　设置管道内流体对流参数

图 4-79　设置管道外空气对流参数

5. 生成网格和运行分析

1）选择"Simulation"下拉菜单中的"网格"→"生成"命令，或者单击"Simulation"主菜单工具栏。"运行此算例"下拉列表中的"生成网格"按钮，打开"网格"属性管理器。采用网格的默认粗细程度。

2）单击 ✔ 按钮，开始划分网格，划分网格后的模型如图 4-80 所示。

3）单击"Simulation"主菜单工具栏中的"运行此算例"按钮，SOLIDWORK Simulation 则调用解算器进行有限元分析。

6. 查看结果

双击 SOLIDWORKS Simulation 算例树中"结果"文件夹中的 **热力1(-温度-)** 图标，可以观察换热管的温度分布图解，如图 4-81 所示。

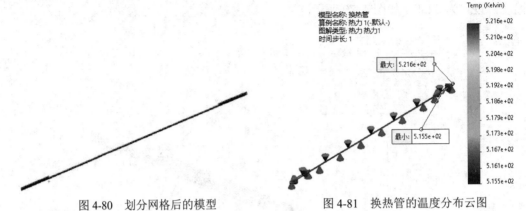

图 4-80　划分网格后的模型　　　　　图 4-81　换热管的温度分布云图

7．新建热应力算例

1）单击"Simulation"主菜单工具栏中的"新算例"按钮，弹出如图 4-82 所示的"算例"属性管理器，定义"名称"为"2D 热应力"，设置分析类型为"静应力分析"，勾选"使用 2D 简化"。

2）单击✔按钮，系统打开"2D 热应力分析（2D 简化）"属性管理器。

3）"算例类型"选择"轴对称"，"剖切面"选择"上视基准面"，"对称轴"选择换热管轴线，勾选"使用另一边"复选框，如图 4-83 所示。

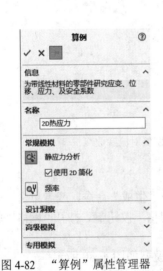

图 4-82　"算例"属性管理器　　　　图 4-83　"2D 热应力分析（2D 简化）"属性管理器

4）单击✔按钮，简化后的图形如图 4-84 所示。

8．属性设置

在 SOLIDWORKS Simulation 算例树中右击新建的 2D热应力*(-默认-)图标，在弹出的快捷菜单中单击"属性"命令,打开"静应力分析"对话框,选择"流动/热力效应"选项卡,"热力选项"选择"热算例的温度","热算例"选择"热力 2D",其他参数采用默认,如图 4-85 所示。单击"确定"按钮,关闭对话框。此时,在 SOLIDWORKS Simulation 算例树"外部载荷"文件夹中增加了一个 🌡 热力图标,如图 4-86 所示。

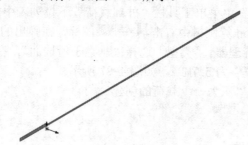

图 4-84　简化后的图形

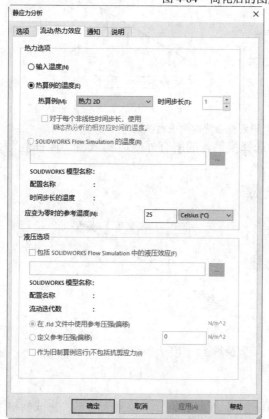

图 4-85　"静应力分析"对话框

图 4-86　算例树

9．定义材料

1)选择"Simulation"下拉菜单中的"材料"→"应用材料到所有"命令,或者单击"Simulation"主菜单工具栏中的"应用材料"按钮 ≣,或者在 SOLIDWORKS Simulation 算例树中右击 🌡 ⚠ 换热管 (-1 m-) 图标,在弹出的快捷菜单中选择"应用/编辑材料"命令,打开"材

料"对话框。在"材料"对话框中定义模型的材质为"不锈钢（铁素体）"。

2）单击"应用"按钮，关闭对话框。

10．定义压力载荷

1）单击"Simulation"主菜单工具栏"外部载荷"下拉列表中的"压力"按钮 ，或者在 SOLIDWORKS Simulation 算例树中右击 外部载荷 图标，在弹出的快捷菜单中选择"压力"命令，打开"压力"属性管理器。"类型"选择"垂直于所选面"，在图形区域中选择换热管的内侧边线，设置"压强值"为 5.7MPa，如图 4-87 所示。

2）单击 ✔ 按钮，完成"压力-1"载荷的创建。

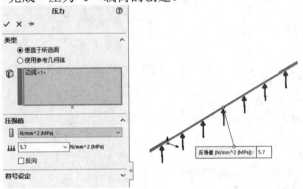

图 4-87　设置换热管内侧压力参数

3）采用相同的方法，在图形区域中选择换热管的所有外侧边线，设置"压强值"为 8.1MPa，如图 4-88 所示。

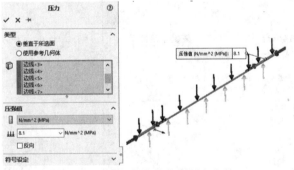

图 4-88　设置换热管外侧压力参数

11．生成网格和运行分析

1）单击"Simulation"主菜单工具栏"运行此算例"下拉列表中的"生成网格"按钮 ，打开"网格"属性管理器。采用网格的默认粗细程度。

2）单击 ✔ 按钮，开始划分网格，划分网格后的模型如图 4-89 所示。

3）单击"Simulation"主菜单工具栏中的"运行此算例"按钮 ，SOLIDWORK Simulation 则调用解算器进行有限元分析。

12．查看结果

1）在 SOLIDWORKS Simulation 算例树中右击 应力1 (-vonMises-) 图标，在弹出的快捷菜单中

选择"编辑定义"命令，打开"应力图解"属性管理器。

2）选择 "图表选项"选项卡，勾选"显示最大注解"和"显示最小注解"复选框。

3）单击 ✔ 按钮，关闭属性管理器。

4）双击 SOLIDWORKS Simulation 算例树中"结果"文件夹中的 🔧 应力1 (-vonMises-) 图标，可以观察换热管的热应力分布图解，如图 4-90 所示。由图可知，最大热应力位于换热管的进口端，数值为 8.099MPa，远远没有达到材料的屈服极限。

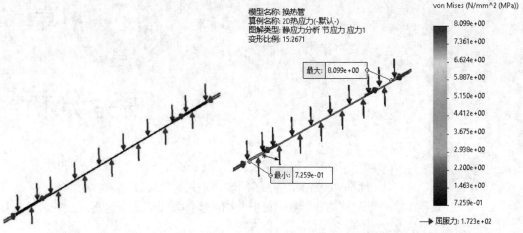

图 4-89 划分网格后的模型   图 4-90 换热管的热应力分布云图

5）双击 SOLIDWORKS Simulation 算例树中"结果"文件夹中的 🔧 位移1 (-合位移-) 图标，可以观察换热管的位移分布图解，如图 4-91 所示。由图可以看出，最大位移也发生在换热管的进口端。

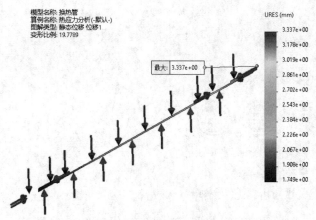

图 4-91 换热管的位移分布图解

第 **5** 章

疲劳分析

本章首先介绍了疲劳分析的相关概念和疲劳SN曲线,然后对恒定振幅疲劳分析属性和变幅疲劳分析属性进行了详细的介绍,并通过实例对变幅疲劳分析进行了进一步讲解。

学 习 要 点

- 疲劳分析概念及术语
- 恒定振幅疲劳分析和变幅疲劳分析

5.1 疲劳分析概述及术语

本节首先介绍了疲劳分析的相关概念，然后介绍了疲劳 SN 曲线。

5.1.1 疲劳分析概述

零件或构件在循环加载下，在某点或某些点产生局部的永久性损伤，并在一定循环次数后形成裂纹或者裂纹进一步扩大出现断裂的现象称为疲劳破坏，简称疲劳。

疲劳破坏是在循环应力或循环应变作用下发生的，是一个损伤积累的过程。实践证明，疲劳破坏与静载荷条件下的破坏完全不同。从外部观察，疲劳破坏的特点主要有：

1）疲劳破坏时，最大应力一般低于材料的强度极限或屈服极限，甚至低于弹性极限。

2）疲劳取决于一定的应力范围的循环次数，而与载荷作用时间无关。除高温外，加载速度的影响是次要的。

3）在应力低于材料的疲劳极限时，不论应力循环次数是多少，均不能产生疲劳破坏。

4）任何凹槽、缺口、表面缺陷和不连续部分，均能显著地缩小造成疲劳破坏的应力范围。

5）循环次数一定时，造成疲劳的应力范围通常随加载循环平均拉应力的增加而缩小。

6）静载荷作用下表现为韧性或脆性的材料，在交变载荷作用下一律表现为无明显塑性变形的脆性突然断裂。

疲劳破坏可分为三个阶段：微观裂纹阶段、宏观裂纹扩展阶段和瞬时断裂阶段。

➢ 微观裂纹阶段：在循环加载下，材料的最高应力通常产生于零件表面或近表面区，该区存在的驻留滑移带、晶界和夹杂会发展成为严重的应力集中点并首先形成微观裂纹。

➢ 宏观裂纹扩展阶段：微观裂纹沿着与主应力约成 45°角的最大剪应力方向扩展，发展成为宏观裂纹。宏观裂纹基本上沿着与主应力垂直的方向扩展。

➢ 瞬时断裂阶段：当裂纹扩大到使物体残存截面不足以抵抗外载荷时，物体就会突然断裂，最终发生损坏。

由于物体的表面经常暴露在环境中，通常应力较高的位置容易形成裂纹，因此需要提高表面质量来延长物体的疲劳寿命。疲劳寿命是指在循环加载下，产生疲劳破坏所需的应力或应变的循环次数。按循环次数的高低可将疲劳分为两类，分别是高循环疲劳和低循环疲劳。

➢ 高循环疲劳：又叫高周疲劳。作用在材料上的应力水平较低，应力和应变呈线性关系，可以承受的循环次数一般在 $10^4 \sim 10^5$ 次。通常采用基于应力-寿命（S-N）的方法来描述高周疲劳。

➢ 低循环疲劳：又叫低周疲劳。作用在材料上的应力水平较高，材料处于塑性状态，可以承受的循环次数一般低于 10^4 次。通常采用基于应变-寿命的方法来描述低周疲劳。

物体承受的载荷可以分为等幅载荷和变幅载荷。等幅循环应力的每一个周期变化称为应力循环，由交替应力、平均应力、应力比率和周期来定义。

➢ 最大应力 σ_{max}：应力循环中最大代数值的应力，一般以拉应力为正，压应力为负。

> ➤ 最小应力 $\sigma_{\min}$：应力循环中最小代数值的应力。
> ➤ 平均应力 σ_m：最大应力和最小应力的代数平均值，$\sigma_m=1/2(\sigma_{\max}+\sigma_{\min})$。
> ➤ 应力幅 σ_a：最大应力和最小应力的代数差的一半，$\sigma_a=1/2(\sigma_{\max}-\sigma_{\min})$。

评价材料疲劳强度特性的传统方法是在一定的外加交变载荷下或在一定的应变幅度下测量无裂纹光滑试样的断裂循环次数，以获得应力-循环次数曲线，即 SN 曲线。

材料的每一条 SN 曲线都基于外加交变载荷的应力比，不同应力比下的 SN 曲线也不同。在一个应力循环中，交变应力变化规律可以用应力循环中的最小应力与最大应力之比表示，即

$$\gamma = \frac{\sigma_{\min}}{\sigma_{\max}}$$

式中，γ 为交变应力的循环特性或应力比。表 5-1 列出了几种典型的交变应力比。

表 5-1　交变应力比

交变应力类型	对称循环	脉动循环	静载应力
$\sigma_{\max}$ 与 $\sigma_{\min}$ 的关系	$\sigma_{\max}=-\sigma_{\min}$	$\sigma_{\max}\neq 0$ $\sigma_{\min}=0$	$\sigma_{\max}=\sigma_{\min}$
交变应力比	$\gamma=-1$	$\gamma=0$	$\gamma=+1$

5.1.2　疲劳S-N曲线

S-N 曲线是以材料的交替应力为纵坐标，以周期为横坐标，表示疲劳强度与疲劳寿命之间关系的曲线，也称应力-寿命曲线，如图 5-1 所示。

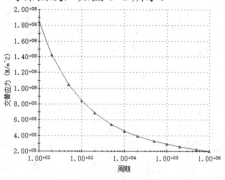

图 5-1　S-N 曲线

在已创建好疲劳算例的算例树中右击零部件图标，在弹出的快捷菜单中选择"应用/编辑疲劳数据"命令，如图 5-2 所示，打开"材料"对话框，选择 "疲劳 S-N 曲线"选项卡，在该选项卡中可定义疲劳算例的 S-N 曲线（S-N 曲线只可用于疲劳算例）。此时，对话框如图 5-3 所示。

"疲劳 S-N 曲线"选项卡中各选项的含义如下：

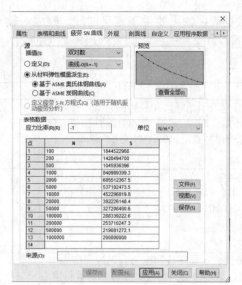

图 5-2　选择命令　　　　图 5-3　选择"疲劳 SN 曲线"选项卡后的对话框

（1）插值　根据 S-N 曲线的循环数设定交替应力的插值方案。

1）双对数：循环数和交替应力的对数插值（以 10 为底）。建议此选项用于只有少量数据点稀疏分布在两条轴上的 S-N 曲线，除非另有其他插值方案更适合此曲线。

2）半对数：应力的线性插值和循环数的对数。建议将此选项用于相对于循环数的变化而言应力变化范围相对较小的 S-N 曲线。

3）线性：应力和循环数的线性插值。建议将此选项用于具有大量数据点的 S-N 曲线。

示例：假设定义一条 S-N 曲线，它具有两个连续的数据点，见表 5-2。

表 5-2　数据点

循环数（N）	对数（N）	交替应力（S）	对数（S）
1000	3	50000 psi[①]	4.699
100000	5	40000 psi	4.602

① 1psi=6.895kPa。

对于 45000psi 的应力，程序将根据 S-N 插值方案来读取循环数，见表 5-3。

（2）定义　手工定义曲线数据。从图 5-4 所示的曲线下拉列表中的十条曲线中选择。

（3）从材料弹性模量派生　根据 ASME S-N 曲线以及参考材料和激活材料的弹性模量自动派生 S-N 曲线。源 S-N 将显示在预览区域中。选项包括："基于 ASME 奥氏体钢曲线(A)"和"基于 ASME 碳钢曲线(C)"。

S-N 曲线是通过将参考 S-N 曲线的每个应力值除以参考 ASME 材料的弹性模量，然后乘以当前材料的弹性模量来派生的。相关的循环数保持不变。

（4）定义疲劳 S-N 方程式（适用于随机振动疲劳分析）　可用于基于来自动态随机振动算例的结果的疲劳算例。

（5）表格数据　列出曲线数据。只有在"来源"框中选择定义曲线时才能使用。

1）应力比率(R)(R)：只有在"来源"框中选择定义曲线时才能使用。

2）单位：交替应力单位。

3）曲线数据表：如果要手工定义曲线，则成对输入循环数和替换应力值。如果曲线是根据参考 ASME SN 曲线派生的，则会列出缩放的曲线。

表 5-3　S-N 曲线插值表

插值方法	S-N 曲线
X 轴和 Y 轴分别表示循环数和应力的对数。程序将取 45000 的对数（即 4.653）并执行线性插值。使用此方法得到的循环数是 103.944 对应 8790	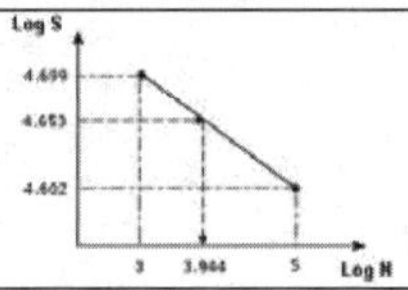
X 轴表示循环数的对数，Y 轴表示应力。在应力值为 45000psi 时，程序将执行线性插值并计算得到循环数为 10^4=10000	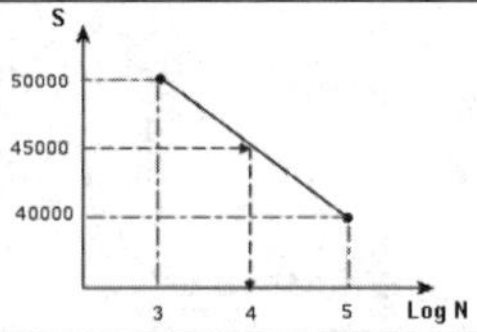
X 轴和 Y 轴分别表示循环数和应力。当应力值为 45000 psi 时，该程序会执行线性插值并计算得出循环数为 50500	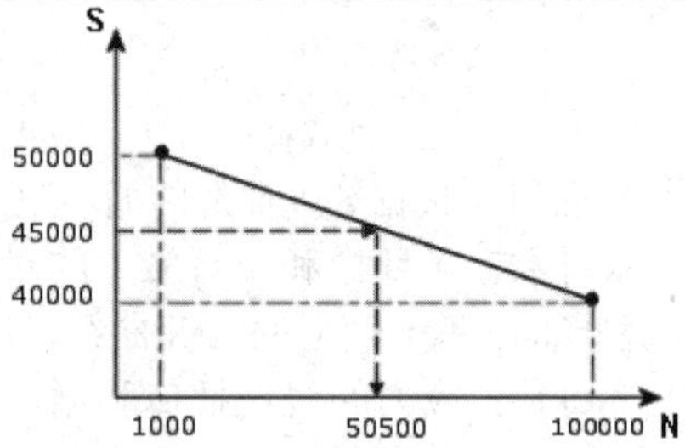

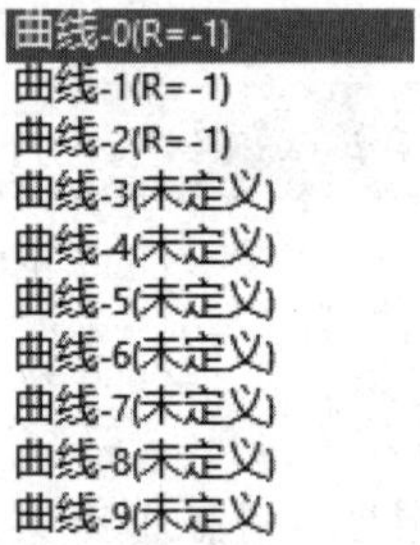

图 5-4　曲线下拉列表

4）文件：从文件输入曲线数据。只有在"来源"框中选择定义曲线时才能使用。

5）视图：在表格中显示当前数据的图表。

5.2　恒定振幅疲劳分析和变幅疲劳分析

在创建分析类型为"疲劳"的算例时，在"算例"属性管理器中有 4 个选项可用于定义不同载荷因子，从而创建不同类型的疲劳分析，如图 5-5 所示。

（1）已定义周期的恒定高低幅事件　选择该选项，则使用恒定振幅载荷创建疲劳算例。选择此项创建的疲劳分析称为恒定振幅疲劳分析。

图 5-5 "算例"属性管理器

（2）可变高低幅历史数据 选择该选项，则使用可变振幅载荷创建疲劳算例。选择此项创建的疲劳分析称为变幅疲劳分析。

（3）正弦式载荷的谐波疲劳 创建基于应力结果且作为动态-谐波算例的频率函数的疲劳算例。

（4）随机振动的随机振动疲劳 创建基于应力结果且作为动态-随机振动算例的频率函数的疲劳算例。

下面只对恒定振幅疲劳分析和变幅疲劳分析进行详细介绍。

5.2.1 恒定振幅疲劳分析属性

单击"Simulation"主菜单工具栏中的"新算例"按钮，打开"算例"属性管理器，定义"名称"为"疲劳分析"，设置分析类型为"疲劳"，单击"已定义周期的恒定高低幅事件"按钮，如图 5-5 所示。单击✔按钮，创建恒定振幅疲劳分析算例。

在 SOLIDWORKS Simulation 算例树中右击 疲劳分析 (-默认-)图标，在弹出的快捷菜单中选择"属性"命令，如图 5-6 所示。打开"疲劳-恒定振幅"对话框，如图 5-7 所示。该对话框可用于定义具有恒定高低幅事件的研究。

"疲劳-恒定振幅"对话框中各选项的含义如下：

（1）恒定振幅事件交互作用 设定恒定高低幅疲劳事件间的交互作用。

1）随意交互作用：将不同事件产生的峰值应力互相混合来求出交替应力的可能性。只有在定义了多个疲劳事件时，此选项才有意义。

125

2）无交互作用：假定事件按顺序依次发生，没有任何交互作用。

（2）计算交替应力的手段　设定用于计算从 S-N 曲线中提取循环数时使用的对等交错应力的应力类型。包括应力强度（P1-P3）、对等应力（von Mises）、最大绝对主要(P1)。

图 5-6　选择命令　　　　　　　　图 5-7　"疲劳-恒定振幅"对话框

（3）壳体面　设定要执行的疲劳分析所针对的外壳面。

1）上部：对顶部外壳面执行疲劳分析。

2）下部：对底部外壳面执行疲劳分析。

（4）平均应力纠正　设定平均应力纠正的方法。

1）无：无纠正。

2）Goodman：通常用于脆性材料。适用于正平均应力值（产生张力的载荷周期）。

3）Gerber：通常适用于延性材料。

4）Soderberg：通常是最保守的方法。

只有在关联的所有 S-N 曲线都基于完全可逆环境（平均应力为零）时才使用上述方法。除计算每个循环的交错应力外，该软件还计算平均应力，然后使用指定的方法求出纠正后的应力。如果与应力范围对比应用的疲劳载荷周期的平均应力较大，纠正就会变得明显。如果定义了多个具有不同载荷比率的 S-N 曲线，程序会在这些曲线间进行线性插入以求出平均应力，而不使用纠正方法。如果为材料定义的 S-N 曲线的应力比率是 -1 以外的值，使用该曲线时将不针对该材料进行纠正。

（5）疲劳强度缩减因子(Kf)　使用此因子（在 0～1 之间）可说明用于创建 S-N 曲线的测试环境与实际负载环境间的差异。程序会先用交错应力除以此因子，然后再从 S-N 曲线读取相应的循环数。这与减少导致在某个交错应力下失败的循环数等效。

一般构件就是根据 S-N 曲线进行设计和选择材料的，但是在实践中发现，对于重要的受力构件，即便是根据疲劳强度极限再考虑一安全系数后进行设计，仍然能够产生过早的破坏，这就是说，设计可靠性不能因为有了 S-N 曲线就会得到充分的保证。出现这种情况的主要原因是评定材料疲劳特性所用的试样与实际构件之间存在着根本的差异，换言之，S-N 曲线是用表面经过精心抛光并无任何宏观裂纹的光滑试样通过试样得出的，所谓"疲劳极限"是试样表面不产生疲劳裂纹（或不再扩展的微小疲劳裂纹）的最高应力水平，但实际情况并非如此，经过加工和使用过程中的构件由于种种原因，如非金属夹渣、气泡、腐蚀坑、锻造和轧制缺陷、焊缝裂纹、表面刻痕等都会生成各种形式的裂纹，含有这种裂纹的构件在承受交变载荷作用时，表面裂纹会立即开始扩展，最后导致破坏。

SOLIDWORKS Simulation 使用"疲劳强度缩减因子（Kf）"来解决实际发生的疲劳破坏与 S-N 曲线（理想状态）的矛盾。

疲劳强度缩减因子（Kf）的设置范围为 0～1。SOLIDWORKS Simulation 在调用 S-N 曲线前会首先读取疲劳强度缩减因子(Kf)，用 N（一定 S 下的极限应力）除以疲劳强度缩减因子(Kf)，从而降低引起疲劳断裂时对应的 S（循环次数），如图 5-8 所示。

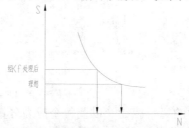

图 5-8　疲劳缩减因子对 S-N 曲线的影响

(6)无限生命　当纠正后的交错应力小于持久极限时要使用的循环数。使用此数字来代替与 S-N 曲线的最后一个点关联的循环数。只将此值用于最大循环数小于指定数字的 S-N 曲线。

(7)结果文件夹　设定疲劳算例结果的文件夹。

5.2.2　"添加事件（恒定）"属性管理器介绍

在 SOLIDWORKS Simulation 算例树上右击 🖻 负载(-恒定振幅-) 图标，在弹出的快捷菜单中选择"添加事件"命令，如图 5-9 所示。打开"添加事件（恒定）"属性管理器，如图 5-10 所示。在该属性管理器中可为疲劳算例定义恒定振幅。用户可以基于单个载荷实例或来自多个参考算例的多个载荷实例设定疲劳事件。

"添加事件（恒定）"属性管理器中各选项的含义如下：

(1) ↰周期　指定振幅循环次数。

(2) ⇌负载类型　指定用于求出应力峰值，并进而求出交替应力的疲劳载荷类型。

交替应力 = |最大应力 - 最小应力|/2，其中 "| |" 表示绝对值。

1) 完全反转（LR=-1）：在事件中指定数量的循环期间，参考算例中的所有载荷（以及应力分量）将同时反转它们的方向（即载荷对称循环）。示意图如图 5-11 所示。

2) 基于零（LR=0）：参考算例中的所有载荷（以及应力分量），按参考算例指定的方式将自己的量按比例从最大值变化至零。示意图如图 5-12 所示。

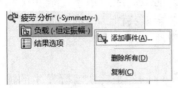

图 5-9　选择命令　　　　　　　图 5-10　"添加事件（恒定）"属性管理器

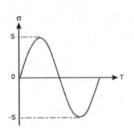

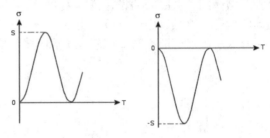

图 5-11　LR=-1 的载荷情况　　　　　　　图 5-12　LR=0 的载荷情况

3）加载比率：参考算例中的每个载荷（以及每个应力分量），按比例将自己的量从最大值（S_{max}）变为由 R*S_{ma} 定义的最小值（其中 R 是载荷比率）。在"载荷比率"文本框中输入比率值，负比率值表示反转载荷方向。示意图如图 5-13 所示。

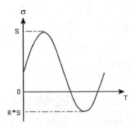

图 5-13　加载比率的载荷情况

4）查找周期峰值：系统在计算每个节点的交替应力时会考虑不同疲劳载荷的峰值组合，然后确定可产生最大应力波形的载荷组合。

（3）算例相关联　指定参考算例。

1）数号：算例记数。

选择"查找周期峰值"时，可以继续定义最多 40 个载荷实例。在编号单元格中双击可以添加行。所有算例必须具有同一网格。

2）算例：指定参考算例。在此单元格中单击右侧的 按钮，可从下拉列表中选择算例。对于参考算例，用户可选择一静态算例，或者非线性或线性动态时间历史算例中某一特定求解步长的应力结果。算例下拉列表中仅包括与活动配置关联的算例。

3）比例：根据载荷，按比例缩放的参考算例定义疲劳事件。由于算例是线性的，因此该程序会使用此因子来按比例缩放应力。

4）步骤：为参考非线性或线性动态算例定义求解步长。系统使用该特定步长的应力结果计算交替应力。

5.2.3 变幅疲劳分析属性

单击"Simulation"主菜单工具栏中的"新算例"按钮🔍，打开"算例"属性管理器，定义"名称"为"疲劳分析"，设置分析类型为"疲劳"，单击"可变高低幅历史数据"按钮🏔️，如图 5-14 所示。单击✔按钮，创建变幅疲劳分析算例。

图 5-14 "算例"属性管理器

在 SOLIDWORKS Simulation 算例树中右击 疲劳 分析*(-默认-) 图标，在弹出的快捷菜单中选择"属性"命令，如图 5-15 所示。打开"疲劳-可变振幅"对话框，如图 5-16 所示。该对话框可用于定义具有可变高低幅历史数据的研究。

"疲劳-可变振幅"对话框中部分选项的含义如下：

可变振幅事件选项：设定可变高低幅疲劳事件的选项。

1）雨流记数箱数：设定可变高低幅度记录分解的箱数，例如，如果输入 32，程序会将载荷分解为 32 个等间距的范围，每个范围内的载荷是恒定的，最大箱数为 200。

2）在以下过滤载荷周期：假定事件按顺序依次发生，没有任何交互作用，程序将滤掉范围小于最大范围的指定百分比的载荷周期。例如，如果指定 3%，程序将忽略载荷范围小于载荷历史最大范围 3% 的周期。使用此参数可滤掉测量设备的噪声。

指定大数字会扭曲可变高低幅记录，并会导致低估破坏。为了准确预测破坏，滤掉的最高交错应力不应大于任何关联的 S-N 曲线的对等持久极限。

图 5-15 选择命令

图 5-16 "疲劳-可变振幅"对话框

5.2.4 "添加事件（可变）"属性管理器介绍

在"算例"属性管理器中选择 （可变高低幅历史数据）选项，新建疲劳分析算例之后，会在算例树上生成 负载 (-可变振幅-) 图标，右击该图标，在弹出的快捷菜单中选择"添加事件"命令，打开"添加事件（可变）"属性管理器，如图 5-17 所示。在该属性管理器中可为疲劳算例定义可变振幅事件。可以为一个疲劳算例定义多个疲劳事件。

"添加事件（可变）"属性管理器中各选项的含义如下：

（1）获取曲线 单击该按钮，打开如图 5-18 所示的"载荷历史曲线"对话框。在该对话框中可定义可变振幅疲劳事件的载荷历史曲线。可以手工输入数据，也可以直接载入已定义好的曲线。Simulation 曲线库包括 SAE 中的范例载荷历史曲线。

"载荷历史曲线"对话框中部分参数的含义如下：

1）类型：设置曲线的类型。

①仅限振幅：根据一列表示振幅的数据来定义曲线。如果算例有多个具有不同出样率或开始时间的疲劳事件，请不要使用此选项。

②出样率和振幅：根据一列表示振幅的数据来定义曲线，并以秒为单位为出样率指定一个值。如果算例有多个具有不同开始时间的疲劳事件（时间偏移），请不要使用此选项。

③时间和振幅：根据两列表示时间和振幅的成对数据来定义曲线。此选项可以精确控制

多个事件的时间。

图 5-17 "添加事件（可变）"属性管理器

2）曲线数据：设置单位并列出曲线数据。

①曲线数据表：根据所选的曲线类型，成对输入 X（时间）和 Y（振幅），或只输入 Y。可以使用复制和粘贴功能来填充表格。

②预览：根据曲线数据表提供的数据绘制曲线。

③获取曲线：单击该按钮，打开"函数曲线"对话框，用户可以从"曲线库"中输入曲线数据，也可以输入包含数据的文字文件，如图 5-19 所示。

④保存曲线：将曲线数据保存到文件。

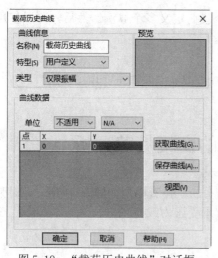

图 5-18 "载荷历史曲线"对话框   图 5-19 "函数曲线"对话框

（2）视图 单击该按钮，打开"载荷历史曲线"对话框。在对话框中可显示创建的载荷历史曲线，如图 5-20 所示。该对话框显示已定义的载荷曲线。

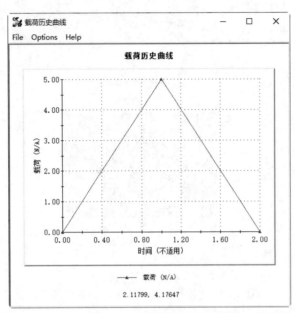

图 5-20　载荷历史曲线

（3）算例相关联　指定参考静态算例。

1）数号：算例记数。对于每个可变振幅事件都只允许选择一个分析算例。

2）算例：指定参考算例。在此单元格中单击右侧的 ⌄ 按钮，可从打开的下拉列表中选择算例。

3）比例：使用此比例因子将可变载荷历史曲线的振幅与算例中的载荷相关联。系统使用线性理论。如果静态算例包括非线性效果（如接触或大型位移），则比例结果无效。不能按比例缩放在非线性算例中定义的载荷。

如果模型承受多个载荷，可在每个算例中使用一个载荷定义多个算例。然后，可以使用适当的比例因子为每种载荷情况定义一个事件。

（4） 复制数　将曲线数据重复指定的次数。

（5） 开始时间　如果指定了多个变幅事件，则需要为每个变幅事件指定开始时间。若只有一个变幅事件，则不需要设置该参数。

5.3　综合实例——弹簧的变幅疲劳分析

本实例是对弹簧进行静应力分析和恒定载荷的疲劳分析。弹簧模型如图 5-21 所示，对弹簧的底部进行固定约束并对圆柱面进行径向约束，上部承受压力载荷。

操作提示：

1）新建静应力算例。算例名称为“静应力分析 1”。

2）定义材料。弹簧的材料为合金钢。

3）定义固定约束。选择如图 5-22 所示的弹簧的底面作为固定约束面。

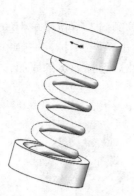

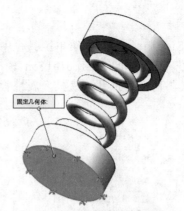

图 5-21 弹簧模型   图 5-22   选择固定约束面

【操作步骤】

1．新建算例

1）选择菜单栏中的"文件"→"打开"命令或单击快速访问工具栏中的"打开"按钮，打开源文件中的"弹簧.sldprt"。

2）单击"Simulation"主菜单工具栏中的"新算例"按钮，打开"新算例"属性管理器。定义"名称"为"静力分析 1"，设置分析类型为"静应力分析"，如图 5-23 所示。单击✔按钮，关闭对话框。

3）在 SOLIDWORKS Simulation 算例树中单击 🔧 弹簧 图标，单击"Simulation"主菜单工具栏中的"应用材料"按钮，打开"材料"对话框。设置"选择材料来源"为"SOLIDWORKS materials"，选择已经定义好的材料"合金钢"，如图 5-24 所示。

4）单击"应用"按钮，关闭对话框。

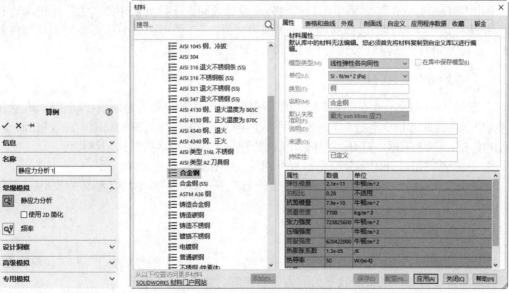

图 5-23   定义算例   图 5-24   "材料"对话框

2. 添加约束

1）单击"Simulation" 主菜单工具栏中的"夹具顾问"下拉菜单中的"固定几何体"按钮 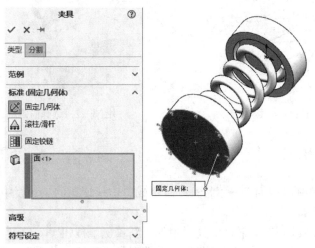，或者在 SOLIDWORKS Simulation 模型树中右击 夹具 图标，在弹出的快捷菜单中选择"固定几何体"命令，打开"夹具"属性管理器，然后选择弹簧的底面作为固定约束面，如图 5-25 所示。

图 5-25 设置固定约束面

2）单击 ✔ 按钮，完成固定约束的添加。

3）在 SOLODWPRKS Simulation 模型树中右击 夹具 图标，在弹出的快捷菜单中选择"高级夹具"命令，打开"夹具"属性管理器，在"高级"选项组中选择"在圆柱面上"选项，然后选择弹簧下端的圆柱面，并设置"径向"平移为 0mm，如图 5-26 所示。

3. 添加载荷

单击"Simulation" 主菜单工具栏"外部载荷顾问"下拉列表中的"力"按钮 ↓，打开"力/扭矩"属性管理器。选择施加力的类型为"力"，在图形区域中选择弹簧上端圆柱面的端面，设置方向为"法向"、力的大小为 10N，如图 5-27 所示。

4. 生成网格和运行分析

1）选择"Simulation"下拉菜单中的"网格"→"生成"命令，或者单击"Simulation"控制面板"运行此算例"下拉列表中的"生成网格"按钮，或者在 SOLIDWORKS Simulation 算例树中右击 网格 图标，打开"网格"属性管理器。采用网格的默认粗细程度。

2）单击 ✔ 按钮，开始划分网格，划分网格后的弹簧如图 5-28 所示。

3）选择"Simulation"下拉菜单中的"运行"→"运行"命令，或者单击"Simulation"控制面板中的"运行此算例"按钮，运行分析。

5. 查看结果

双击 SOLIDWORKS Simulation 算例树中"结果"文件夹中的"应力 1"和"位移"图标，可以观察弹簧在给定约束和加载下的应力分布图解，如图 5-29 所示。

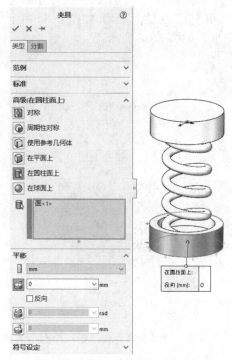

图 5-26　设置"在圆柱面上"约束

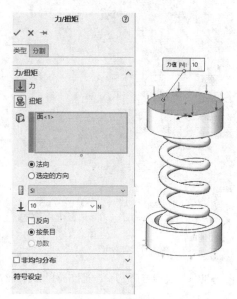

图 5-27　设置载荷

图 5-28　划分网格后的弹簧

图 5-29　弹簧的应力分布图解

从图中可以看到，弹簧的应力水平没有超过屈服强度。

6．定义疲劳研究

单击"Simulation"主菜单工具栏中的"新算例"按钮，打开"算例"属性管理器。定义"名称"为"疲劳"，设置分析类型为"疲劳"，选择"可变高低幅历史数据"图标，如图 5-30 所示。单击 按钮，关闭属性管理器。

7．添加事件

1）在 SOLIDWORKS Simulation 算例树中右击"负载"图标，在弹出的快捷菜单中选择

"添加事件"命令，如图 5-31 所示，打开"添加事件（可变）"属性管理器，如图 5-32 所示。单击 获取曲线(G)... 按钮，系统弹出"载荷历史曲线"对话框，如图 5-33 所示。

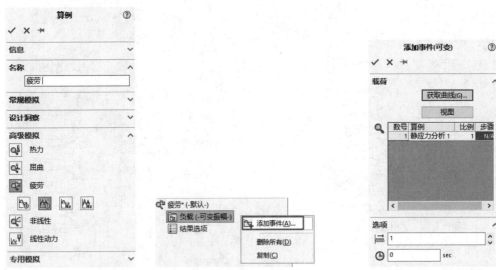

图 5-30　定义疲劳研究　　图 5-31　选择"添加事件"命令　　图 5-32　"添加事件（可变）"属性管理器

　　2）单击 获取曲线(G)... 按钮，打开"函数曲线"对话框，在"曲线库"下拉列表中选择如图 5-34 所示的选项。

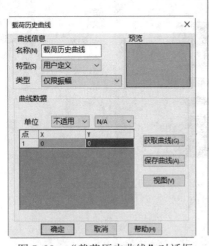

图 5-33　"载荷历史曲线"对话框

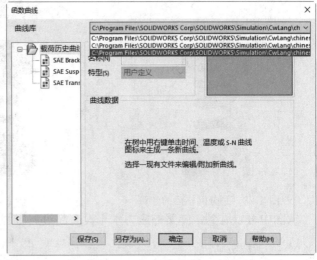

图 5-34　"函数曲线"对话框

　　3）在"曲线库"中选择"SAE Suspension"，如图 5-35 所示。

　　4）单击"确定"按钮，返回"载荷历史曲线"对话框。

　　5）单击"确定"按钮，返回"添加事件（可变）"属性管理器。

　　6）在"算例"栏中选择"静应力分析 1"算例，复制数设置为 1，即一组曲线为一块，如图 5-36 所示。单击 ✔ 按钮，完成"事件-1"的添加。

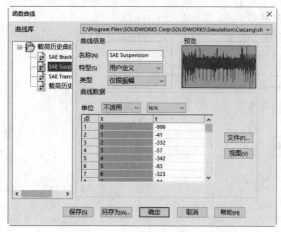

图 5-35　选择"SAE Suspension"　　　　图 5-36　"添加事件（可变）"属性管理器

8. 定义 SN 曲线

1）在 SOLIDWORKS Simulation 算例树中右击  图标，在弹出的快捷菜单中选择"将疲劳数据应用到所有实体"命令，如图 5-37 所示。打开如图 5-38 所示的"材料"对话框，选择"疲劳 SN 曲线"选项卡，设置"插值"为"双对数"，选中"从材料弹性模量派生（E）"选项下的"基于 ASME 奥氏体钢曲线（A）"选项，将"单位"设置为 N/mm²，定义材料的疲劳曲线。

图 5-37　选择命令

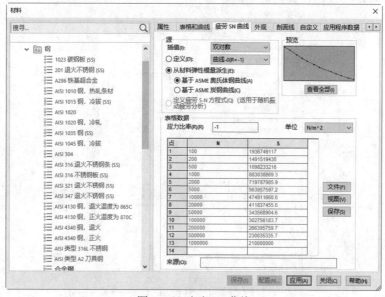

图 5-38　定义 SN 曲线

2）单击"视图"按钮，可以观察输入的 SN 曲线，如图 5-39 所示。

3）单击"应用"按钮，再单击"关闭"按钮，关闭"材料"对话框。

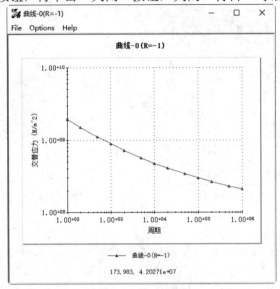

图 5-39　SN 曲线

9. 设置属性参数

1）在 SOLIDWORKS Simulation 算例树中右击 疲劳 图标，在弹出的快捷菜单中选择"属性"命令，打开"疲劳-可变振幅"对话框。设置"雨流记数箱数"为 30，在"计算交替应力的手段"中选中"对等应力（von Mises）"选项，在"平均应力纠正"中选择"Gerber"，在"疲劳强度缩减因子（Kf）"文本框中输入 1，如图 5-40 所示。

2）单击"确定"按钮，关闭对话框。

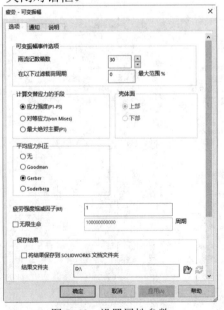

图 5-40　设置属性参数

10. 运行并观察结果

1）单击"Simulation"主菜单工具栏中的"运行此算例"按钮，调用解算器进行疲劳计算。

2）在 SOLIDWORKS Simulation 算例树中右击"结果"文件夹中的 结果1 (-损坏-) 图标，在弹出的快捷菜单中选择"编辑定义"命令，打开"疲劳图解"属性管理器。选择"图表选项"选项卡，勾选"显示最大注解"复选框，如图 5-41 所示。

3）双击 SOLIDWORKS Simulation 算例树中"结果"文件夹中的 结果1 (-损坏-) 图标，可以观察弹簧的损坏分布图解，如图 5-42 所示。由图中可以看出，最大损坏百分比为 1240。

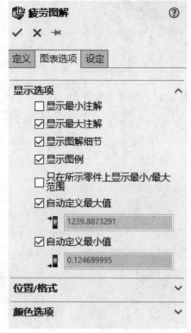

图 5-41　"图表选项"选项卡

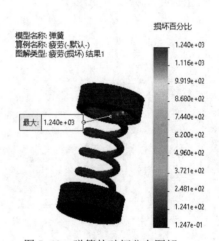

图 5-42　弹簧的破坏分布图解

4）双击 SOLIDWORKS Simulation 算例树中"结果"文件夹中的 结果2 (-生命-) 图标，可以观察弹簧的生命图解，如图 5-43 所示。由图中可以看出，在经历大约 802 个载荷块后弹簧失效。

11. 定义雨流矩阵图

1）在 SOLIDWORKS Simulation 算例树中右击"负载"文件夹中的 事件-1 图标，在弹出的快捷菜单中选择"图解化 3D 雨流矩阵图"命令，打开"3D 雨流矩阵图"，如图 5-44 所示。

2）该矩阵图只适用于具有可变高低幅事件的算例。雨流方法将交替应力和平均应力分为箱（箱表示载荷历史的构成）。雨流矩阵图是一个 3D 直方图，其中 X 轴和 Y 轴分别为交替应力和平均应力，Z 轴为雨流矩阵图的每个箱所记的循环数，或由损坏的矩阵图箱所导致的部分损坏。

图 5-43　弹簧的生命图解

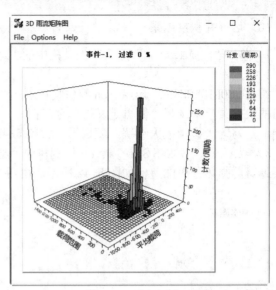

图 5-44　3D 雨流矩阵图

第 **6** 章

非线性分析

本章介绍了非线性静态分析的概念、非线性分析的适用场合及类型，并通过实例对各种类型的非线性分析进行了详细的介绍。

- 非线性静态分析
- 几何非线性分析
- 材料非线性分析
- 边界非线性（接触）分析

6.1　非线性静态分析

　　现实生活中所有的物理结果都是非线性的，线性只是一种理想状态。例如，用订书钉订书时，金属订书钉将永久地弯曲成一个形状（见图 6-1a）；在一个木书架上放置图书时，随着时间的推移，木书架将越来越下垂（见图 6-1b）；当在货车上装货时，它的轮胎与下面路面间接触的面积将随货物重量的不同而变化（见图 6-1c）。如果将上面例子的载荷变形曲线画出来，会发现它们都显示了非线性结构的基本特征——变化的结构刚性。非线性结构是指结构的刚度随着其变形而发生改变的结构。

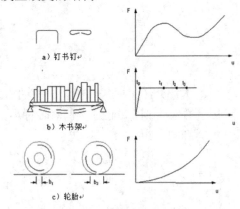

图6-1　非线性结构举例

　　造成非线性的原因有材料行为、大型位移和接触条件。

　　可以利用非线性算例来解决线性问题，其结果可能会由于过程的不同而稍有不同。

6.1.1　非线性静态分析概述

　　在非线性静态分析中，不考虑如惯性和阻尼力这样的动态效果。处理非线性算例与处理静态算例在以下方面有所不同。

　　1. 算例属性

　　非线性对话框中有四个选项卡，即"求解""高级选项""流动/热力效应"和"说明"选项卡。"求解"和"高级选项"选项卡可用于设定解决问题所使用的计算过程的相关选项和参数，"流动/热力效应"和"说明"选项卡与静态算例对话框中的选项卡类似。

　　对于非线性静态分析，时间是一个假定变量，它说明在何种载荷水平下求解。仅对于黏弹性和蠕变材料模型，时间才有真实值。对于非线性动态分析，时间为真实值。

　　2. 材料

　　对于静态算例，用户只能选择线性同向和线性正交各向异性材料。对于非线性算例，用户还可以定义下列材料模型：

- ➤ 非线性弹性。
- ➤ 塑性 von Mises（运动性与同向性）。
- ➤ 塑性 Tresca（运动性与同向性）。
- ➤ 塑性 Drucker Prager。
- ➤ 超弹性 Mooney Rivlin。
- ➤ 超弹性 Ogden。
- ➤ 超弹性 Blatz Ko。
- ➤ 黏弹性。

3. 载荷和约束

当使用力控制方法时，约束和载荷被定义成时间的函数。对于黏弹性和蠕变问题以及非线性动态分析，时间是真实的。对于其他问题，时间是一个假定变量，它指定不同解算步骤中的载荷水平。

位移控制方法使用只与控制自由度有关的曲线。弧长控制方法不使用任何时间曲线。

4. 解决办法

非线性算例的求解包含计算不同解算步骤（载荷和约束水平）中的结果，其计算过程比线性静态算例的求解过程复杂。在求一个解算步骤中的正确收敛解时，程序会执行许多次迭代。因此，非线性算例的求解比线性静态算例的求解更耗费时间，对资源的要求也更高。

尽管程序会计算不同解算步骤中的结果，但它默认只保留最后一个解算步骤的结果。作为定义算例属性的一部分，用户可以选择某些位置和解算步骤来保留其结果。

5. 结果

结果可以作为时间函数来获得。例如，应力（即结果）可以在不同解算步骤（即时间函数）中获得。除了查看最后一个求解步骤的结果外，用户还可以查看不同解算步骤中的结果，这些结果是在求解算例的属性中所请求的其他求解步骤的结果。对于算例属性中所选择的位置，用户可以将结果与假定时间（载荷历史）的函数关系绘制成图表。

6. 接触问题

接触是一种常见的非线性来源。静态算例允许使用小型和大型位移求解接触问题。以下是利用静态算例解决接触问题的一些局限：

- ➤ 如果使用大型位移，则只能在最后一个解算步骤中获得结果。在非线性算例中，用户可以在每个解算步骤中获得结果。
- ➤ 如果存在不是由接触导致的非线性，则不能使用静态算例。这可能是由于非线性的材料属性、更改载荷或约束或者任何其他非线性所导致。
- ➤ 如果在静态算例中使用大型位移解决接触问题，则当模型发生变形时，程序不会更新载荷方向。在非线性算例中，如果在算例属性中选中"以偏转更新载荷方向"，则程序会根据每个解算步骤中所改变的形状来更新压力加载的方向。
- ➤ 在非线性算例中，用户可以控制解算步骤。在静态算例中，如果使用大型位移，则程序会在内部设定解算步骤。

6.1.2　非线性分析适用场合

线性分析基于静态和线性假设，因此只要这些假设成立，线性分析就有效。但是，当其中一个（或多个）假设不成立时，线性分析将会产生错误的预测，因此必须使用非线性分析建立非线性模型。

如果下列条件成立，则线性假设成立：

1）模型中的所有材料都符合胡克定律，即应力与应变成正比。有些材料只有在应变较小时才表现出这种行为。当应变增加时，应力与应变的关系会变成非线性。有些材料即使当应变较小时也表现出非线性行为。材料模型是材料行为的数学模拟。如果材料的应力与应变关系是线性的，则该材料称为线性材料。线性分析可以用来分析具有线性材料并假定没有其他类型的非线性的模型。线性材料可以是同向性、正交各向异性或各向异性材料。当模型中的材料在指定载荷的作用下表现出非线性应力-应变行为时，就必须使用非线性分析。非线性分析可用于许多类型的材料模型。

2）所引起的位移足够小，以致可以忽略由加载所造成的刚度变化。当定义实体零部件或外壳的材料属性时，非线性分析可使用大变形选项。刚度矩阵计算可以在每个解算步骤中重新计算。重新计算刚度矩阵的频率由用户控制。

3）在应用载荷的过程中，边界条件不会改变。载荷的大小、方向和分布必须固定不变，也就是说当模型发生变形时，它们不应该改变。但是，因为当加载接触发生时边界条件会发生改变，所以接触问题自然是非线性的。线性分析提供了接触问题的近似解，并在其中考虑了大变形效果，因此可用线性分析来近似求解接触问题。

6.1.3　非线性分析的类型

根据非线性的形成原因，可以分为三大类：几何非线性、材料非线性和边界非线性（接触）。

1. 几何非线性

在非线性有限元分析中，造成非线性的主要原因是由于结构的总体几何配置中大型位移的作用。承受大型位移作用的结构会由于载荷所导致的变形而在其几何体中发生重大变化，引起结构的非线性反应。

例如，如图 6-2 所示的钓鱼竿，随着垂向载荷的增加，钓鱼竿不断弯曲，使得动力臂明显地减小，导致竿端在较高载荷下刚度不断增加。

2. 材料非线性

造成非线性的另一个重要原因是应力和应变之间的非线性关系，这在几种结构行为中已经过验证。可以导致材料行为呈现非线性的因素有材料应力-应变关系对载荷历史的依赖性（如在塑性问题中）、载荷持续时间（如在蠕变分析中）和温度（如在热塑性分析中）等。

材料非线性分析非常适合通过使用本构关系来模拟与不同应用有关的效果，如梁柱连接在地震时发生的屈服现象就是材料非线性看似合理的一种应用，如图 6-3 所示。

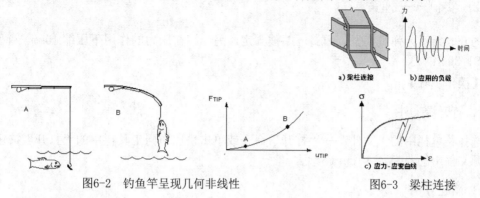

图6-2　钓鱼竿呈现几何非线性　　　　　图6-3　梁柱连接

3. 接触非线性

接触非线性是一种特殊类型的非线性问题，它与所分析的结构的边界条件在运动过程中不断变化的特性有关。

结构振动、齿轮齿接触、零部件配合、螺纹连接和冲击实体等都是需要评估接触边界的问题。接触边界（交点、线或面）的评估可以通过利用相邻边界上的交点之间的间隙（接触）要素来实现。

6.2　几何非线性分析

6.2.1　几何非线性分析概述

随着位移增长，一个有限单元已移动的坐标可以以多种方式改变结构的刚度。一般来说这类问题总是非线性的，需要进行迭代才能获得一个有效的解。

几何非线性来自于大应变效应。一个结构的总刚度依赖于它的组成部件（单元）的方向和刚度，当一个单元的节点发生位移后，这个单元对总体结构刚度的贡献可以以两种方式改变：如果这个单元的形状改变（见图 6-4a），它的单元刚度将改变；如果这个单元的方向改变（见图 6-4b），它的局部刚度转化到全局部件的变换也将改变。对于小的变形和小的应变分析，可假定位移小到足够使所得到的刚度改变无足轻重，这时总刚度不变，便可在计算中使用基于最初几何形状的结构刚度，并且在一次迭代中计算出小变形分析中的位移。什么时候使用小变形和小应变依赖于特定分析中要求的精度等级。

相反，大应变分析说明由单元的形状和方向改变导致的刚度改变。因为刚度受位移影响，且反之亦然，所以在大应变分析中需要迭代求解来得到正确的位移。

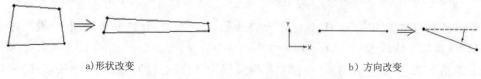

a)形状改变　　　　　　　　　　　　　　　b) 方向改变

图6-4　单元的形状改变和方向改变

6.2.2 实例——弹簧

图 6-5 所示为弹簧模型。弹簧一端被固定，另一端在压力的作用下压缩 10mm。弹簧材质为 AISI 304 钢。

【操作步骤】

1. 打开源文件

选择菜单栏中的"文件"→"打开"命令或单击快速访问工具栏中的"打开"按钮⯂，打开源文件中的"弹簧.sldprt"。

2. 新建算例

1）单击"Simulation"主菜单工具栏中的"新算例"按钮🔍，或选择菜单栏中的"Simulation"→"算例"命令。

2）在弹出的"算例"属性管理器中，定义分析类型为"非线性"→"静应力分析"、"名称"为"几何非线性"，如图 6-6 所示。

3）单击✔按钮，进入 SOLIDWORKS Simulation 的"静应力分析"算例界面。

图6-5　弹簧模型　　　　　　　　　　　　图6-6　新建算例

3. 设置单位和数字格式

1）选择菜单栏中的"Simulation"→"选项"命令，打开"系统选项--一般"对话框，选择"默认选项"选项卡。

2）单击"单位"选项，将"单位系统"设置为"公制（I）（MKS）"，"长度/位移（L）"设置为"毫米"，"压力/应力（P）"设置为"N/mm^2（MPa）"，如图 6-7 所示。

3）单击"颜色图表"选项，将"数字格式"设置为"科学"，"小数位数"设置为 6，如图 6-8 所示。

4）单击"确定"按钮，关闭对话框。

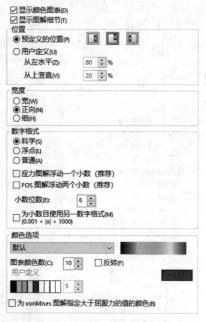

图6-7 设置单位　　　　　图6-8 设置数字格式

4. 定义弹簧材料

1）选择菜单栏中的"Simulation"→"材料"→"应用材料到所有"命令，或者单击"Simulation" 主菜单工具栏中的"应用材料"按钮 ，或者在 SOLIDWORKS Simulation 算例树中右击 弹簧 图标，在弹出的快捷菜单中选择"应用/编辑材料"命令。

2）打开"材料"对话框，在"材料"对话框中定义弹簧的材质为"AISI 304"，如图 6-9 所示。

3）单击"应用"按钮，关闭对话框。材料定义完成。

5. 添加固定约束

1）单击"Simulation"主菜单工具栏中"夹具顾问"下拉列表中的"固定几何体"按钮 ，或者在 SOLIDWORKS Simulation 算例树中右击 夹具 图标，在弹出的快捷菜单中选择"固定几何体"命令。

2）打开"夹具"属性管理器，在"标准（固定几何体）"中单击"固定几何体"按钮 ，在绘图区选择弹簧一端的面作为约束面，如图 6-10 所示。

3）单击 按钮，关闭"夹具"属性管理器。固定约束添加完成。

6. 定义压缩距离

1）单击"Simulation"主菜单工具栏"外部载荷顾问"下拉列表中的"规定的位移"按钮 ，或者在 SOLIDWORKS Simulation 算例树中右击 外部载荷 图标，在弹出的快捷菜单中选

择 "规定的位移"命令。

2）打开"夹具"属性管理器。

3）在绘图区选择弹簧的另一端面，单击"方向的面、边线、基准面、基准轴"列表框，然后在临时设计树上选择"前视基准面"，单击"垂直于基准面"按钮，输入压缩距离为"10mm"，如图 6-11 所示。

4）单击✔按钮，关闭"夹具"属性管理器。压缩距离定义完成。

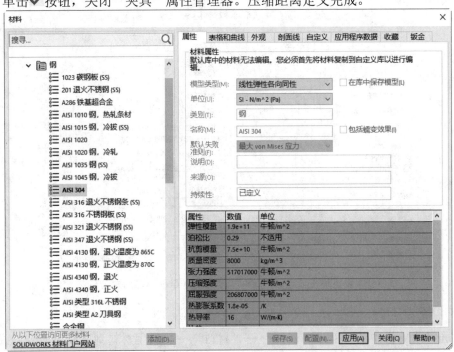

图6-9 定义材料

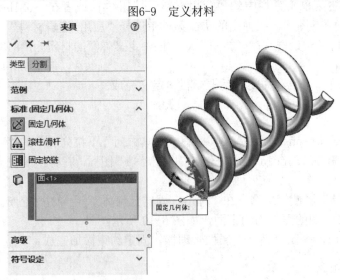

图6-10 选择约束面

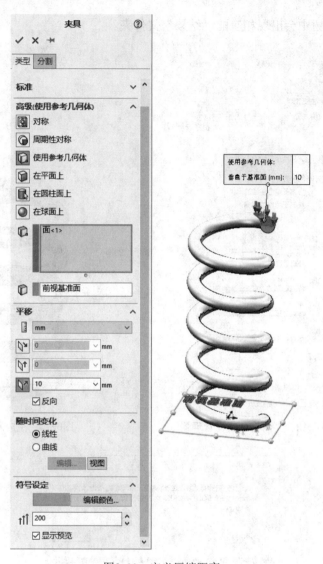

图6-11 定义压缩距离

7. 生成网格和运行分析

1）单击"Simulation"主菜单工具栏"运行此算例"下拉列表中的"生成网格"按钮🔄，
或者在SOLIDWORKS Simulation算例树中右击🔄网格图标，在弹出的快捷菜单中选择"生成网格"命令。

2）打开"网格"属性管理器。勾选"网格参数"复选框，选择"基于曲率的网格"选项，
"最大单元大小"和"最小单元大小"均设置为"10mm"，"圆中单元数"设置为8，"单元大小增长比率"设置为1.5，如图6-12所示。

3）单击✔按钮，生成网格，如图6-13所示。

4）单击"Simulation"主菜单工具栏中的"运行此算例"按钮🔄，运行分析。打开如图
6-14所示的"SOLIDWORKS"对话框，单击"确定"按钮。当计算分析完成之后，在SOLIDWORKS

Simulation 的算例树中会出现相应的"结果"文件夹。

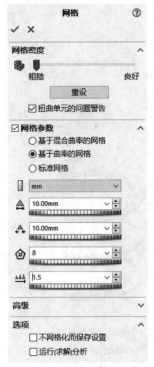

图6-12　"网格"属性管理器

图6-13　生成网格

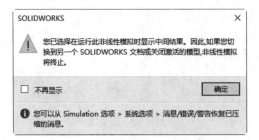

图6-14　"SOLIDWORKS"对话框

8．查看结果

在分析完有限元模型之后，可以对计算结果进行分析，从而使其成为进一步设计的依据。

1）在 SOLIDWORKS Simulation 的算例树中双击"应力 1"和"位移 1"图解图标，在图形区域中会显示弹簧的应力和合位移分布图解，如图 6-15 所示。

2）在 SOLIDWORKS Simulation 的算例树中右击 📖 结果 图标，在弹出的快捷菜单中选择"定义位移图解"命令，打开"位移图解"属性管理器，在" 🔗 零部件"下拉列表中选择"UZ：Z 位移"。

3）单击 ✔ 按钮，生成 Z 位移图解。双击，打开 Z 位移图解，如图 6-16 所示。由图可知，Z 位移为 10.01929mm，与设计的压缩距离基本相等。

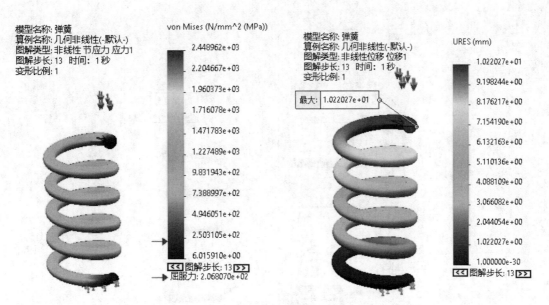

图6-15 应力和合位移分布图解

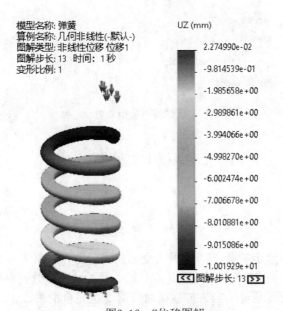

图6-16 Z位移图解

4）在 SOLIDWORKS Simulation 的算例树中右击 🖿结果图标，在弹出的快捷菜单中选择"列出合力"命令，打开"合力"属性管理器。

5）单击"基准面、轴或坐标系"列表框，然后在临时设计树中选择"前视基准面"；单击"面、边线、顶点"列表框，然后在绘图区选择弹簧位移端面。单击"更新"按钮，绘图区显示出合力为 539N，如图 6-17 所示。

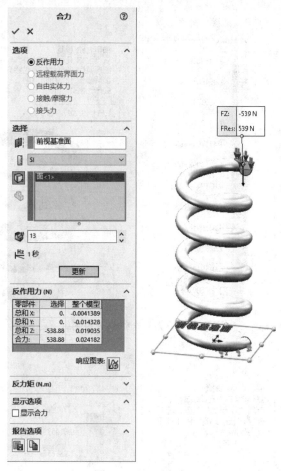

图6-17　显示合力

6.3　材料非线性分析

6.3.1　材料塑性分析

塑性是一种材料在给定载荷下产生永久变形的材料特性。对大多数的工程材料来说，当其应力低于比例极限时，应力-应变关系是线性的。另外，大多数材料在其应力低于屈服强度时表现为弹性行为，也就是说，当去掉载荷时其应变也完全消失。

由于材料的屈服强度和比例极限相差很小，因此假定它们相同。在应力-应变曲线中，低于屈服强度的叫作弹性部分，超过屈服强度的叫作塑性部分，也叫作应变强化部分。塑性分析中考虑了塑性区域的材料特性。

当材料中的应力超过屈服强度时，将发生塑性应变，而屈服应力可能是下列某个参数的函数：

➢　温度。

➢ 应变率。
➢ 以前的应变历史。
➢ 侧限压力。
➢ 其他参数。

6.3.2 实例——轴

图 6-18 所示为轴模型，轴的材料为合金钢。轴的一端为固定约束，另一端受到 2000N·m 的转矩。

【操作步骤】

1. 打开源文件

选择菜单栏中的"文件"→"打开"命令或单击快速访问工具栏中的"打开"按钮🗁，打开源文件中的"轴.sldprt"。

2. 新建算例

1）单击"Simulation"主菜单工具栏中的"新算例"按钮🔍，或选择菜单栏中的"Simulation"→"算例"命令。
2）在弹出的"算例"属性管理器中，定义分析类型为"非线性"→"静应力分析"、"名称"为"材料非线性"，如图 6-19 所示。
3）单击✔按钮，算例新建完成。

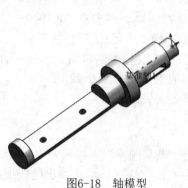

图6-18 轴模型

图6-19 新建算例

3. 设置单位和数字格式

1）选择菜单栏中的"Simulation"→"选项"命令，打开"系统选项--一般"对话框，选择"默认选项"选项卡。

2）单击"单位"选项，将"单位系统"设置为"公制（I）（MKS）"，"长度/位移（L）"设置为"毫米"，"压力/应力（P）"设置为"N/mm^2（MPa）"，如图 6-20 所示。

3）单击"颜色图表"选项，将"数字格式"设置为"科学"，"小数位数"设置为 6，如图 6-21 所示。

4）单击"确定"按钮，关闭对话框。

图6-20 设置单位

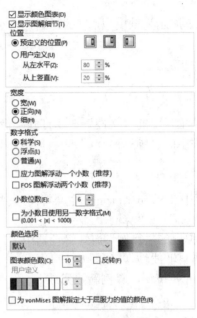

图6-21 设置数字格式

4. 定义模型材料

1）选择"Simulation"下拉菜单中的"材料"→"应用材料到所有"命令，或者单击"Simulation"主菜单工具栏中的"应用材料"按钮，或者在 SOLIDWORKS Simulation 算例树中右击 轴 图标，在弹出的快捷菜单中选择"应用/编辑材料"命令。

2）打开"材料"对话框。在"材料"对话框中定义模型的材质为"合金钢"，"模型类型"选择"塑性-von Mises"，此时"相切模量"的值为空，如图 6-22 所示。

3）单击"应用"按钮，关闭对话框。材料定义完成。

5. 添加约束

1）单击"Simulation"主菜单工具栏中的"夹具顾问"下拉列表中的"固定几何体"按钮，或者在 SOLIDWORKS Simulation 算例树中右击 夹具 图标，在弹出的快捷菜单中选择"固定几何体"命令。

2）打开"夹具"属性管理器，在"标准（固定几何体）"中单击"固定几何体"按钮，在绘图区选择轴的一端端面作为约束面，如图 6-23 所示。

3）单击 按钮，关闭"夹具"属性管理器。约束添加完成。

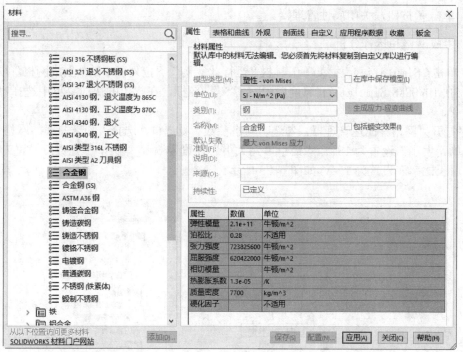

图6-22　定义材料

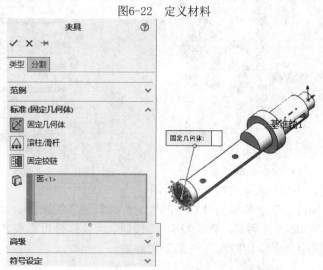

图6-23　选择约束面

6．添加载荷

1）选择"Simulation"下拉菜单中的"载荷/夹具"→"力"命令，或者单击"Simulation"主菜单工具栏"外部载荷顾问"下拉列表中的"力矩"按钮🔧，或者在 SOLIDWORKS Simulation 算例树中右击🌡外部载荷图标，在弹出的快捷菜单中选择"扭矩"命令。

2）系统弹出"力/扭矩"属性管理器。

3）单击"扭矩"按钮🔧，在绘图区选取如图 6-24 所示的圆柱表面，然后在"方向的轴、圆柱面"中选择"基准轴 1"，设置扭矩大小为 2500N·m。

4）单击✔按钮，关闭属性管理器。

7. 生成网格和运行分析

1）单击"Simulation"主菜单工具栏"运行此算例"下拉列表中的"生成网格"按钮，或者在 SOLIDWORKS Simulation 算例树中右击网格图标，在弹出的快捷菜单中选择"生成网格"命令。

2）打开"网格"属性管理器。勾选"网格参数"复选框，选择"基于曲率的网格"选项，"最大单元大小"设置为18mm，"最小单元大小"设置为6mm，"圆中单元数"设置为8，"单元大小增长比率"设置为1.4，如图6-25所示。

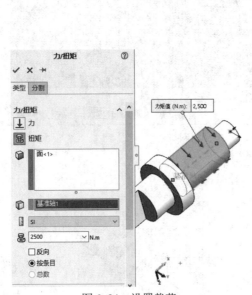

图6-24 设置载荷

图6-25 "网格"属性管理器

3）单击✔按钮，生成网格，如图6-26所示。

4）单击"Simulation"主菜单工具栏中的"运行此算例"按钮，运行分析。打开如图6-27所示的"SOLIDWORKS"对话框，单击"确定"按钮。当计算分析完成之后，在 SOLIDWORKS Simulation 的算例树中会出现相应的"结果"文件夹。

图6-26 生成网格

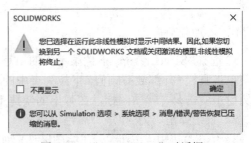

图6-27 "SOLIDWORKS"对话框

8．查看结果

在 SOLIDWORKS Simulation 的算例树中双击"应力 1"和"位移 1"图解图标，在图形区域中会显示应力和合位移分布图解，如图 6-28 所示。由应力图解可知，最大应力与屈服力相等，这是因为在进行材料设置时，"相切模量"值为空，即为 0。由位移图解可知，最大合位移为 6.875245mm。

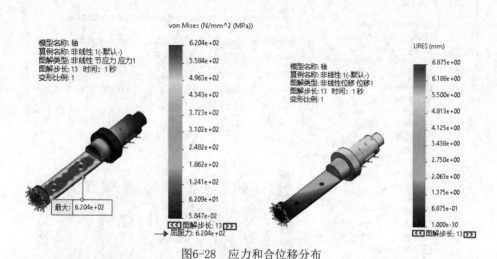

图6-28　应力和合位移分布

9．复制算例

1）在屏幕左下角右击"材料非线性"标签，在弹出的快捷菜单中选择"复制算例"命令，打开"复制算例"属性管理器，设置"算例名称"为"材料非线性 2"，如图 6-29 所示。

图6-29　"复制算例"属性管理器

2）在 SOLIDWORKS Simulation 算例树中右击 🛡️ ⚠️ 轴(-合金钢-) 图标，在弹出的快捷菜单中选择"应用/编辑材料"命令，打开"材料"对话框，在左侧的列表框中右击"合金钢"，在弹出的快捷菜单中选择"复制"命令，如图 6-30 所示。

3）在"材料"对话框左侧列表最下方右击"自定义材料"，在弹出的快捷菜单中选择"新类别"，输入新类别名称为"轴"，然后右击"轴"，在弹出的快捷菜单中选择"粘贴"命令，此时在"轴"类别下新建材料"合金钢"，选中"合金钢"，"模型类型"选择"塑性-von Mises"，将"相切模量"设置为"710000000 牛顿/m²"，如图6-31所示。

4）单击"应用"按钮，关闭对话框。材料编辑完成。

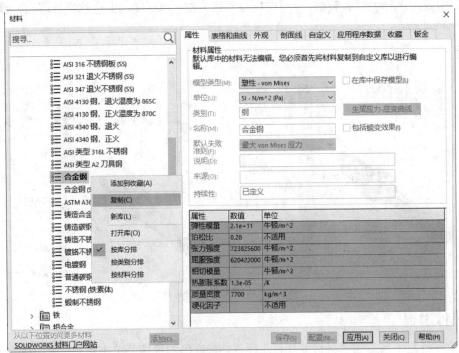

图 6-30　选择命令

属性	数值	单位
弹性模量	2.1e+11	牛顿/m^2
泊松比	0.28	不适用
张力强度	723825600	牛顿/m^2
屈服强度	620422000	牛顿/m^2
相切模量	710000000	牛顿/m^2
热膨胀系数	1.3e-05	/K
质量密度	7700	kg/m^3
硬化因子		不适用

图 6-31　设置"相切模量"

10. 运行分析并查看结果

1）单击"Simulation"主菜单工具栏中的"运行此算例"按钮 ，运行分析。打开"SOLIDWORKS"对话框，单击"确定"按钮。当计算分析完成之后，在 SOLIDWORKS Simulation 算例树中会出现相应的"结果"文件夹。

2）在 SOLIDWORKS Simulation 算例树中双击"应力1"和"位移1"图解图标，在图形区域中会显示应力和合位移分布图解，如图6-32所示。由应力图解可知，最大应力超过了屈服力。由位移图解可知，最大合位移的值为6.871780mm。

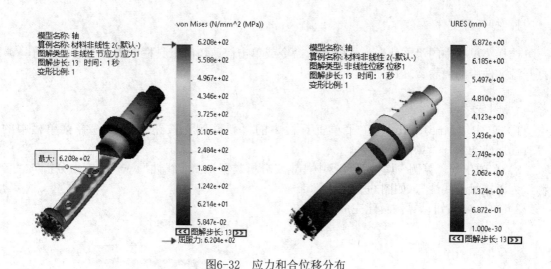

图6-32 应力和合位移分布

6.4 边界非线性（接触）分析

6.4.1 接触

接触问题是比较常见的问题，如齿轮传动、冲压成形、橡胶减振器、过盈配合装配等都是接触问题。当一个结构与另一个结构或外部边界接触时通常要考虑非线性边界条件。由接触产生的力同样具有非线性属性。

接触问题是高度非线性的问题，需要较多的计算资源，为了进行有效的计算，需要理解问题的特性和建立合理的模型。

接触问题存在两个较大的难点：其一，在求解问题之前，并不知道接触区域的位置，模型表面之间是接触还是分开也是未知的，这与载荷、材料、边界条件和其他因素有关；其二，大多数的接触问题需要计算摩擦，虽然有几种摩擦和模型可供选择，但它们都是非线性的，且摩擦使问题的收敛性变得困难。

接触问题分为两种基本类型：刚体-柔体的接触和柔体-柔体的接触。在刚体-柔体的接触问题中，接触面的一个或多个被当作刚体（它与接触的变形体相比有大得多的刚度），一般一种软材料和一种硬材料接触时，可以被假定为刚体-柔体的接触，许多金属成形问题都可归为此类接触。柔体-柔体的接触是一种更普遍的类型，在这种情况下，两个接触体都是变形体（有近似的刚度）。

6.4.2 实例——卷簧

图 6-33 所示为卷簧模型，卷簧的材料为合金钢。卷簧的一端边线作为固定约束，另一端受到 10N 的力，且设置该端顶点沿垂直于前视基准面方向的移动量为 0mm。

【操作步骤】

1. 打开源文件

选择菜单栏中的"文件"→"打开"命令或单击快速访问工具栏中的"打开"按钮 ，打开源文件中的"卷簧.sldprt"。

2. 新建算例

1）单击"Simulation"主菜单工具栏中的"新算例"按钮 🔍，或选择菜单栏中的"Simulation"→"算例"命令。

2）在弹出的"算例"属性管理器中，定义分析类型为"非线性"→"静应力分析"、"名称"为"接触非线性"，如图6-34所示。

3）单击 ✔ 按钮，算例新建完成。

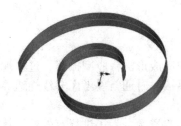

图6-33　卷簧模型　　　　　　　　图6-34　新建算例

3. 设置单位和数字格式

1）选择菜单栏中的"Simulation"→"选项"命令，打开"系统选项-一般"对话框，选择"默认选项"选项卡。

2）单击"单位"选项，将"单位系统"设置为"公制（I）（MKS）"，"长度/位移（L）"设置为"毫米"，"压力/应力（P）"设置为"N/mm^2（MPa）"，如图6-35所示。

3）单击"颜色图表"选项，将"数字格式"设置为"科学"，"小数位数"设置为6，如图6-36所示。

4）单击"确定"按钮，关闭对话框。

4. 设置算例属性

在 SOLIDWORKS Simulation 算例树中右击 🗂 接触非线性 图标，在弹出的快捷菜单中选择"属性"命令，打开"非线性-静应力分析"对话框。单击"高级选项"按钮，打开"高级"选项卡，设置"收敛公差"为0.05，如图6-37所示。单击"确定"按钮，关闭对话框。

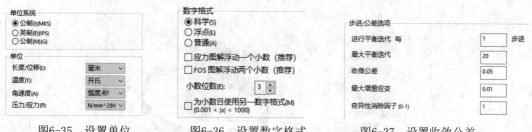

图6-35　设置单位　　　　图6-36　设置数字格式　　　　图6-37　设置收敛公差

5. 定义模型材料

1）选择菜单栏中的"Simulation"→"材料"→"应用材料到所有"命令，或者单击"Simulation"主菜单工具栏中的"应用材料"按钮，或者在 SOLIDWORKS Simulation 算例树中右击 卷簧 (-厚度: 未定义-) 图标，在弹出的快捷菜单中选择"应用/编辑材料"命令。

2）打开"材料"对话框。在"材料"对话框中定义模型的材质为"合金钢"，如图 6-38 所示。

3）单击"应用"按钮，关闭对话框。完成卷簧材料的定义。

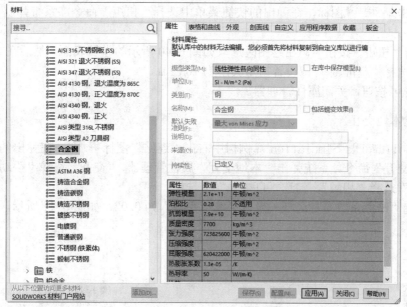

图6-38　设置材料

6. 添加固定约束

1）单击"Simulation"主菜单工具栏中的"夹具顾问"下拉列表中的"固定几何体"按钮，或者在 SOLIDWORKS Simulation 算例树中右击 夹具 图标，在弹出的快捷菜单中选择"固定几何体"命令。

2）打开"夹具"属性管理器。在"标准（固定几何体）"中单击"固定几何体"按钮，在绘图区选择卷簧的一端的端面作为约束面，如图 6-39 所示。

3）单击 按钮，关闭"夹具"属性管理器。固定约束添加完成。

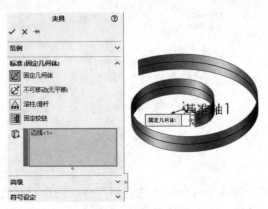

图6-39 选择约束面

7. 添加载荷

1）选择"Simulation"下拉菜单中的"载荷/夹具"→"力"命令，或者单击"Simulation"主菜单工具栏"外部载荷顾问"下拉列表中的"力矩"按钮🔧，或者在 SOLIDWORKS Simulation 算例树中右击⬇外部载荷图标，在弹出的快捷菜单中选择"扭矩"命令，系统弹出"力/扭矩"属性管理器。

2）单击"扭矩"按钮🔧，在绘图区选取如图 6-40 所示的卷簧表面，然后在"方向的轴、圆柱面"中选择"基准轴 1"，设置扭矩大小为 10N·m。

3）单击✔按钮，关闭属性管理器。

8. 创建本地交互

1）在 SolidWorks Simulation 算例树中右击"连结"图标🔧 连结，在弹出的快捷菜单中选择"本地交互"命令。系统弹出"本地交互"属性管理器，"交互"选择"手动选择本地交互"，"类型"选择"相触"，勾选"自接触"复选框。

2）勾选"摩擦系数"复选框，设置"摩擦系数"为 0.02，如图 6-41 所示。

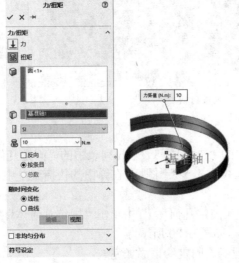

图6-40 设置载荷　　　　　　　　图6-41 "本地交互"属性管理器

3）单击 ✔ 按钮，关闭属性管理器。

9. 定义壳体厚度

1）在 SolidWorks Simulation 算例树中右击"卷簧"图标 ，在弹出的快捷菜单中选择 "按所选面定义壳"命令。系统弹出"壳体定义"属性管理器。"类型"选择"细"，绘图区选择卷簧，"抽壳厚度"设置为1。

2）单击"确定"按钮 ✔，关闭属性管理器。

10. 生成网格和运行分析

1）选择"Simulation"下拉菜单中的"网格"→"生成"命令，或者单击"Simulation"主菜单工具栏"运行此算例"下拉列表中的"生成网格"按钮 🖵，或者在 SOLIDWORKS Simulation 算例树中右击 🖵 网格图标，在弹出的快捷菜单中选择"生成网格"命令。

2）打开"网格"属性管理器。勾选"网格参数"复选框，选择"基于曲率的网格"选项，网格参数采用默认，如图 6-42 所示。

3）单击 ✔ 按钮，生成网格，如图 6-43 所示。

图6-42 "网格"属性管理器

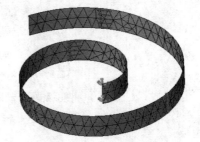

图6-43 生成网格

4）选择"Simulation"下拉菜单中的"运行"→"运行"命令，或者单击"Simulation"主菜单工具栏中的"运行此算例"按钮 🖵，运行分析。打开"SOLIDWORKS"对话框，单击"确定"按钮。当计算分析完成之后，在 SOLIDWORKS Simulation 的算例树中会出现相应的"结果"文件夹。

11. 查看结果

1）在 SOLIDWORKS Simulation 算例树中双击"应力 1"和"位移 1"图解图标，在图形区域中会显示应力和合位移分布图解，如图 6-44 所示。由位移图解可知，最大合位移为 558mm。

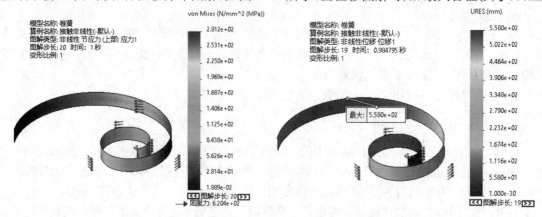

图6-44　应力和合位移分布图解

2）在 SOLIDWORKS Simulation 算例树中右击 位移2 (-Y 位移-) 图标，在弹出的快捷菜单中选择"动画"命令，打开"动画"属性管理器，如图 6-45 所示。拖动"速度"滑块调整播放速度，观察动画过程。

图6-45　"动画"属性管理器

第 **7** 章

屈曲分析

本章首先介绍了屈曲分析的相关概念和分类，然后通过实例对线性和非线性屈曲分析进行了详细的讲解。

 学 习 要 点

- 屈曲分析概述
- 线性屈曲分析
- 非线性屈曲分析

7.1 屈曲分析概述

屈曲是指构件在压力作用下还没达到屈服就丧失承载力而发生大变形。模型在不同的载荷作用下会屈曲成不同的形状，模型屈曲的形状称为屈曲模式形状（屈曲模态），载荷称为临界载荷或屈曲载荷。一般最低的屈曲载荷最为重要。

屈曲可能会发生在整个模型或者模型的局部。屈曲分析的目的是确认结构在载荷的作用下能否保证稳定。

7.1.1 线性屈曲与非线性屈曲

屈曲分析就是研究模型在特定载荷下的稳定性以及确定模型失稳的临界载荷。屈曲分析分为线性屈曲分析和非线性屈曲分析。线性屈曲分析又称为特征值屈曲分析。非线性屈曲分析包括几何非线性失稳分析、弹塑性失稳分析(材料非线性失稳分析)、非线性后屈曲分析(包含几何非线性和材料非线性)。

线性屈曲分析可以考虑固定的预载荷，也可以使用惯性释放，它是以小位移小应变的线弹性理论为基础，不考虑结构在受载荷过程中结构构形的变化，只得出在给定载荷和约束下的特征值。这样得到的屈曲载荷要比考虑实际变化和非线性影响得到的实际屈曲载荷高得多。线性屈曲分析总是在结构初始构形上建立平衡方程，当载荷达到某一临界值时，结构构形将突然跳到另一个随遇的平衡状态，临界值之前称为前屈曲，临界值之后称为后屈曲。

通常情况下，会利用非线性屈曲分析来得到精确的屈曲载荷，并研究后屈曲效应。当遇到下面情况时采用非线性屈曲分析：

➢ 材料的非弹性特性比不稳定性更明显。

➢ 变形过程中重新调整施加的压力。

➢ 大变形现象比屈曲现象更明显。

若是对装配体进行屈曲分析，则要保证所有的零件接合在一起，不能存在接触或间隙。线性屈曲分析作为一种高效的结构稳定性分析方法，在实际工程中应用比较广泛。虽然会得到过高的屈曲载荷，但可以通过屈曲安全系数（BLF）的方法解决。屈曲安全系数（BLF）是一个特征值，屈曲安全系数（BLF）乘以施加载荷即为屈曲载荷，即

屈曲载荷=屈曲安全系数（BLF）×施加载荷

表 7-1 列出了不同屈曲安全系数下的屈曲状态。

表 7-1 屈曲安全系数

安全系数（BLF）	屈曲状态	解释
BLF＞1	不会屈曲	应用载荷小于估计的临界载荷，屈曲不会发生
1＞BLF＞0	会屈曲	应用载荷超过了估计的临界载荷，预测屈曲会发生
BLF=1	会屈曲	应用载荷等于临界载荷，预测屈曲会发生
BLF=-1	不会屈曲	模型在压缩的过程中，屈曲不会发生。但是如果将所用载荷乘以负的安全系数，则会发生屈曲

（续）

安全系数（BLF）	屈曲状态	解释
0>BLF>-1	不会屈曲	若反向施加载荷，则会发生屈曲
BLF<-1	不会屈曲	即使反向施加所用载荷，屈曲也不会发生

屈曲分析会计算"屈曲"对话框中所要求的屈曲模式数。通常情况下，用户只对最大模式（即模式 1）感兴趣，因为它与最低的临界载荷相关。

需要注意的是，屈曲模态表示屈曲开始时的形状，并预测屈曲后的形状，但是屈曲模态不表示变形的实际大小。

7.1.2 屈曲属性

在 SOLIDWORKS Simulation 算例树中右击新建的 ![屈曲分析图标] 屈曲分析 (-默认-) 图标，在弹出的快捷菜单中单击"属性"命令，打开"屈曲"对话框，如图 7-1 所示。在该对话框中可以进行屈曲分析参数设置，还可以在算例中包括流动和热力效应，如图 7-2 所示。

图7-1 "屈曲"对话框

图7-2 "流动/热力效应"选项卡

"选项"选项卡中各选项的含义如下：

（1）屈曲模式数 指定求解器计算的扭曲模式数。程序将计算扭曲安全系数和关联的扭曲模式。

（2）解算器 指定求解器进行屈曲分析。包括"自动"和"手工"两种选择方式。

（3）使用软弹簧使模型稳定 勾选该复选框，则指示程序添加软弹簧，以防止发生不稳定现象。如果将载荷应用于不稳定的实体模型，则实体模型将像刚性实体一样平移和/或旋转。

应施加适当的约束，以防止刚性实体运动。

（4）结果文件夹　指定存储模拟结果文件夹的目录。

7.2　实例——导杆的线性屈曲分析

如图 7-3 所示的导杆为某工程机架的支撑件，导杆的底端固定，上端受到 1N 的力。试通过静应力分析和线性屈曲分析判断屈曲与屈服哪个先发生。

图7-3　导杆

【操作步骤】

1. 新建静应力算例

1）选择菜单栏中的"文件"→"打开"命令或单击快速访问工具栏中的"打开"按钮，打开源文件中的"导杆.sldprt"。

2）单击"Simulation"主菜单工具栏中的"新算例"按钮，打开"算例"属性管理器，定义"名称"为"静应力分析 1"，设置分析类型为"静应力分析"，如图 7-4 所示。单击 ✔ 按钮，关闭属性管理器。

图7-4　"算例"属性管理器

2.定义材料

1）选择"Simulation"下拉菜单栏的"材料"→"应用材料到所有"命令，或者在"Simulation" 主菜单工具栏中单击"应用材料"图标▤，或者在 SOLIDWORKS Simulation 算例树中右击 🗊 ◁ 导杆图标，在弹出的快捷菜单中选择"应用/编辑材料"命令，打开"材料"对话框。在"材料"对话框中定义模型的材质为"合金钢"，如图 7-5 所示。

2）单击"应用"按钮，关闭对话框。

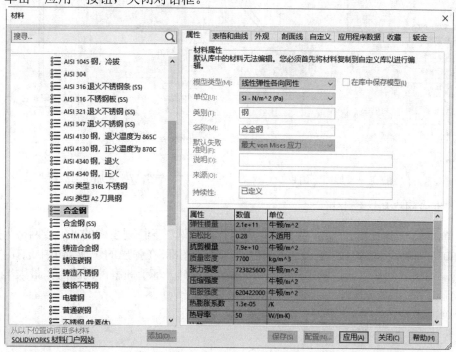

图7-5 "材料"对话框

3.添加固定约束

1）单击"Simulation"主菜单工具栏"夹具顾问"下拉列表中的"固定几何体"按钮🔗，或者在 SOLIDWORKS Simulation 算例树中右击 🍥 夹具图标，在弹出的快捷菜单中选择"固定几何体"命令，打开"夹具"属性管理器，在图形区域中选择导杆的大端面添加固定约束，如图 7-6 所示。

2）单击✔按钮，完成固定约束的添加。

4.添加压力载荷

1）选择"Simulation"下拉菜单中的"载荷/夹具"→"力"命令，或者单击"Simulation"主菜单工具栏"外部载荷顾问"下拉列表中的"力"按钮↓，或者在 SOLIDWORKS Simulation 算例树中右击↓↓外部载荷图标，在弹出的快捷菜单中选择"力"命令，打开"力/扭矩"属性管理器。设置加载力的类型为"力"，在图形区域中选择导杆上端面作为力的加载面，方向设置为"法向"，设置力的大小为 1N，如图 7-7 所示。

2）单击✔按钮，完成一端的压力载荷添加。

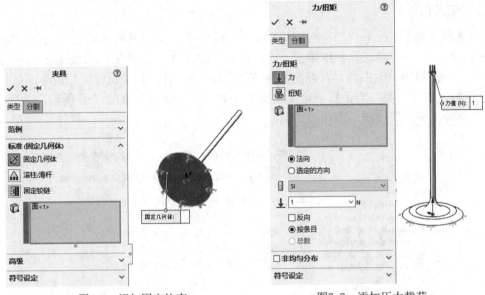

图7-6　添加固定约束　　　　　　　　　图7-7　添加压力载荷

5. 生成网格和运行分析

1）单击"Simulation"主菜单工具栏"运行此算例"下拉列表中的"生成网格"按钮，或者在 SOLIDWORKS Simulation 算例树中右击 网格 图标，在弹出的快捷菜单中选择"生成网格"命令，打开"网格"属性管理器。"网格参数"选择"基于曲率的网格"，"最大单元大小"设置为 4mm，"最小单元大小"设置为"1mm"，如图 7-8 所示。

2）单击 按钮，开始划分网格，结果如图 7-9 所示。

图7-8　网格参数设置

图7-9　划分网格

3）选择"Simulation"下拉菜单中的"运行"→"运行"命令，或者单击"Simulation"主菜单工具栏中的"运行此算例"按钮 ，运行分析。

6. 查看结果

双击 SOLIDWORKS Simulation 算例树中"结果"文件夹中的 应力1 (-vonMises-) 图标，观察导杆在给定约束和弯扭组合加载下的应力分布图，如图 7-10 所示。

应力安全系数可以由屈服力除以最大应力求得，由图可知，应力安全系数=6204÷0.33=1880。

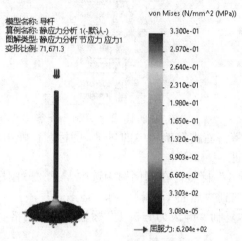

图7-10 应力分布图

7. 新建屈曲算例

1）单击"Simulation"主菜单工具栏中的"新算例"按钮 ，打开"算例"属性管理器，定义"名称"为"屈曲 1"，设置分析类型为"屈曲"，如图 7-11 所示。单击 按钮，关闭属性管理器。

图7-11 "算例"属性管理器

2）单击屏幕左下角的"静应力分析 1"标签，右击算例树中的 夹具图标，在弹出的快捷菜单中选择"复制"命令，如图 7-12 所示。

图 7-12　选择"复制"命令

3）单击"屈曲 1"标签，右击算例树中的 夹具 图标，在弹出的快捷菜单中选择"粘贴"命令，将约束复制到"屈曲 1"算例中。

4）单击"静应力分析 1"标签，在算例树中选中 外部载荷 图标，拖动到"屈曲 1"标签位置松开鼠标，将载荷复制到"屈曲 1"算例中。

5）采用同样的方法，复制"静应力分析 1"标签中的"网格"到"屈曲 1"算例。

8. 设置屈曲属性

1）在 SOLIDWORKS Simulation 算例树中右击新建的 屈曲 1 (-默认-) 图标，在弹出的快捷菜单中选择"属性"命令，打开"屈曲"对话框。

2）在"选项"选项卡中将"屈曲模式数"设置为 2，如图 7-13 所示。单击"确定"按钮，关闭对话框。

图7-13　"屈曲"对话框

9. 运行分析并查看结果

1）选择"Simulation"下拉菜单中的"运行"→"运行"命令，或者单击"Simulation"

主菜单工具栏中的"运行此算例"按钮 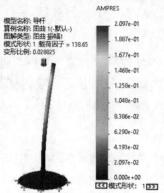，运行分析。

2）双击 SOLIDWORKS Simulation 算例树中"结果"文件夹中的"振幅1"图标 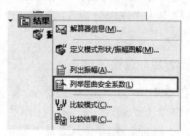，观察导杆的振幅 1 图解，如图 7-14 所示。

3）图中左上端显示计算得出的模式形状 1 的载荷因子（BLF）为 138.65。也可以右击算例树中的 ![结果]图标，在弹出的快捷菜单中选择"列举屈曲安全系数"命令，如图 7-15 所示。

图7-14　振幅1图解

图7-15　选择命令

4）打开"列举模式"对话框，如图 7-16 所示。对话框中列出了模式 1 和模式 2 的屈曲安全系数。由图可知，模式 1 的屈曲安全系数为 138.65，没有发生屈曲的风险。也就是说临界屈曲载荷（CBL）为 1N×138.65=138.65N。

5）由前面的静应力分析可知应力安全系数为 1880，而屈曲安全系数为 138.65，屈曲安全系数远远小于应力安全系数，也就是说屈曲发生在屈服之前。

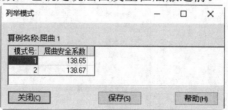

图7-16　"列举模式"对话框

7.3　实例——圆柱连接杆非线性屈曲分析

图 7-17 所示为圆柱连接杆模型，杆的内径为 3mm，外径为 4mm，长度为 200mm，两端凸台高度为 2.5mm。圆柱连接杆的一端固定，另一端受到 1N 的力。

【操作步骤】

1.　新建屈曲算例

1）选择菜单栏中的"文件"→"打开"命令或单击快速访问工具栏中的"打开"按钮 ![打开]，打开源文件中的"圆柱连接杆.sldprt"。

图7-17　圆柱连接杆模型

2）单击"Simulation"主菜单工具栏中的"新算例"按钮，打开"算例"属性管理器，定义"名称"为"屈曲分析"，设置分析类型为"屈曲"，如图 7-18 所示。单击✔按钮，关闭属性管理器。

2．设置屈曲属性

1）在 SOLIDWORKS Simulation 算例树中右击新建的 屈曲分析 (-默认-)图标，在弹出的快捷菜单中单击"属性"命令，打开"屈曲"对话框，如图 7-19 所示。

2）在"选项"选项卡中选择"使用软弹簧使模型稳定"复选框，此选项的作用可以防止发生不稳定现象。如果将负载应用于不稳定的设计，设计将像刚性实体一样平移或旋转。施加适当的约束，以防止刚性实体运动。单击"确定"按钮，关闭对话框。

图7-18　定义算例

图7-19　"屈曲"对话框

3．定义材料

1）在 SOLIDWORKS Simulation 算例树中右击 圆柱连接杆 图标，在弹出的快捷菜单中选择"应用/编辑材料"命令，打开"材料"对话框。在"材料"对话框中定义模型的材质为"1060 合金"，如图 7-20 所示。

2）单击"应用"按钮，关闭对话框。

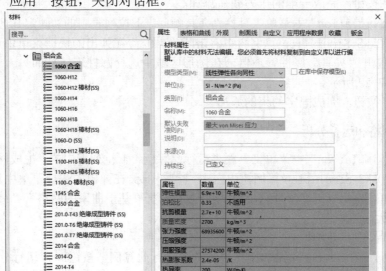

图7-20 "材料"对话框

4．添加载荷和约束

1）选择"Simulation"下拉菜单栏的"载荷/夹具"→"力"命令，或者单击"Simulation"主菜单工具栏"外部载荷顾问"下拉列表中的"力"按钮↓，或者在 SOLIDWORKS Simulation算例树中右击↓↓ 外部载荷 图标，在弹出的快捷菜单中选择"力"命令，打开"力/扭矩"属性管理器。设置类型为"力"，在图形区域中选择圆柱连接杆的端面作为力的加载面，设置力的大小为1N、方向垂直于前视基准面，如图 7-21 所示。

图7-21 设置端面的压力

2）单击 ✔ 按钮，完成一端的压力载荷添加。

3）单击"Simulation"主菜单工具栏"夹具顾问"下拉列表中的"固定几何体"按钮 ，或者在 SOLIDWORKS Simulation 算例树中右击 夹具 图标，在弹出的快捷菜单中选择"固定几何体"命令，打开"夹具"属性管理器，在图形区域中选择圆柱连接杆的另一端面，添加固定约束，如图 7-22 所示。

4）单击 ✔ 按钮，完成固定约束的添加。

5. 生成网格和运行分析

1）单击"Simulation"主菜单工具栏"运行此算例"下拉列表中的"生成网格"按钮 ，或者在 SOLIDWORKS Simulation 算例树中右击 网格 图标，在弹出的快捷菜单中选择"生成网格"命令，打开"网格"属性管理器。"网格参数"选择"基于曲率的网格"，"最大单元大小"和"最小单元大小"均设置为 1.5mm，如图 7-23 所示。

2）单击 ✔ 按钮，开始划分网格，结果如图 7-24 所示。

3）单击"Simulation"主菜单工具栏中的"运行此算例"按钮 ，运行分析。

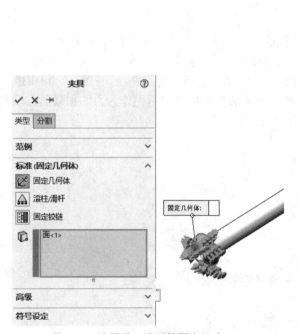

图7-22　设置另一端面的固定约束

图7-23　网格参数设置

6. 查看结果

1）双击 SOLIDWORKS Simulation 算例树中"结果"文件夹中的"振幅 1"图标 ，观察圆柱连接杆的振幅 1 图解，如图 7-25 所示。

图中左上端显示计算得出的模式形状 1 的载荷因子（Buckling Load Factor）BLF=35.895。

也就是说，临界弯曲载荷（Critical Buckling Loads）CBL=1N×BLF=35.895N。

2）计算表明，圆柱连接杆在力 F=35.895N 时，圆柱连接杆可能会发生失稳情况。

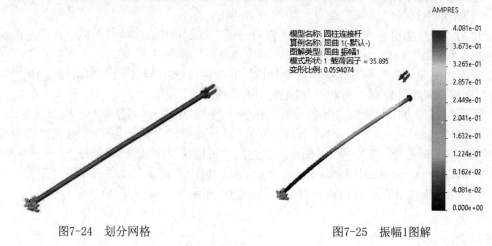

模型名称: 圆柱连接杆
算例名称: 屈曲 1(-默认-)
图解类型: 屈曲 振幅1
模式形状: 1 载荷因子 = 35.895
变形比例: 0.0594074

AMPRES

4.081e-01
3.673e-01
3.265e-01
2.857e-01
2.449e-01
2.041e-01
1.632e-01
1.224e-01
8.162e-02
4.081e-02
0.000e+00

图7-24 划分网格   图7-25 振幅1图解

7. 计算失稳情况下圆柱连接杆的应力

1）单击"Simulation"主菜单工具栏中的"新算例"按钮 🔍，打开"算例"属性管理器。定义"名称"为"静应力分析"，设置分析类型为"静应力分析"，如图 7-26 所示。

2）在 SOLIDWORKS Simulation 算例树中右击新建的 [🔍] 静应力分析*(-默认-) 图标，在弹出的快捷菜单中选择"属性"命令，打开"静应力分析"对话框。在"选项"选项卡中选择"使用软弹簧使模型稳定"复选框，如图 7-27 所示。

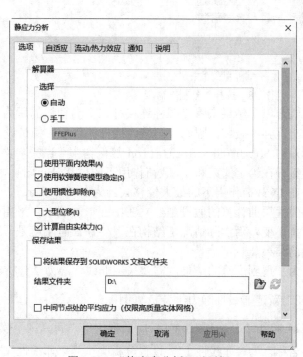

图7-26 "算例"属性管理器   图7-27 "静应力分析"对话框

3）单击"确定"按钮，关闭对话框。

4）单击屏幕左下角的"屈曲分析"标签，右击"屈曲分析"算例树中的 夹具 图标，在弹出的快捷菜单中选择"复制"命令，如图 7-28 所示。

5）单击"静应力分析"标签，右击"应力分析"算例树中的 夹具 图标，在弹出的快捷菜单中选择"粘贴"命令，将约束复制到"静应力分析"标签中。

6）单击"屈曲分析"标签，在"屈曲分析"算例树中选中 外部载荷 图标，拖动到"静应力分析"标签位置松开鼠标，将载荷复制到"静应力分析"标签中。

7）采用同样的方法，复制"屈曲分析"标签中的"网格"到"静应力分析"标签。

8）单击"Simulation"主菜单工具栏中的"运行此算例"按钮 ，或者在"静应力分析"算例树中右击 静应力分析*(-默认-) 图标，在弹出的快捷菜单中选择"运行"命令。

运行完成后，双击 SOLIDWORKS Simulation 算例树中"结果"文件夹中的"应力 1"图标 ，观察圆柱连接杆在给定约束和载荷下的应力分布图解，如图 7-29 所示。

图7-28 选择"复制"命令   图7-29 应力分布图解

综合以上结果来看，圆柱连接杆在受沿轴线的压力情况下首先发生失稳变形，在这之前不会出现强度破坏。因此，圆柱连接杆的受压失稳是设计中主要考虑的问题。

双击 SOLIDWORKS Simulation 算例树中"结果"文件夹中的"位移 1"图标 ，观察圆柱连接杆在给定约束和 1N 载荷作用下的位移分布图解，如图 7-30 所示。由图可知，圆柱连接杆在 1N 载荷作用下的最大位移大约为 0.00053mm。

线性屈曲计算的假设是建立在小变形基础上，采用一次求解，在计算的过程中结构的刚度保持不变，而实际情况是结构在发生屈曲时刚度是一直变化的，采用一次求解并不能得到准确的结果。

为了得到准确的结果，需要采用非线性静力学分析。

8. 新建非线性静力学分析算例

1）单击"Simulation"控制面板中的"新算例"按钮 ，打开"算例"属性管理器，定义"名称"为"非线性 1"，设置分析类型为"非线性"→"静应力分析" ，如图 7-31 所示。单击✔按钮，关闭属性管理器。

2）单击屏幕左下角的"静应力分析"标签，在"SOLIDWORKS Simulation"算例树中右击🐡夹具图标，在弹出的快捷菜单中选择"复制"命令。

3）单击"非线性 1"标签，右击"应力分析"算例树中的🐡夹具图标，在弹出的快捷菜单中选择"粘贴"命令，将约束复制到"非线性1"标签中。

4）单击"静应力分析"标签，在"SOLIDWORKS Simulation"算例树中选中↓↓外部载荷图标，拖动到"非线性1"标签位置松开鼠标，将载荷复制到"非线性1"标签中。

5）同理，复制网格和材料。

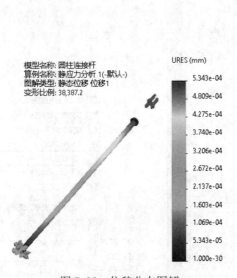

图 7-30 位移分布图解

图 7-31 "算例"属性管理器

9. 算例属性设置

1）在"SOLIDWORKS Simulation"算例树中右击 非线性1(-默认-)图标，在弹出的快捷菜单中选择"属性"命令，打开"非线性-静应力分析"对话框。选择"高级"选项卡，"控制"选择"弧长"，"迭代方法"选择"NR（牛顿拉夫森）"，其他参数采用默认，如图 7-32 所示。

2）由线性屈曲分析可知，载荷因子为 21。由静应力分析的位移图解可知，最大位移为 0.12mm。根据最大位移（对于平移 DOF）=2×线性屈曲载荷因子×静应力分析最大位移值，计算可得最大位移（对于平移 DOF）约为 0.3mm。

3）单击"确定"按钮，关闭对话框。

10. 运行分析并查看结果

1）单击"Simulation"主菜单工具栏中的"运行此算例"按钮🐞，或者在"应力分析"算例树中右击 非线性1(-默认-)图标，在弹出的快捷菜单中选择"运行"命令。

2）非线性屈曲的分析结果需要在响应图表中查看，所以运行完成后，需要在 SOLIDWORKS Simulation 算例树中右击 结果图标，在弹出的快捷菜单中选择"定义时间历史图解"命令，如图 7-33 所示。

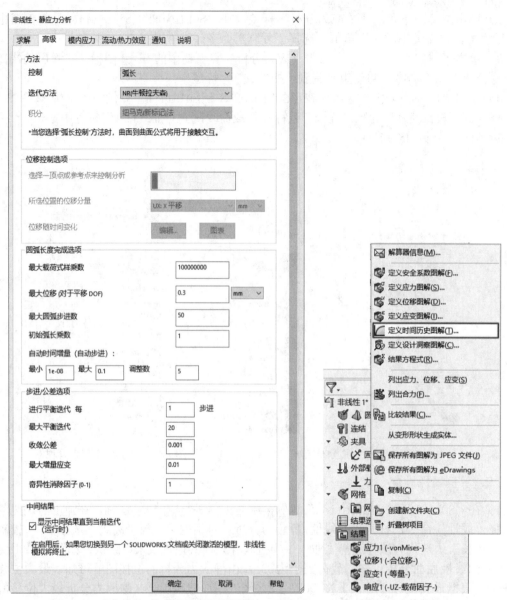

图7-32　"非线性-静应力分析"对话框　　　　图7-33　选择命令

3）打开"时间历史图表"属性管理器。选择圆柱连接杆顶端位移最大的一个点，"X轴"设置为Z方向的位移，"Y轴"默认为载荷因子，如图7-34所示。

4）单击✔按钮，系统自动生成"响应图表"，如图7-35所示。在响应图表中可以查看载荷因子与位移的变化关系。杆在受力后发生变形，当杆的位移大概为0.3mm左右时，载荷因子达到最大值。

响应图表中载荷因子最小值为1，说明这个结构在1×1=1N的载荷作用下已经发生了屈曲现象。

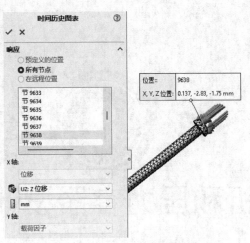

图7-34 "时间历史图表"属性管理器

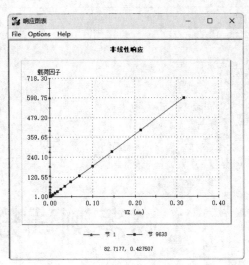

图7-35 响应图表

第 **8** 章

跌落测试分析和压力容器设计

本章首先介绍了跌落测试分析的概念及分析步骤,并通过实例详细介绍了几种情况下的跌落测试分析;然后介绍了压力容器设计的分析步骤,并通过实例进行了详细的说明。

学 习 要 点

- 跌落测试分析
- 茶杯跌落测试分析
- 散热扇接触跌落测试分析
- 压力容器设计分析
- 立式空气储罐设计

8.1 跌落测试分析

跌落测试分析主要用来模拟模型在搬运期间的自由跌落，分析模型抵抗意外冲击的能力，如利用跌落测试算例可以评估模型跌落在硬地板上的效果，除引力外，还可指定跌落高度或撞击时的速度。

8.1.1 跌落测试分析的步骤

对模型进行跌落测试分析可以通过设置不同的选项，如模型的材料、跌落的高度、地板的类型以及模型跌落的姿势，观察不同的测试内容对结果的影响。

1. 新建算例

将其命名为"跌落测试分析"，如图 8-1 所示。

2. 设置模型的材料

在如图 8-2 所示的"材料"对话框中可为模型的不同部分指定不同的材料类型。

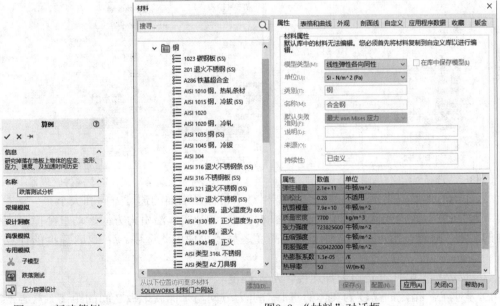

图8-1　新建算例　　　　　　　　　　　　图8-2　"材料"对话框

3. 设置跌落测试参数

在 SOLIDWORKS Simulation 算例树中右击"设置"按钮，在弹出的快捷菜单中选择"定义/编辑"命令，如图 8-3 所示，打开"跌落测试设置"属性管理器，如图 8-4 所示。

"跌落测试设置"属性管理器中部分选项的含义如下：

（1）指定　设定将指定的输入类型。

1）落差高度：指定模型从静止状态跌落的高度。

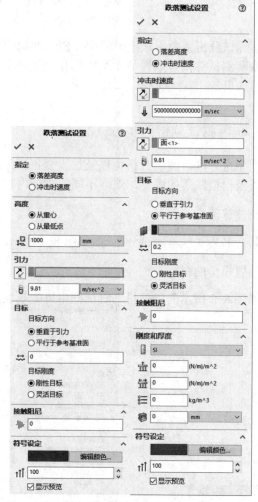

图8-3　选择"定义/编辑"命令　　　　　图8-4　"跌落测试设置"属性管理器

2）冲击时速度：指定发生冲击时模型相对于目标基准面的速度方向和大小。

（2）高度　设定实体从静止状态掉落的高度。这是实体沿引力方向运动直至撞击刚性基准面的距离。只有在指定框中选择了掉落高度之后才可使用此选项。 冲击时速度的计算公式为：

$V_{冲击} = (2gh)^{\frac{1}{2}}$，其中 g 是引力加速度，h 是高度。

1）从重心：指定的高度为实体的重心沿引力方向与平面硬地板之间的距离。重心是实体的几何中心。对于装配体，只有当所有零部件的密度均相同时，重心才会与引力中心重合。

2）从最低点：指定的高度为实体与平面硬地板间的最短距离。距离平面硬地板最近的点是实体沿引力方向运动时最先撞击地板的点。

3）落差高度：指定从重心或从最低点到冲击面的高度。可以为高度选择单位。

（3）冲击时速度　设定冲击时速度的方向和值。只有在指定栏中选择"冲击时速度"时才可使用。

1） 冲击时速度参考：设定用于确定冲击时速度方向的参考实体。可以选择边线、参考基准面或平面。如果选择参考基准面或平面，将沿垂直于参考基准面或平面的方向应用速度。单击"冲击时速度参考"按钮![](可以反转冲击时速度的方向。

2）速度幅值：设定冲击时速度的量和单位。指定冲击时速度的量时，需要定义重力的量。在求解和保持不变的过程中，重力载荷作为外部载荷。重力值不影响指定的冲击时速度的量。

（4）引力　设定引力加速度的方向和值。在冲击后，重力在整个求解过程中保持不变。在求解过程中，能量平衡取决于重力。

1）引力参考：设定用于确定引力方向的参考实体。可以选择边线、参考基准面或平面。如果选择参考基准面或平面，将沿垂直于参考基准面或平面的方向应用引力。单击"引力参考"按钮![](可以反转引力的方向。

2）引力幅值：设定引力的大小和单位。

（5）目标

1）目标方向：设定冲击－－面的方向。

➢　垂直于引力：冲击基准面垂直于引力。

➢　平行于参考基准面：冲击基准面平行于所选的参考基准面。

➢　目标方向参考：选择一个参考基准面。仅在选定"平行于参考基准面"时可用。

➢　摩擦系数：设定模型与冲击基准面之间的摩擦系数。

2）目标刚度：

➢　刚性目标：为目标使用刚性地面。

➢　灵活目标：为目标使用弹性地面。

（6）接触阻尼　在实体冲击期间互相接触且为无穿透接触时需要考虑该选项。接触阻尼作为黏性阻尼进行计算。接触阻尼的应用可减少冲击期间可能产生的高频振动，可提高求解稳定性。

关键阻尼比率：输入阻尼值作为关键阻尼比率（$\zeta_{cr} = 2* m* \omega$）。

（7）刚度和厚度　为弹性地面设定属性。只在选定"目标刚度"为"灵活目标"时可用。

1）单位：设定单位系统。

2）法向刚度：设定垂直于冲击基准面的每单位面积的刚度。

3）正切刚度：设定平行于冲击基准面的每单位面积的刚度。

4）质量密度：设定冲击地面的质量密度。

5）目标厚度：设定冲击地面厚度的量和单位。

4. 检查跌落测试设置的细节

在 SOLIDWORKS Simulation 算例树中右击"设置"按钮，在弹出的快捷菜单中选择"细节"命令，打开"设置细节"对话框，如图 8-5 所示。

5. 定义传感器

若要分析模型中特定位置的结果，需要定义传感器，方法是在 FeatureManager 设计树中右击"传感器"选项，在弹出的快捷菜单中选择"添加传感器"命令，如图 8-6 所示，弹出

"传感器"属性管理器，设置"传感器类型"为"Simulation 数据"、"数据量"为"工作流程灵敏"，然后在"属性"选项组的文本框中选择要记录的位置，如图8-7所示。

6.设置碰撞后的求解时间和要保存的时间步长

在 SOLIDWORKS Simulation 算例树中右击"结果选项"，在弹出的快捷菜单中选择"定义/编辑"命令，打开"结果选项"属性管理器，如图8-8所示。

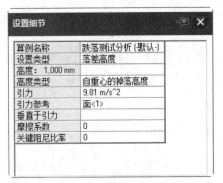

图8-5 "设置细节"对话框

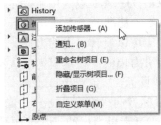

图8-6 选择"添加传感器"命令

图8-7 "传感器"属性管理器

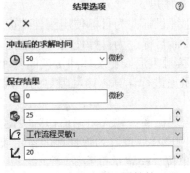

图8-8 "结果选项"属性管理器

"结果选项"属性管理器中各选项说明如下：

（1）🕒冲击后的求解时间 以微妙为单位，冲击后的求解时间计算不考虑用户定义的材料属性。

（2）⊕从此开始保存结果 程序开始保存结果的第一个时刻。默认值为 0。

（3）🗂图解数 程序保存的图解数。默认为 25，求解时间被分成 25 个时间间隔，图解结果保存在所有节中。

（4）📈每个图解的图表步骤数 设定结果图解的图表间隔数。每个图表的数据点总数等于图解数乘以每个图解的图表步骤数。

7.设置算例属性

在 SOLIDWORKS Simulation 算例树中右击  跌落测试分析* 图标，在弹出的快捷菜单中选择"属性"命令，打开"跌落测试"对话框，如图 8-9 所示。

8. 划分模型网格并运行分析

9. 查看并处理结果

图8-9 "跌落测试"对话框

8.1.2 实例——茶杯在刚性地面跌落测试分析

茶杯模型如图 8-10 所示。设置接触地面为刚性地面、茶杯材料为线弹性材料。本实例为对茶杯从 3m 高度处跌落。进行测试分析。

图8-10 茶杯模型

【操作步骤】

1. 新建算例

1）选择菜单栏中的"文件"→"打开"命令或单击快速访问工具栏中的"打开"按钮 ，打开源文件中的"茶杯.sldprt"。

2）单击"Simulation"主菜单工具栏中的"新算例"按钮 ，打开"算例"属性管理器。定义"名称"为"刚性跌落"，分析类型为"跌落测试"，如图 8-11 所示。单击 ✔ 按钮，关闭属性管理器。

2. 定义材料

在SOLIDWORKS Simulation算例树中右击 ⬡ ⬧ **茶杯** 图标,在弹出的快捷菜单中单击"应用/编辑材料"命令,打开"材料"对话框。选择"选择材料来源"为"SOLIDWORKS materials",设置"模型类型"为"线性弹性各向同性"、材料为"ABS"塑料,如图8-12所示。单击"应用"按钮,关闭对话框。

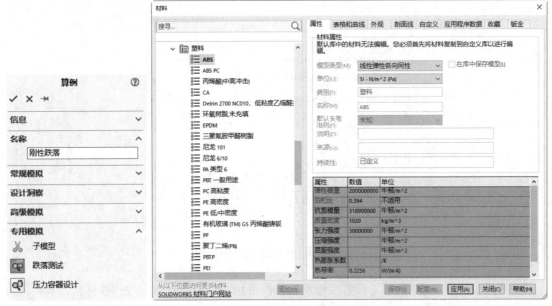

图8-11 定义算例   图8-12 定义材料

3. 设置跌落参数

1)选择"Simulation"下拉菜单中的"跌落测试设置"命令,或者在SOLIDWORKS Simulation算例树中右击 ⬡ **设置** 图标,在弹出的快捷菜单中选择"定义/编辑"命令,打开"跌落测试设置"属性管理器。

2)在"指定"中选择"落差高度"单选按钮,在"高度"中选择"从重心"单选按钮,在"⬡自重心的跌落高度"右侧的文本框中设置跌落高度为3m,在图形区域中选择茶杯口平面作为引力方向参考面,在"⬡引力幅值"右侧的文本框中设置重力加速度为9.81m/s²,在"目标"中选择"垂直于引力"单选按钮,在 ⟷ "摩擦系数"右侧的文本框中设置地面的摩擦因数为0.2,"目标刚度"选择"刚性目标",如图8-13所示。

3)单击 ✔ 按钮,完成跌落测试参数设置。

4. 设置结果选项

1)选择菜单栏中的"Simulation"→"结果选项"命令,或者在SOLIDWORKS Simulation算例树中右击 ⬡ **结果选项** 图标,在弹出的快捷菜单中选择"定义/编辑"命令,打开"结果选项"属性管理器。

2)设置"冲击后的求解时间"为83.18微秒,在"保存结果"中 ⬡ 右侧的文本框中输入

0（即从跌落的 0 微秒开始保存计算结果），在 右侧的文本框中输入 25（即计算的图解为跌落开始后图解步长为 25 时的结果），在"传感器清单" 的下拉列表中选择"所有跟踪的数据传感器"，设置"每个图解的图表步骤数" 为 20，如图 8-14 所示。

图8-13　设置跌落测试参数

图8-14　设置结果选项

5．设置算例属性

在 SOLIDWORKS Simulation 算例树中右击 刚性跌落*(-默认-) 图标，在弹出的快捷菜单中选择"属性"命令，打开"跌落测试"对话框。勾选"大型位移"复选框，如图 8-15 所示。

6．生成网格和运行分析

1）单击"Simulation"主菜单工具栏"运行此算例"下拉列表中的"生成网格"按钮 ，打开"网格"属性管理器。采用网格的默认粗细程度，如图 8-16 所示。

2）单击 ✔ 按钮，划分网格，结果如图 8-17 所示。

3）单击"Simulation"主菜单工具栏中的"运行此算例"按钮 ，SOLIDWORKS Simulation 则调用解算器进行有限元分析。值得一提的是，跌落测试的计算需要消耗更多的资源，所以计算时间要比其他分析长。

7．查看结果

1）双击 SOLIDWORKS Simulation 算例树中结果文件夹下的"应力 1"图标 ，可以观察茶杯在跌落时的应力分布图解，如图 8-18 所示。

2）在 SOLIDWORKS Simulation 算例树中右击"结果"文件夹中的"应力 1"图标 ，在弹出的快捷菜单中单击"探测"命令，弹出"探测结果"属性管理器，在图形区域中选择茶杯底部的一点，则该点及其坐标会显示在"探测"属性管理器和图形中，如图 8-19 所示。单击属性管理器中的"响应"按钮 ，则会显示该点的响应图表，即该点随时间变化的应力曲线图，如图 8-20 所示。

图8-15 "跌落测试"对话框

图8-16 "网格"属性管理器   图8-17 划分网格

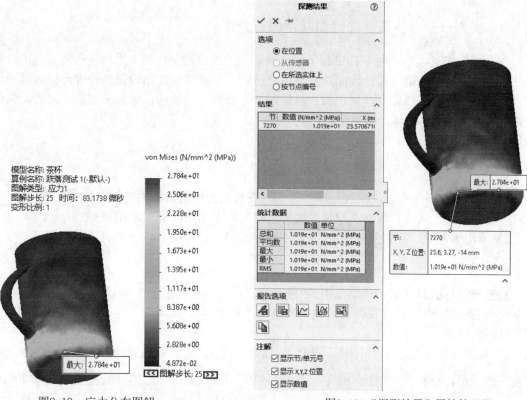

图8-18 应力分布图解   图8-19 "探测结果"属性管理器

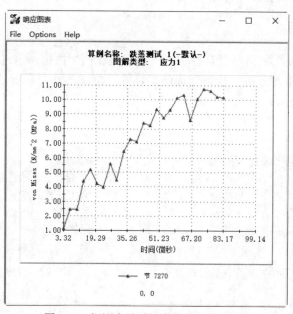

图8-20 探测点随时间变化的应力曲线图

8.1.3 实例——茶杯在弹性地面跌落测试分析

在 8.1.2 节的实例中对茶杯进行了刚性地面上的跌落测试分析，本例将在此基础上进行弹性地面跌落测试分析。弹性地面跌落测试分析除了要将接触地面设置为弹性地面（可通过将"跌落测试设置"属性管理器中的"目标刚度"设置为"灵活目标"来实现）之外，其他设置与刚性地面跌落测试分析完全相同。

【操作步骤】

1. 复制算例

1）在屏幕左下角右击"刚性跌落"标签，在弹出的快捷菜单中选择"复制算例"命令，打开"复制算例"属性管理器，设置"算例名称"为"弹性跌落"，如图 8-21 所示。

2）单击 ✔ 按钮，算例复制完成。

2. 修改跌落参数

1）选择"Simulation"下拉菜单中的"跌落测试设置"命令，或者在 SOLIDWORKS Simulation 算例树中右击 📀 设置 图标，在弹出的快捷菜单中选择"定义/编辑"命令，打开"跌落测试设置"属性管理器。

2）其他参数不变，"目标刚度"选择"灵活目标"，此时在属性管理器中显示出"刚度和厚度"选项组，设置 ⏚ "法向刚度"为 4.1×10^8（N/m）/m^2、⏚ "正切刚度"为 2.4×10^8（N/m）/m^2、⏚ "质量密度"为 800kg/m^3、⏚ "目标厚度"为 8mm，如图 8-22 所示。

3）单击 ✔ 按钮，参数修改完成。

3. 运行分析

单击"Simulation"主菜单工具栏中的"运行此算例"按钮 📀，SOLIDWORKS Simulation 则调用解算器进行有限元分析。值得一提的是，跌落测试的计算需要消耗更多的资源，所以计算时间要比其他分析长。

图8-21 "复制算例"属性管理器

图8-22 设置参数

4. 查看结果

1）双击 SOLIDWORKS Simulation 算例树中"结果"文件夹中的"应力 1"图标 📀，可以观察茶杯跌落时的应力分布图解，如图 8-23 所示。由图可知，弹性地面跌落时的最大应力明显比刚性地面跌落时的最大应力小很多。

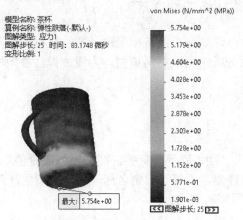

图8-23　应力分布图解

2）在 SOLIDWORKS Simulation 算例树中右击"结果"文件夹中的"应力 1"图标 ，在弹出的快捷菜单中单击"探测"命令，弹出"探测结果"属性管理器。在图形区域中选择茶杯底部的一点，则该点及其坐标会显示在"探测"属性管理器和图形中，如图 8-24 所示。单击属性管理器中的"响应"按钮 ，系统弹出"响应图表"对话框。在该对话框中显示出该点随时间变化的应力曲线图，如图 8-25 所示。将其与刚性地面跌落测试分析的"响应图表"进行对比可知，弹性地面跌落测试分析的应力值明显要小很多。

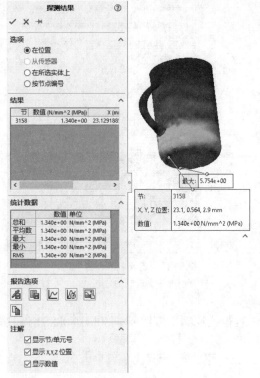

图8-24　"探测结果"属性管理器

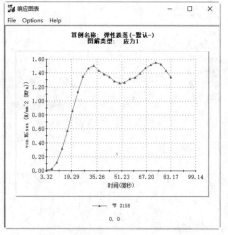

图8-25　探测点随时间变化的应力曲线图

8.1.4 实例——茶杯弹塑性跌落测试分析

本例是在刚性地面跌落测试分析的基础上进行塑性材料的跌落测试分析。前面在刚性地面和弹性地面的跌落测试分析中用的材料模型均为线性弹性各向同性模型类型，在本例中将设置材料为塑性材料模型。

【操作步骤】

1. 复制算例

1）在屏幕左下角右击"刚性跌落"标签，在弹出的快捷菜单中选择"复制算例"命令，打开"复制算例"属性管理器。设置"算例名称"为"弹塑性跌落"，如图 8-26 所示。

2）单击✔按钮，算例复制完成。

2. 修改材料

1）在 SOLIDWORKS Simulation 算例树中右击 🗇 ⚠ 茶杯 图标，在弹出的快捷菜单中单击"应用/编辑材料"命令，打开"材料"对话框。选择"选择材料来源"为"SOLIDWORKS materials"，设置材料为"ABS"塑料，在"模型类型"中选择"塑性-von Mises"，如图 8-27 所示。

2）单击"应用"按钮，关闭对话框。

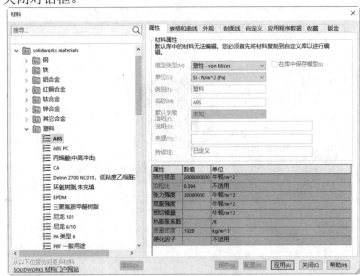

图8-26 "复制算例"属性管理器　　　　　　　图8-27 定义材料

3. 运行分析

单击"Simulation"主菜单工具栏中的"运行此算例"按钮 🔧，SOLIDWORKS Simulation 则调用解算器进行有限元分析。

4. 查看结果

1）双击 SOLIDWORKS Simulation 算例树中"结果"文件夹中的"应力 1"图标 🔧，可以观察茶杯在跌落时的应力分布图解,如图 8-28 所示。由图可知,弹塑性跌落时的最大应力值明显比刚性跌落时的最大应力值小一些。

2)在 SOLIDWORKS Simulation 算例树中右击"结果"文件夹中的"应力 1"图标 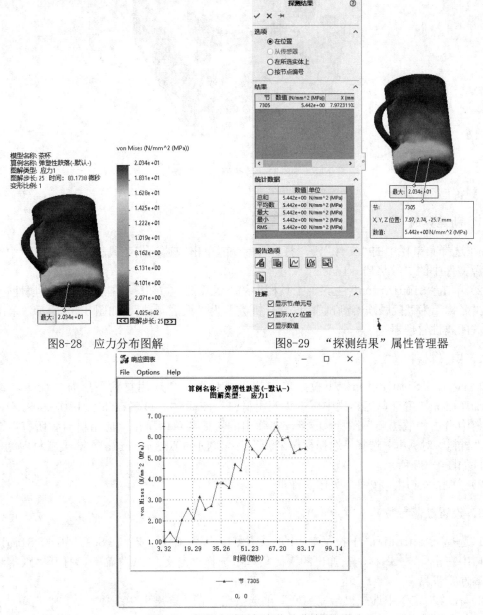,在弹出的快捷菜单中单击"探测"命令,弹出"探测结果"属性管理器。在图形区域中选择茶杯底部的一点,则该点及其坐标会显示在"探测"属性管理器和图形中,如图 8-29 所示。单击属性管理器中的"响应"按钮 ,系统弹出"响应图表"对话框。在该对话框中显示出该点随时间变化的应力曲线图,如图 8-30 所示。将其与刚性地面跌落测试分析的"响应图表"进行对比可知,弹塑性跌落测试分析的应力值明显小了很多。

图8-28　应力分布图解　　　　　　图8-29　"探测结果"属性管理器

图8-30　探测点随时间变化的曲线图

8.1.5 实例——散热扇接触跌落测试分析

图 8-31 所示为散热扇装配模型。本例首先设置散热扇从 5m 高度处落下，接触地面为刚性地面，两零件的接触条件为相触，然后通过动画查看散热扇跌落后两零件的相对移动情况。

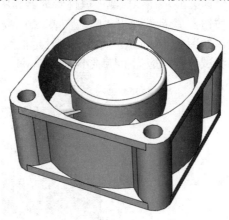

图8-31 散热扇装配模型

【操作步骤】

1. 新建算例

1）选择菜单栏中的"文件"→"打开"命令或单击快速访问工具栏中的"打开"按钮，打开源文件中的"散热扇.sldasm"。

2）单击"Simulation"主菜单工具栏中的"新算例"按钮，打开"算例"属性管理器。定义"名称"为"接触跌落测试"，设置分析类型为"跌落测试"，如图 8-32 所示。单击✔按钮，关闭属性管理器。

2. 定义材料

1）选择"Simulation"下拉菜单中的"材料"→"应用材料到所有"命令，或者在"Simulation"主菜单工具栏中单击"应用材料"图标，或者在 SOLIDWORKS Simulation 算例树中右击"散热扇"图标零件，在弹出的快捷菜单中单击"应用材料到所有"命令，打开"材料"对话框。选择"选择材料来源"为"SOLIDWORKS materials"，设置材料为"ABS"塑料，如图 8-33 所示。

2）单击"应用"按钮，关闭对话框。

3. 设置跌落参数

1）选择"Simulation"下拉菜单中的"跌落测试设置"命令，或者在 SOLIDWORKS Simulation 算例树中右击设置图标，在弹出的快捷菜单中选择"定义/编辑"命令，打开"跌落测试设置"属性管理器。

2）在"指定"中选择"落差高度"单选按钮，在"高度"中选择"从重心"单选按钮，在"自重心的跌落高度"右侧的文本框中设置跌落高度为 5m；在图形区域中选择如图 8-34

196

所示的面作为引力方向参考面,在"🔽引力幅值"右侧的文本框中设置重力加速度为$9.81m/s^2$,在"目标"中选择"垂直于引力"单选按钮,在"🔁摩擦系数"右侧的文本框中设置地面的摩擦因数为0.3,"目标刚度"选择"刚性目标"如图8-34所示。

3)单击✔按钮,完成跌落测试参数设置。

图8-32 定义算例   图8-33 定义材料

4. 设置结果选项

1)选择菜单栏中的"Simulation"→"结果选项"命令,或者在SOLIDWORKS Simulation算例树中右击🔧结果选项图标,打开"结果选项"属性管理器。

2)设置"冲击后的求解时间"为35.78微秒,在"🔵保存结果"右侧的文本框中输入0(即从跌落的0微秒开始保存计算结果),在"📄图解数"右侧的文本框中输入25(即计算的图解为跌落开始后图解步长为25时的结果),在 📈 "传感器清单"中选择"所有跟踪的数据传感器",设置📈 "每个图解的图表步骤数"为20,如图8-35所示。

5. 设置接触条件

1)在SOLIDWORKS Simulation算例树中右击📍连结图标,在弹出的快捷菜单中选择"本地交互"命令,打开"本地交互"属性管理器,"交互"选择"自动查找本地交互"。在临时设计树上单击📦散热扇(Fan-412)图标,将其添加到"📦选择零部件或实体"列表框中。单击"查找本地交互"按钮,在"结果"列表框中列出本地交互,设置交互"类型"为"相触"。其他参数设置如图8-36所示。

2)选中列出的本地交互,单击"创建本地交互"按钮📍。单击✔按钮,完成本地交互创建。

图8-34　设置跌落测试参数　　　　　　　　　图8-35　设置结果选项

6. 设置算例属性

在 SOLIDWORKS Simulation 算例树中右击算例名称图标，在弹出的快捷菜单中选择"属性"命令，打开"跌落测试"属性管理器，勾选"大型位移"复选框，如图 8-37 所示。

7. 生成网格和运行分析

1）在 SOLIDWORKS Simulation 算例树中右击 网格 图标，在弹出的快捷菜单中选择"应用网格控制"命令，系统打开"网格控制"属性管理器，如图 8-38 所示。选择"fan"零件，勾选"按零件大小使用"复选框，"网格密度"采用默认设置。

2）单击 ✔ 按钮，完成网格控制。

3）单击"Simulation"主菜单工具栏"运行此算例"下拉列表中的"生成网格"按钮 ，或者在 SOLIDWORKS Simulation 算例树中右击 网格 图标，在弹出的快捷菜单中选择"生成网格"命令，打开"网格"属性管理器。"最大单元大小"设置为 10mm，"最小单元大小"设置为 2mm，如图 8-39 所示。

4）单击 ✔ 按钮，划分网格，结果如图 8-40 所示。

5）单击"Simulation"主菜单工具栏中的"运行此算例"按钮 ，SOLIDWORKS Simulation 则调用解算器进行有限元分析。值得一提的是，跌落测试的计算需要消耗更多的资源，所以计算时间要比其他分析长。

图8-36 "本地交互"属性管理器

图8-37 "跌落测试"对话框

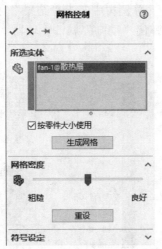

图8-38 "网格控制"属性管理器

图8-39 "网格"属性管理器

图8-40 划分网格

8. 查看结果

1）分别双击 SOLIDWORKS Simulation 算例树中"结果"文件夹中的"应力1"和"位移1"图标，可以观察散热扇在跌落后的应力和位移分布图解，如图 8-41 所示。

2）在 SOLIDWORKS Simulation 算例树中右击"结果"文件夹中的 位移1图标，在弹出的快捷菜单中单击"动画"命令，弹出"动画"属性管理器。通过动画演示可以观察散热扇撞击地面后两零件如何相对移动。

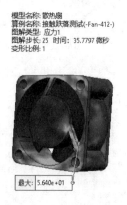

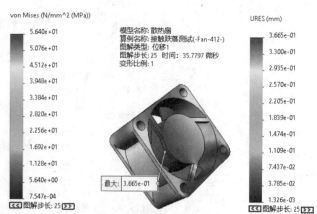

图8-41 应力和位移图解

8.2　压力容器设计分析

8.2.1　压力容器设计概述

压力容器是指盛装气体或者液体、承载一定压力的密闭设备。压力容器主要结构型式为回转壳体，壳体的厚度远小于壳体的曲率半径。其载荷形式有压力、热载荷、力和力矩、地震载荷、风载荷和雪载荷等。

利用压力容器设计分析，可以将静应力分析算例的结果和指定的因素结合，然后对各种载荷情形的结果进行评估。每个静应力分析算例都具有各自的一组可以创建相应结果的载荷，这些载荷可以是恒定载荷、动态载荷和热载荷等，压力容器设计算例会使用线性组合或平方和平方根法，以代数方法合并静应力分析算例的结果。

线性组合的结果计算公式为

$$S = \sum_{i=1}^{n} S_i$$

式中，n 为组合中的算例数，S_i 为算例 i 中的结果。

平方和平方根法的结果计算公式为

$$S = \sqrt{\sum_{i=1}^{n} S_i^2}$$

注意：

1）只有载荷才可有所不同，进行组合的算例的材料、约束、接触条件、模型配置以及静态算例的网格必须相同。

2）求解只在结果处于线性范围之内时才有效。因此，算例不能使用"大型位移解"或无穿透接触，因为线性假设在这些情形中会失败。

3）该功能主要用于压力容器的设计。

4）软件不会解出一组联立方程式。它读取选定算例的现有结果并将之组合。

5）当计算诸如合位移和 von Mises 及主要应力的数量时，软件首先将方向分量进行组合。

6）对于使用平方和平方根法的压力容器设计算例，用户不能创建位移或变形图解。这是因为位移的负分量在自乘时会变成正分量，这将在得出数值总和时产生不正确的结果。

7）在该版本中压力容器设计算例无报表可用。

8.2.2　压力容器设计的分析步骤

在进行压力容器设计的分析之前，需先进行相关的静应力分析，然后检查各个算例的网格属性是否一致，检查各个算例的位移和应力结果，确定材料的设计应力强度，接下来利用压力容器设计的分析方法将各个算例组合起来进行分析。在使用实体网格时，应力线性化工具可用于分离折弯和膜片分量。

1）新建算例。算例类型为"压力容器设计"。

2）定义载荷。在 SOLIDWORKS Simulation 算例树中右击"设置"选项，在弹出的快捷菜单中选择"定义/编辑"命令，如图 8-42 所示，弹出"结果组合设置"属性管理器，如图 8-43 所示。在该属性管理器中用户可通过应用线性组合或 SRSS（平方和平方根法）来组合多个静态算例的结果。

"结果组合设置"属性管理器中各选项的含义如下：

- ➢ 线性组合　选择该项则可创建代数方程式来组合所选静态算例的结果。
- ➢ SRSS　选择该项则可通过应用平方和平方根法来组合所选算例的结果。
- ➢ 因子　键入乘数。应用程序将此因子应用到选定算例的结果中（仅可用于"线性组合选项"）。
- ➢ 算例　从菜单中选择至少两个静态算例以组合其结果。用户可以不断添加更多算例。

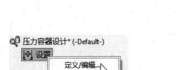

图8-42　选择"定义/编辑"命令　　　　图8-43　"结果组合设置"属性管理器

3）运行算例，查看结果。

8.2.3　线性化应力结果

在压力容器算例的剖面应力图解中的两个位置之间分离并线性化膜片和折弯应力，应力线性化会将膜片和折弯应力分量与通过压力容器算例的截面应力图解中的壁厚观察到的实际应力分布分开。

应力线性化提供了通过壁厚的实际应力变化的理想化。膜片应力分量在厚度上是恒定的，而折弯应力分量在厚度上呈线性变化。　非线性化应力分量称为峰值应力。

应力线性化可用于为实体网格模型分离膜片和折弯应力。对于壳体，可单独标绘并列举膜片和折弯应力。

在 SOLIDWORKS Simulation 算例树中右击"应力 1"图标，在弹出的快捷菜单中选择"线性化"命令，系统弹出"线性化应力"属性管理器，如图 8-44 所示。

该属性管理器中各选项的含义如下：

（1）　位置　在模型剖面上选择两个位置以定义要沿其报告应力的直线。

注意：

1）为获得准确的结果，连接两个位置的线必须要与壁厚垂直，并完全位于材料上。　它不能穿过不存在结果的孔或区域。

2）两个位置必须属于同一主体的不同元素。 应力线性化路径上的所有位置（包括中级点）必须属于同一主体。参考点不是应力线性化路径的有效选择。

（2）中级点数 沿直线定义图表的分辨率。软件将在第一个和最后一个点之间内插应力，以查找中级点处的应力结果。应力线性化路径上的所有位置（包括中级点）必须属于同一主体。

（3）计算 计算选定位置和中级点处的膜片和折弯应力。两个选定点处的应力结果将显示在全局坐标系中。可使用"报告选项"查看完整结果，包括中级点。

（4）报告选项

1）结果摘要：该表列出了 6 个应力分量、von Mises 和应力强度（Tresca 应力）的线性化应力（膜片、折弯和膜片 + 折弯）和峰值应力。软件将根据应力分类线（SCL）定义的局部坐标系报告每个节点的 6 个应力分量（应力张量）。SCL 线的方向与壁厚的中面垂直。

N：正向量或子午线。

T：从内壁到外壁的切向向量。

H：垂直于剖面的环向量。

2）另存为传感器：将两个位置点的坐标保存为传感器。

3）保存：将结果保存到 Excel.csv 文件或文本.txt 文件。.csv 文件包含全局坐标系中的所有应力分量，以及 SCL 坐标系中的所有应力分量。

4）图解：创建 6 个应力分量的图解，显示各个壁厚的应力变化。

5）保存数据并在报告中显示：将结果保存并显示在报告中。

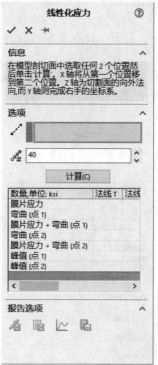

图8-44 "线性化应力"属性管理器

8.2.4 实例——立式空气储罐设计

立式空气储罐如图 8-45 所示，筒体为圆柱体形状，内径为 1000mm，高为 1800mm，厚度为 14mm，操作压力为 4MPa，安全阀开启压力为 4.5MPa，常温工作介质为压缩空气。立式空气储罐是一个 360°的旋转体，即对称结构，因此建模只要考虑其中的一部分即可，这里选择四分之一结构进行分析，如图 8-45 所示。

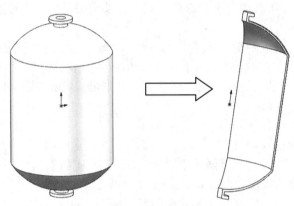

图8-45　立式空气储罐及计算简化模型

【操作步骤】

1. 新建静应力算例并定义壳体

1）选择菜单栏中的"文件"→"打开"命令或单击快速访问工具栏中的"打开"按钮，打开源文件中的"空气储罐.sldprt"。

2）单击"Simulation"主菜单工具栏中的"新算例"按钮，弹出"算例"属性管理器。定义"名称"为"静应力分析1"，设置分析类型为"静应力分析"，如图 8-46 所示。

图8-46　"算例"属性管理器

3）单击按钮✔按钮，关闭属性管理器。

4）在 SOLIDWORKS Simulation 算例树中右击 🗇 🔊 空气储罐 图标，在弹出的快捷菜单中选择"按所选面定义壳体"命令，如图 8-47 所示。

5）在打开的"壳体定义"属性管理器中选择"细"单选按钮（即设置外壳类型为"细"），单击"🗇 所选实体"列表框，在图形区域中选择立式空气储罐的 5 个内侧面，在"抽壳厚度"🖻 的文本框中设置抽壳的厚度为 14mm，如图 8-48 所示。

6）单击✔按钮，完成壳体的定义。

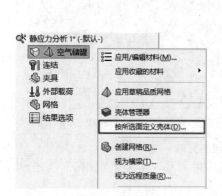

图8-47　选择命令

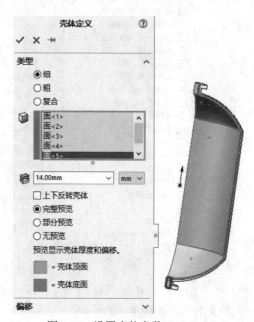

图8-48　设置壳体参数

2．定义材料

1）选择"Simulation"下拉菜单中的 "材料"→"应用材料到所有"命令，或者单击"Simulation"主菜单工具栏中的"应用材料"按钮☰，或者在 SOLIDWORKS Simulation 算例树中右击 🖼 🔊 立式储罐 图标，在弹出的快捷菜单中选择"定义/编辑材料"命令，打开"材料"对话框。在"材料"对话框中定义弹簧的材质为"合金钢"，如图 8-49 所示。

2）单击"应用"按钮，关闭对话框。

3．添加约束

1）单击"Simulation"主菜单工具栏中"夹具顾问"下拉列表中的"固定几何体"按钮 ✍，或者在 SOLIDWORKS Simulation 算例树中右击 ⁑夹具 图标，在弹出的快捷菜单中选择"固定几何体"命令，打开"夹具"属性管理器。在"高级"中选择夹具类型为"使用参考几何体"，单击"🗇 夹具的面、边线、顶点"列表框，在图形区域中选择外壳的 14 条边线作为约束的边线。

2）单击"🗇 方向的面、边线、基准面、基准轴"列表框，在图形区域中选择"基准轴 1"作为参考几何体。

3）单击"平移"中的"圆周"按钮🖳，在右侧的文本框中设置为 0rad。

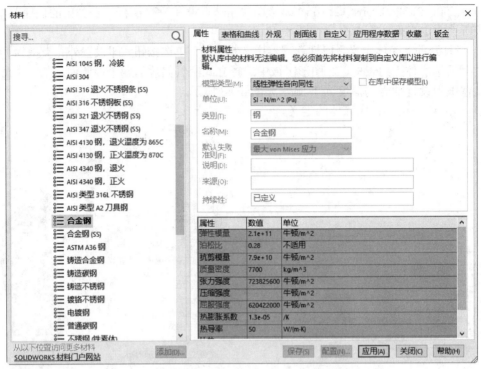

图8-49　设置立式空气储罐的材料

4）在"旋转"中单击"径向"按钮🔘，设置径向约束为0，再单击"轴向"按钮🔘，设置轴向约束为0，如图 8-50 所示。

5）单击✔按钮，约束设置完成。

6）为了使模型稳定，还需要添加一个固定约束。重复"固定几何体"命令，弹出"夹具"属性管理器。在"标准（固定几何体）"中选择夹具类型为"固定几何体"，在图形区域中选择立式空气储罐的法兰的内边线作为固定约束位置，如图 8-51 所示。

7）单击✔按钮，完成固定约束设置。

4. 添加载荷

1）单击"Simulation"主菜单工具栏"外部载荷顾问"下拉列表中的"压力"按钮⊞，或者在 SOLIDWORKS Simulation 算例树中右击↓↓外部载荷图标，在弹出的快捷菜单中选择"压力"命令，打开"压力"属性管理器。选择施加压力的类型为"垂直于所选面"，单击"🗔压强的面"列表框，在图形区域中选择立式空气储罐的内侧受压面，在⊞"压强值"文本框中设置压力为 4.5MPa，如图 8-52 所示。

2）单击✔按钮，载荷添加完成。

5. 生成网格和运行分析

1）单击"Simulation"主菜单工具栏"运行此算例"下拉列表中的"生成网格"按钮🗐，打开"网格"属性管理器。勾选"网格参数"复选框，"最大单元大小"设置为 40mm，"最小单元大小"设置为 13mm，如图 8-53 所示。

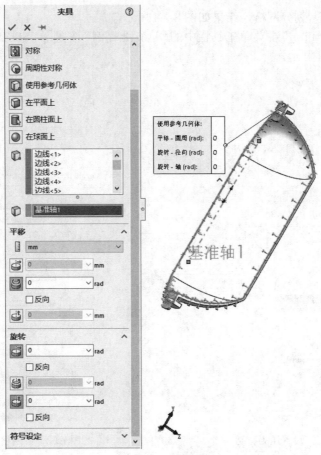

图8-50　设置约束

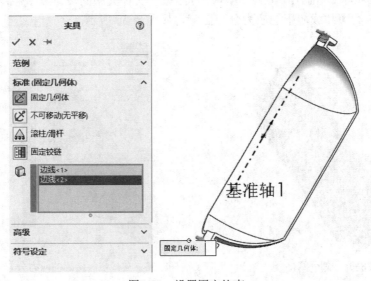

图8-51　设置固定约束

2）单击✔按钮，划分网格，结果如图 8-54 所示。

3）单击"Simulation"主菜单工具栏中的"运行此算例"按钮 ，SOLIDWORKS Simulation 则调用解算器进行有限元分析。

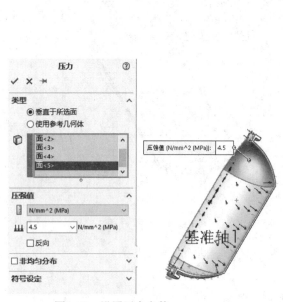

图8-52　设置压力参数

图8-53　"网格"属性管理器

6. 查看结果

双击 SOLIDWORKS Simulation 算例树中"结果"文件夹中的 应力1图标，可以观察立式空气储罐在给定约束和载荷下的应力分布图解，如图 8-55 所示。

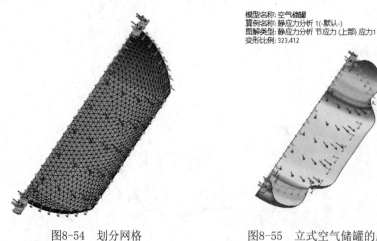

图8-54　划分网格

图8-55　立式空气储罐的应力分布图解

7. 复制算例

1）在屏幕左下角右击"静应力分析 1"标签，在弹出的快捷菜单中选择"复制算例"命令，打开"复制算例"属性管理器。设置"算例名称"为"静应力分析 2"，如图 8-56 所示。

2）单击 ✔ 按钮，关闭属性管理器。

8. 添加载荷

1）在 SOLIDWORKS Simulation 算例树中右击 ⊥⊥ 压力-1 图标，在弹出的快捷菜单中选择"删除"命令，如图 8-57 所示。

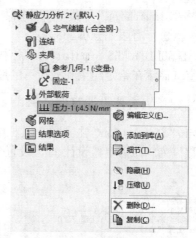

图8-56 "复制算例"属性管理器 图8-57 选择"删除"命令

2）打开"Simulation"对话框，如图 8-58 所示。单击"是（Y）"按钮，关闭对话框。

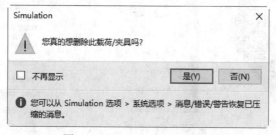

图8-58 "Simulation"对话框

3）单击"Simulation"主菜单工具栏"外部载荷顾问"下拉列表中的"引力"按钮 ◓，或者在 SOLIDWORKS Simulation 算例树中右击 ⬇⬇ 外部载荷 图标，在弹出的快捷菜单中选择"引力"命令，打开"引力"属性管理器，选择"上视基准面"作为参考基准面，如图 8-59 所示。

4）单击 ✔ 按钮，关闭属性管理器。

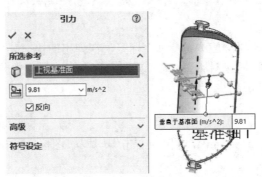

图8-59   "引力"属性管理器

9.运行分析并查看结果

1）单击"Simulation"主菜单工具栏中的"运行此算例"按钮，SOLIDWORKS Simulation 则调用解算器进行有限元分析。

2）双击 SOLIDWORKS Simulation 算例树中"结果"文件夹中的"应力 1"图标，可以观察立式空气储罐在给定约束和载荷下的应力分布图解，如图 8-60 所示。

10.新建压力容器设计算例

1）单击"Simulation"主菜单工具栏中的"新算例"按钮，弹出"算例"属性管理器。定义"名称"为"压力容器设计 1"，设置分析类型为"压力容器设计"，如图 8-61 所示。

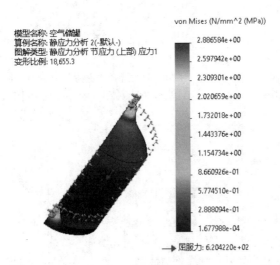

图8-60   应力分布图解   图8-61   "算例"属性管理器

2）单击✔按钮，关闭属性管理器。

11.设置结果组合

1）在 Simulation 算例树中右击 设置图标，在弹出的快捷菜单中选择"定义/编辑"命令，如图 8-62 所示。弹出"结果组合设置"属性管理器，选择"线性组合"选项，单击序号 1 "算例"栏中的下拉按钮，在打开的下拉列表选择"静应力分析 1"，如图 8-63 所示。

2）设置"静应力分析 1"的"因子"为 1.5，然后采用同样的方法，在序号 2 中添加"静应力分析 2"，"因子"设置为 1，如图 8-64 所示。

图8-62　选择命令　　　　　　　　　图8-63　"结果组合设置"属性管理器

3）单击 ✔ 按钮，关闭属性管理器。

12．运行分析并查看结果

1）单击"Simulation"主菜单工具栏中的"运行此算例"按钮 🔍，SOLIDWORKS Simulation 则调用解算器进行有限元分析。

2）双击 SOLIDWORKS Simulation 算例树中"结果"文件夹中的 🔍 应力1 图标，可以观察立式空气储罐在给定约束和载荷下的应力分布图解，如图 8-65 所示。

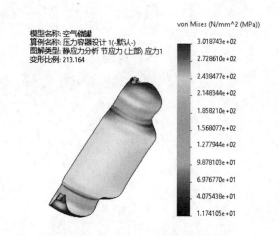

图8-64　设置结果组合　　　　　　　　图8-65　应力分布图解

3）在 SOLIDWORKS Simulation 算例树中右击 📋 结果 图标，在弹出的快捷菜单中选择"定义应力图解"命令，打开"应力图解"属性管理器，在 🔍 "零部件"下拉列表中选择"INT：应力强度（P1-P3）"，在 📦 "壳体面"下拉列表中选择"膜片"，如图 8-66 所示。

4）在"图表选项"选项卡中勾选"显示最大注解"复选框。

5）单击 ✔ 按钮，关闭属性管理器。由如图 8-67 所示的膜片应力分布图解可知，最大应力约为 255.6MPa，没有达到材料的屈服力 620MPa。

图8-66　设置显示参数

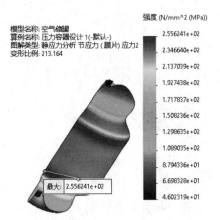

图8-67　膜片应力分布图解

第 **9** 章

设计算例优化和评估分析

本章首先介绍了设计算例优化和评估分析的相关概念及术语，然后通过实例进行了详细的说明。

- 设计算例优化和评估分析概述
- 泵体的结构优化分析
- 泵体的评估分析

9.1　设计算例优化和评估分析概述

创建设计算例的目的就是使用设计算例评估和优化模型。

设计算例的运行模式主要有两种：评估和优化。

（1）评估　指定每个变量的离散值并将传感器用作约束，软件将使用各种值的组合运行算例，并报告每种组合的输出结果。

（2）优化　指定每个变量的值（可以是离散值，也可以是某一范围的值），使用传感器作为约束和目标，软件将逐一迭代每个值，并报告值的最优组合以满足指定目标。

9.1.1　设计算例

如果打算使用仿真数据传感器，则必须先生成至少一个初始仿真算例，然后才能生成设计算例（不适用于 SOLIDWORKS Standard 和 SOLIDWORKS Professional）。此外，还需要定义要用作变量的参数、要用作约束和目标的传感器。

1. 定义初始算例

在设计算例中使用仿真数据传感器时，要提前生成至少一个初始算例。初始算例代表优化基础或估算过程。在每次迭代中，程序都将使用修改过的变量来运行这些算例。

所需的初始算例取决于用户选择的约束和目标。例如，旨在最小化体积或重量的目标不需要特定类型的初始算例，而想要最小化频率的目标需要初始频率算例。频率仿真算例为设计算例要使用的频率传感器提供信息。

同样的规则也适用于约束。指定的每个约束都必须与兼容的初始算例相关。例如，要定义应力、频率和温度的约束，就必须分别定义静态算例、频率算例和热力算例。

在定义约束和目标时参考的所有算例都必须具有相同的配置。

在生成模型并设定最适合的尺寸之后，生成初始算例并定义其属性、材料、载荷和约束。不要在一个优化问题中使用同一类型的多个算例。

2. 评估初始算例的结果

如果在设计算例中使用仿真算例，那么评估初始算例的结果可帮助用户定义设计算例问题，特别是可帮助用户检查要用作约束的数量。

初始算例的结果能让用户对传感器的当前值有一个正确的认识。请勿指定远离当前值的约束或目标，因为这会使优化变得不可能。在执行优化前，请尝试针对一组变量值（特别是尺寸）运行仿真，以确保模型重建对每个值都起作用。

3. 生成设计算例

用户可以创建设计算例以优化或评估设计的特定情形。设计算例为优化和估算算例提供统一的工作流程。

1）单击"评估"选项卡中的"设计算例"按钮　，或者选择"插入"菜单栏中的"设计算例"→"添加"命令，或者单击"Simulation"控制面板中的"新算例"按钮🔍，弹出"算例"属性管理器。设置分析类型为"设计算例"，如图9-1所示。

2）单击✔按钮，系统在屏幕的下部弹出"设计算例1"对话框。该对话框中包含3个选项卡，分别为"变量视图"选项卡（见图9-2）、"表格视图"选项卡（见图9-3）和"结果视图"选项卡。在列表中对变量、约束和目标进行优化设计，通过选择"结果视图"选项卡中的列，可以标绘不同迭代或情形的已更新实体和已计算结果。

用户可以通过使用设计算例来处理以下许多问题：

➤ 使用任何 SOLIDWORKS Simulation 参数或驱动全局变量来定义多个变量。

➤ 使用传感器定义多个约束。

➤ 使用传感器定义多个目标。

➤ 在不使用仿真结果的情况下分析模型。

➤ 通过定义可让实体使用不同材料作为变量的参数，以此评估设计选择。

图9-1 "算例"属性管理器

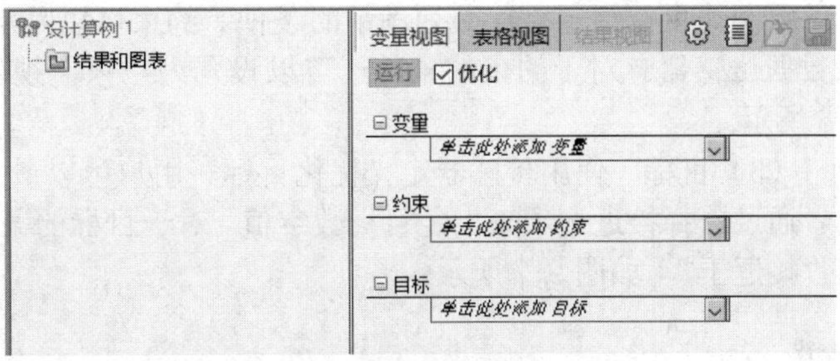

图9-2 "变量视图"选项卡

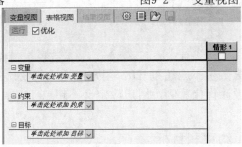

图9-3 "表格视图"选项卡

下面对变量、约束和目标进行详细介绍。

可以从预定义参数列表中选择或通过选择添加参数来定义新的参数。用户可以使用任意仿真参数和驱动全局变量。变量可定义为"范围""离散值"或"带步长范围"，如图9-4所示。

（1）变量

1）定义连续变量。定义连续变量可执行优化。用户不能使用连续变量来执行估算设计算例。连续变量可以是介于最小值和最大值之间的任意值（整数、有理数和无理数）。定义连续变量的关键是在变量名称后的下拉菜单中选择"范围"。

2）使用变量视图定义离散变量。设定离散变量可评估情形或执行优化。如果仅使用离散变量执行优化，程序会从其中一个已定义情形中选择最优解。离散变量由特定数值定义。使用变量视图定义离散变量的关键是在变量名称后的下拉菜单中选择"带步长范围"。

3）使用表格视图定义离散变量。使用表格视图来设定离散变量可手动定义每种情形。如果仅使用离散变量执行优化，程序仅会从已定义情形的列表中查找最优情形。使用表格视图定义离散变量的关键是在变量名称后的下拉菜单中选择"输入数值"并输入设计情形 1。再次定义情形的方法是勾选前一个情形的复选框。示例如图 9-5 所示。

图9-4　变量条件

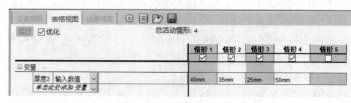

图9-5　示例

（2）约束　从预定义传感器列表中选择或是定义新的传感器。在使用仿真结果时，选择与传感器相关的仿真算例。设计算例会运行用户选中的模拟算例，并跟踪所有迭代的传感器值。

定义约束可指定设计必须满足的条件。约束可以是从动全局变量或质量属性、尺寸和模拟数据传感器。对于约束的条件，可以设置为"只监视""大于""小于"和"介于"，如图 9-6 所示。

（3）目标　使用传感器定义优化目标。用户可以最大化或最小化定义为传感器的变量，或者通过选择接近选项来指定目标数字值。对于目标的条件，可以设置为"最大化""最小化"和"接近于"，如图 9-7 所示。

图9-6　约束条件

图9-7　目标条件

组合约束和目标的最大数量不应超过 20。用户可定义的设计变量的最大数量是 20。为获得最佳效果，对于单个设计优化算例，用户应定义不超过 3 或 4 个目标。

9.1.2　定义设计变量、约束和目标

1.定义设计变量

单击"插入"菜单栏中的"设计算例"→"参数"，或者在"设计算例 1"对话框的"变量视图"选项卡中单击"变量"下拉列表中的"添加参数"命令，打开"参数"对话框，如图 9-8 所示。在该对话框中能够生成可以链接到 SOLIDWORKS Simulation 或 SOLIDWORKS Motion 算例的模型尺寸、全局变量、材料和特征的参数，也可以编辑或删除现有的参数。用户可以在设计算例中使用参数，并将它们链接到可以使用评估或优化设计情形的每个迭代进行更改的变量。

"参数"对话框中各选项的含义如下：

（1）名称　用于定义参数变量的名称。

（2）类别　用于设置变量的参数类型。

1）模型尺寸：当选择尺寸作为变量参数时选择该项。可在模型实体上选择要作为变量的尺寸。

2）整体变量：在添加方程式对话框中定义全局变量。

3）仿真：链接至 SOLIDWORKS Simulation 特征。当选择该项时，可以链接至参数的运动特征包括马达、弹簧、阻尼、接触以及算例属性。用户只能将一个运动特征链接至参数。除此之外，还可以通过 Simulation 属性管理器直接链接参数。

4）运动：链接至 SOLIDWORKS Motion 特征。当选择该项时，可以链接至参数的运动特征包括算例属性、马达、弹簧、阻尼、接触。

5）材料：当选择单一实体或多实体零件材料为变量时选择该项。

（3）数值　输入变量的数值。

（4）单位　选择参数的数值单位。

（5）链接　将参数链接到零部件后，将会显示一个星号（*）。

2. 定义约束

在"设计算例 1"对话框的"变量视图"选项卡中单击"约束"下拉列表中的"添加传感器"命令，打开"传感器"属性管理器，如图 9-9 所示。在该属性管理器中可以设置传感器来监视零件和装配体的所选属性，并在值超出指定限制时发出警告。

下面将分别根据传感器的类型对属性管理器进行介绍。

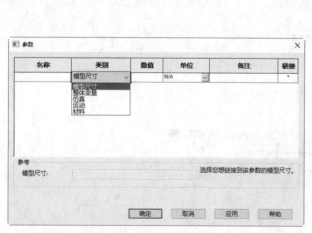

图9-8　"参数"对话框

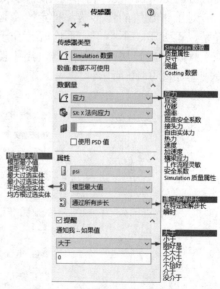

图9-9　"传感器"属性管理器

（1）"Simulation 数据"传感器　选择传感器类型为"Simulation 数据"时，属性管理器如图 9-9 所示。

使用"Simulation 数据"传感器可以监控以下项目：

➢ Simulation 数据，如模型特定位置的应力、接头力和安全系数。

➢ 来自 Simulation 瞬态算例的结果，如非线性、动态、瞬态热力、掉落测试算例和设计情形。使用工作流程灵敏传感器可为瞬态和设计算例图解特定位置上的图标。使用瞬态传感器可列出瞬态算例结果和查看解算步骤中的统计数据。

➢ 趋势跟踪器数据图表。

➢ 设计算例的目标和约束。

1）结果：可用于选择的结果选项有应力、应变（单元值）、位移、频率（模式形状）、屈曲安全系数、接头力、自由实体力、热力、速度、加速度、横梁应力、工作流程灵敏、安全系数、Simulation 质量属性。

2）零部件：选择要使用传感器跟踪的结果分量。

3）单位：为 Simulation 数量选择单位。

4）准则：

①模型最大值：模式的最大代数值。

②模型最小值：模式的最小代数值。

③模型平均值：模型的平均值。

④最大过选实体：在零部件、实体、面、边线或顶点框中定义的选定实体最大代数值。

⑤最小过选实体：在零部件、实体、面、边线或顶点框中定义的选定实体最小代数值。

⑥平均选定实体：在零部件、实体、面、边线或顶点框中定义的选定实体平均值。

⑦均方根过选实体：在零部件、实体、面、边线或顶点框中定义的选定实体均方根值。

5）步长准则：包括"通过所有步长""在特定图解步长"和"瞬时"3 个选项。

6）提醒：在传感器数值超出指定阈值时立即发出警告。当传感器引发警告时，传感器在 FeatureManager 设计树中将出现旗标。选择警告并设定运算符和阈值。

对于带数值的传感器，指定一个运算符和一到两个数值。运算符包括：大于、小于、刚好是、不大于、不小于、不恰好、介于、没介于。

（2）"质量属性"传感器 用于监视质量、体积和曲面区域等属性。选择该项时，属性管理器如图 9-10 所示。

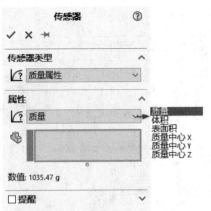

图9-10 "质量属性"传感器

1）属性：可选择的质量属性类型有质量、体积、表面积、质量中心 X、质量中心 Y、质量中心 Z。

2）要监视的实体：列出在图形区域选择的要监控的实体。实体可包括零件、实体、装配体或零部件。

3）数值：列出当前质量值。

（3）"尺寸"传感器 选择传感器类型为"尺寸"时，属性管理器如图9-11所示。

图9-11 "尺寸"传感器

1）要监视的尺寸：列出在图形区域选择的要监控的实体。

2）数值：列出当前尺寸值。

（4）"测量"传感器 用于测量尺寸。选择传感器类型为"测量"时，打开"测量"对话框，如图 9-12 所示。可利用该对话框在草图、3D 模型、装配体或工程图中测量距离、角度和半径，还可测量直线、点、曲面和平面的大小及它们之间的大小。

（5）"Costing 数据"传感器 用于监视 Costing 数据，包括在数据数量中定义的总成本、材料成本或制造成本。选择传感器类型为"测量"时，属性管理器如图9-13所示。用于选择的数据量包括总成本、材料成本和制造成本。

图9-12 "测量"对话框

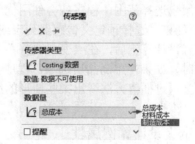

图9-13 "Costing 数据"传感器

9.1.3 优化设计算例

要优化算例，可在"变量视图"选项卡中勾选"优化"复选框。如果选择将变量定义为范围或目标，则程序会自动激活优化设计算例。在多数情况下，都是使用"变量视图"选项卡来设置优化设计算例的参数。"表格视图"选项卡在只使用离散变量手动定义某些情形、运行这些情形并查找最优情形时使用。

优化算例需定义目标函数、设计变量和约束。

设置好设计算例后，选中"设计算例 1"对话框的"变量视图"选项卡中的"优化"复选框，然后单击"运行"按钮，程序会根据算例的品质决定迭代数。

通常，计算时间取决于：

➢ 设计算例的品质。

➤ 要优化的变量、约束和目标的数量。
➤ 为每种迭代运行的仿真算例的数量。
➤ 几何体的复杂程度。
➤ 用于仿真算例的网格的大小。

9.1.4　评估设计算例

通过评估设计算例，用户可以在无需执行优化的情况下评估某些设计情形并查看其结果。用户可以根据定义的变量对多达 4096 种假设情形进行评估。 如果用户为约束定义仿真传感器，则仿真会运行关联的算例以跟踪每种情形的传感器数值。 例如，如果用户指定更改网格的变量，如几何模型尺寸、全局单元大小和网格控制，软件就会针对每种情形重新网格化模型。 对于评估设计算例，用户可以使用为静态算例、非线性算例、频率算例、扭曲算例、跌落测试和热力算例定义的传感器。

使用"变量视图"选项卡可以自动根据所定义离散变量的所有可能组合来定义各种情形。使用"表格视图"选项卡可以在运行算例前手动指定每种情形或清除某些情形。

需定义以下项目来设置设计情形模块：

（1）变量　选择设置参数列表或是通过选择添加参数来定义新的参数。 将变量定义为离散值或带步长范围。

如果使用"变量视图"选项卡，可以选择带步长范围或离散值定义离散变量。 如果使用"表格视图"选项卡，还可以选择输入数值。 品质和定义的变量将共同决定设计算例的结果。

如果用户选择范围，程序就会使用优化设计算例。

（2）约束　选择预定义传感器列表或是定义新的传感器，并指定设计必须满足的条件。

设置好设计算例后，在"变量视图"选项卡中取消勾选"优化"复选框，单击"运行"按钮。此时，如果使用高品质选项，程序会完整计算所有情形的结果；如果使用快速结果选项，程序会通过插值方法得出某些情形的结果，从而降低计算要求。

9.1.5　定义设计算例属性

在"设计算例 1"对话框中单击"设计算例选项"按钮 ⚙，弹出"设计算例属性"属性管理器，如图 9-14 所示。

（1）设计算例质量　设计算例的品质决定计算的速度和结果的准确度。

1）高质量（较慢）：对于优化算例，使用很多迭代（Box-Behnken 设计）找出最优解；对于评估算例，评估所有情形的结果。

2）快速结果：对于优化算例，使用很少迭代（Rechtschafner 设计）找出最优解；对于评估算例，选择某些情形来进行完整计算，并通过插值方法，得出其余情形的结果，通过插值方法得出结果的情形会在"结果视图"选项卡上以灰色文字显示。

（2）结果文件夹

1）SOLIDWORKS 文档文件夹：将算例结果存储到模型的 SOLIDWORKS 文件所保存的相同文件夹中。

2）用户定义：使用用户输入的位置或通过浏览选择的位置。

（3）包括在报表中　将输入说明包括在报表中。

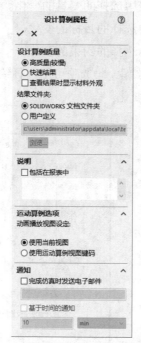

图9-14　"设计算例属性"属性管理器

9.1.6　查看结果

运行完成之后，在"结果视图"选项卡中可查看运行的算例的结果。单击某个情形列后，图形窗口中的模型会根据该情形的变量进行更新。

情形颜色的含义如下：

绿色：表示最佳或最优情形。

红色：表示违背了情形的一个或多个约束。

背景颜色：表示没有优化或有错的当前情形及所有情形。

灰色文字，背景颜色与树视图所用的相同：表示未能重建情形。

除查看不同情形的变量值、约束和目标外，用户还可以绘制仿真结果。在"设计算例 1"对话框左框的"结果和图表"下可选择一个传感器用以绘制关联的仿真结果。

1. 设计历史图表

在"设计算例 1"对话框的左框中右击 📊结果和图表 图标，在弹出的快捷菜单中选择"定义设计历史图表"命令，打开"设计历史图表"属性管理器，如图 9-15 所示。使用该属性管理器，用户可以相对于情形编号绘制设计变量、目标或约束的 2D 图形。如果使用连续变量，图表将不可用。设计历史图表如图 9-16 所示。

"设计历史图表"属性管理器中各选项的含义如下：

（1）情形（X-轴）　程序沿横坐标轴标绘情形编号。

（2）Y-轴

1）设计变量：标绘从参数列表中选择的变量的变化。

2）目标：标绘从传感器列表中选择的目标的变化。

3）约束：绘制从传感器列表中选择的约束的变化。

4）额外位置：如果为 Y 轴选择约束，此选项可用。标绘通过工作流程敏感型 Simulation 数据传感器定义的所选位置约束的变化。

图9-15 "设计历史图表"属性管理器

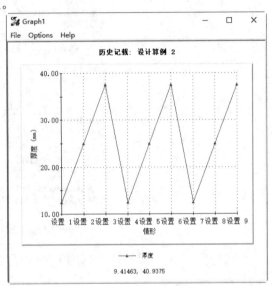

图9-16 设计历史图表

2.当地趋向图表

在"设计算例1"对话框的左框中右击 结果和图表 图标，在弹出的快捷菜单中选择"当地趋向图表"命令，打开"当地趋向图表"属性管理器，如图9-17所示。使用"当地趋向图表"属性管理器，用户可以深入了解目标或约束（从属变量）与特定设计变量（独立变量）之间的关系。当地趋向图表如图9-18所示。

"当地趋向图表"属性管理器中各选项的含义如下：

（1）设计变量（X-轴） 选择要沿 X 轴绘制的设计变量。值的范围取决于所选的迭代。

（2）Y-轴

1）目标：选择要在 Y 轴上绘制的设计目标（或目的）。

2）约束：选择要在 Y 轴上绘制的一个约束。

3）规范到初始值：从初始场景中绘制目标或约束变量值与其初始值的比率。

4）本地趋向位于 设计变量所允许的值范围取决于选定的迭代，其下拉列表中列出了初始、优化和各次迭代。

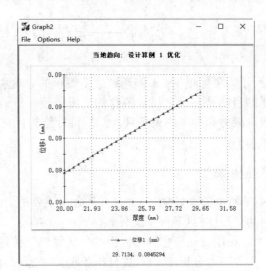

图9-17　"当地趋向图表"属性管理器　　　　　图9-18　当地趋向图表

当地趋向图表可让用户了解独立设计变量允许范围内的目标或约束（从属变量）值的变化。

为选定迭代绘制设计变量的独立值，该图表将显示独立变量（目标或目的）的趋势，因为独立变量在允许范围内变化。

上升的凹形曲线表示对于选定变量附近的值，约束或目标的值正在增加，而变化率也在增加，这可能表示设计变量与约束或目标之间存在紧密的相关性，下降的凹形曲线表示向下的趋势，同时也提供任何与相关性强度有关的信息。水平直线可能表示变量值的变化与约束或目标值之间没有相关性。

当地趋向图表不会在每次迭代时显示依赖于设计变量的值。

表 9-1 列出了优化和设计算例的当地趋向图表的可用性。

表 9-1　当地趋向图表的可用性

变量类型	优化研究	设计算例
范围内的连续变量 结果质量：高品质	当地趋向图表可用	不适用
范围内的连续变量 结果质量：快速结果	当地趋向图表可用	不适用
离散变量 结果质量：高品质	不适用	不适用
离散变量 结果质量：快速结果	当地趋向图表可用	当地趋向图表可用
范围内的离散和连续变量的组合 结果质量：高品质	当地趋向图表可用	不适用
范围内的离散和连续变量的组合 结果质量：快速结果	当地趋向图表可用	不适用

9.2 实例——泵体的结构优化分析

图9-19所示为泵体模型。本例通过改变底板的厚度和支撑板的宽度尺寸来对泵体结构进行优化。优化的目的是在满足设计条件的前提下使质量最小化。首先进行静应力分析和频率分析，从中获取应力和频率约束条件，然后进行结构优化分析，获取泵体质量优化的结果。

【操作步骤】

1. 新建静应力算例

1）选择菜单栏中的"文件"→"打开"命令或单击快速访问工具栏中的"打开"按钮，打开源文件中的"泵体.sldprt"文件。

2）单击"Simulation"控制面板中的"新算例"按钮，弹出"算例"属性管理器。定义"名称"为"静应力分析1"，设置分析类型为"静应力分析"，如图9-20所示。

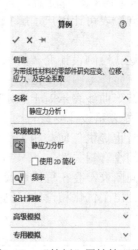

图9-19 泵体模型　　　　　　　　　图9-20 "算例"属性管理器

3）单击✔按钮，关闭属性管理器。

2. 定义材料

1）选择"Simulation"下拉菜单中的"材料"→"应用材料到所有"命令，或者单击"Simulation"主菜单工具栏中的"应用材料"按钮，或者在SOLIDWORKS Simulation算例树中右击 泵体图标，在弹出的快捷菜单中选择"定义/编辑材料"命令，打开"材料"对话框。选择"选择材料来源"为"SOLIDWORKS materials"，材料选择铸造碳钢，如图9-21所示。

2）单击"应用"按钮，关闭对话框。

3. 添加约束

1）单击"Simulation"主菜单工具栏中"夹具顾问"下拉列表中的"固定几何体"按钮，或者在SOLIDWORKS Simulation算例树中右击 夹具图标，在弹出的快捷菜单中选择"固定几何体"命令，打开"夹具"属性管理器。在图形区域中选择泵体的底面作为固定面，设置固定约束如图 9-22 所示。

2）单击 ✔ 按钮，约束添加完成。

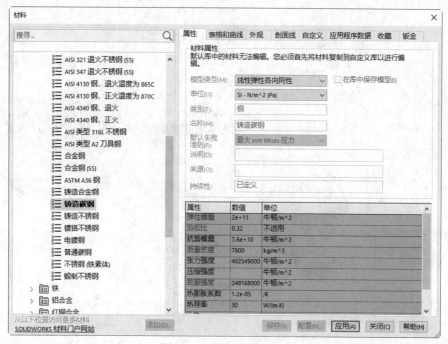

图9-21 设置泵体的材料

4．添加载荷

1）单击"Simulation"主菜单工具栏"外部载荷顾问"下拉列表中的 "力"按钮⬇，或者在 SOLIDWORKS Simulation 算例树中右击 ⬇⬇ 外部载荷 图标，在弹出的快捷菜单中选择"力"命令，打开"力/扭矩"属性管理器。选择圆柱孔面为受力面，选择施加压力的类型为"选定的方向"，选择"上视基准面"作为方向参考，单击"垂直于基准面"按钮 ⬛，设置力的值为8000N，勾选"反向"复选框，如图 9-23 所示。

2）单击 ✔ 按钮，载荷添加完成。

5．生成网格和运行分析

1）单击"Simulation"主菜单工具栏"运行此算例"下拉列表中的"生成网格"按钮 🟢，打开"网格"属性管理器。勾选"网格参数"复选框，"最大单元大小"设置为 11mm，"最小单元大小"设置为 1.5mm，如图 9-24 所示。

2）单击 ✔ 按钮，开始划分网格，结果如图 9-25 所示。

3）选择"Simulation"下拉菜单栏中的"运行"→"运行"命令，或者单击"Simulation"主菜单工具栏中的"运行此算例"按钮 🟢，SOLIDWORKS Simulation 则调用解算器进行有限元分析。

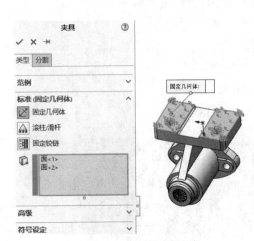

图9-22　设置固定约束

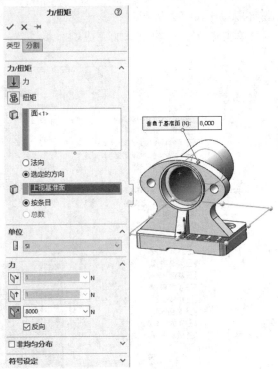

图9-23　设置载荷参数

图9-24　"网格"属性管理器

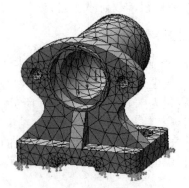

图9-25　划分网格

6．查看结果

1）在 SOLIDWORKS Simulation 算例树中右击 应力1图标，在弹出的快捷菜单中选择"编辑定义"命令，打开"应力图解"属性管理器。

2）选择"图表选项"选项卡，勾选"显示最大注解"复选框。

3）单击✔按钮，关闭属性管理器。

4）双击 SOLIDWORKS Simulation 算例树中"结果"文件夹中的 应力1图标，可以观察泵体在给定约束和载荷下的应力分布图解，如图 9-26 所示。由图可知，最大应力为 93.25MPa。

5）双击 SOLIDWORKS Simulation 算例树中"结果"文件夹中的 位移1 (-合位移-)图标，可以观察泵体在给定约束和载荷下的位移分布图解，如图 9-27 所示。由图可知，最大位移为 0.025mm。

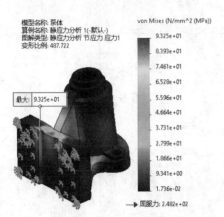

图9-26　应力分布图解

图9-27　位移分布图解

7．新建频率算例

1）单击"Simulation"下拉菜单中的"新算例"按钮 ，弹出"算例"属性管理器。定义"名称"为"频率 1"，设置分析类型为"频率"，如图 9-28 所示。

2）单击✔按钮，关闭属性管理器。

图9-28　"算例"属性管理器

8．复制边界条件

在"静应力分析 1"算例中拖动 SOLIDWORKS Simulation 算例树中的 泵体 (-铸造碳钢-) 图标至屏幕左下角"频率 1"标签处松开，然后将 夹具图标、 外部载荷图标和 网格图标也拖动至屏幕左下角"频率 1"标签处松开，将材料、约束、载荷和网格控制复制到"频率 1"算例。

9．设置属性

1）在 SOLIDWORKS Simulation 算例树中右击 频率 1 (-默认-) 图标，在弹出的快捷菜单中选择"属性"命令，打开"频率"对话框。设置"频率数"为 5，"解算器"选择"自动"，如图 9-29 所示。

2）单击"确定"按钮，关闭对话框。

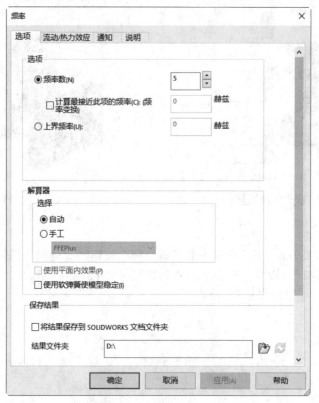

图9-29 "频率"对话框

10．运行分析并查看结果

1）选择"Simulation"下拉菜单中的"运行"→"运行"命令，或者单击"Simulation"主菜单工具栏中的"运行此算例"按钮 ，SOLIDWORKS Simulation 则调用解算器进行有限元分析。

2）在 SOLIDWORKS Simulation 算例树中双击"结果"文件夹中的 振幅1图标，可以观察泵体振幅 1 图解，如图 9-30 所示。由图可知，1 阶模式的固有频率为 2106.4Hz。

3）在 SOLIDWORKS Simulation 算例树中右击 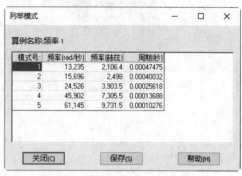 结果 图标，在弹出的快捷菜单中选择"列出共振频率"命令，打开"列举模式"对话框，如图 9-31 所示。在该对话框中可以查看所有模式下的频率。

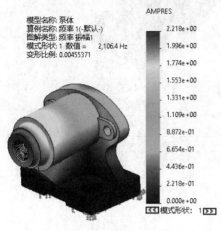

图9-30　振幅1图解

图9-31　"列举模式"对话框

11．新建设计算例

1）单击"Simulation"主菜单工具栏中的"新算例"按钮 🔍，弹出"算例"属性管理器。设置分析类型为"设计算例"，如图 9-32 所示。

2）单击 ✔ 按钮，系统在屏幕的下部弹出"设计算例 1"对话框，如图 9-33 所示。在该对话框中可对变量、约束和目标进行优化设计。

图9-32　"算例"属性管理器

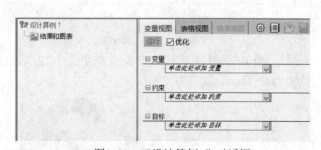

图9-33　"设计算例1"对话框

12．定义设计变量

1）在"变量视图"选项卡中的"变量"下拉菜单中选择"添加参数"命令（见图 9-34），打开"参数"对话框。在绘图区选择底板的厚度尺寸 15，如图 9-35 所示。此时，在"参数"对话框的"数值"栏中显示出 15，输入名称"厚度"，如图 9-36 所示。

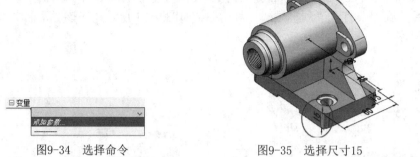

图9-34　选择命令　　　　　　　　　　图9-35　选择尺寸15

图9-36　设置厚度变量

2）单击"确定"按钮，在"设计算例1"的"变量"列表中显示出"厚度"变量。厚度尺寸的变化范围设置为12~18mm，如图9-37所示。

图9-37　设置变量范围

3）采用同样的方法，选择支撑板的宽度尺寸12，如图9-38所示。设置变量名称为"宽度"，范围为9~15mm，如图9-39所示。

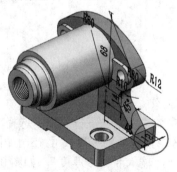

图9-38　选择尺寸12

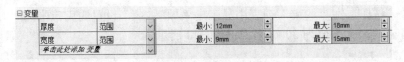

图9-39 变量表

13. 定义约束

1）在"变量视图"选项卡中的"约束"下拉菜单中选择"添加传感器"命令，打开"传感器"属性管理器。选择"传感器类型"为"Simulation 数据"，选择"数据量"为"应力"→"VON：von Mises 应力"，"单位"选择"N/mm² （MPa）"，"准则"选择"模型最大值"，"步长准则"选择"通过所有步长"，如图 9-40 所示。

2）单击✓按钮，在"约束"列表中显示出"应力1"，设置约束范围为"小于"、"最大"值为 248MPa，如图 9-41 所示。

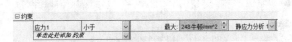

图9-40 设置应力约束参数 　　　　图9-41 设置应力约束范围

3）在"变量视图"选项卡中的"约束"下拉菜单中选择"添加传感器"命令，打开"传感器"属性管理器。选择"传感器类型"为"Simulation 数据"，选择"数据量"为"频率"，"单位"选择"Hz"，"准则"选择"模型最大值"，"步长准则"选择"在特定模式形状"，"模式形状"设置为1，如图 9-42 所示。

图9-42 设置频率约束

4）单击✔按钮，在"约束"列表中显示出"频率 1"，设置约束范围为"介于"、"最小值"为 1200Hz、"最大"值为 3000Hz，如图 9-43 所示。

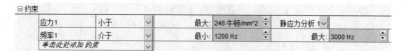

图9-43 设置频率约束范围

14．定义目标

1）在"变量视图"选项卡中的"目标"下拉菜单中选择"添加传感器"命令，打开"传感器"属性管理器。选择"传感器类型"为"质量属性"，选择"属性"为"质量"，单击"要监视的实体"列表框，在绘图区选择泵体实体，如图 9-44 所示。

2）单击✔按钮，目标选项设置完成，如图 9-45 所示。

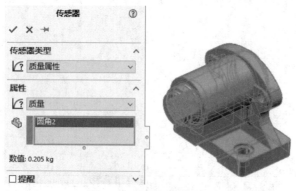

图9-44 设置目标选项

图9-45 目标选项设置完成

15．运行优化分析并查看结果

1）单击"设计算例 1"列表中的"设计算例选项"按钮⚙，打开"设计算例属性"属性管理器。"设计算例质量"选择"快速结果"，如图 9-46 所示。

2）单击✔按钮，关闭属性管理器。

3）单击"设计算例 1"对话框"变量视图"选项卡中的"运行"按钮，打开"设计算例"对话框，系统开始优化分析，如图 9-47 所示。

4）优化分析完成后，在"结果视图"选项卡中显示出每一步的迭代结果和优化结果，如图 9-48 所示。从图中可以看出，优化的结果是，底板的厚度从 15mm 降为 12mm，支撑的宽度从 12mm 降为 9mm，优化后的模型应力为 133.1MPa，频率为 2025Hz，质量为 0.174kg。

5）分别单击"初始"栏和"优化"栏，模型如图 9-49 和图 9-50 所示。由图中可知，优化后的模型底板厚度尺寸变为 12mm，支撑板宽度尺寸变为 9mm。

16．显示优化图解

1）单击"结果视图"选项卡中的"优化"栏，然后双击左侧栏中的"应力 1"和"频率 1"，可以观察优化后的泵体在给定约束和载荷下的应力和频率分布图解，如图 9-51 所示。由图可知，最大应力为 133.1MPa（小于设计应力 248MPa），最大频率为 2025Hz，均满足设计要求。

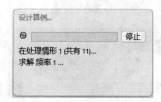

图9-46 "设计算例属性"属性管理器　　　　　图9-47 "设计算例"对话框

变量视图　表格视图　结果视图　⚙ 📋 📂 💾

11 情形之 11 已成功运行 设计算例质量: 快

		当前	初始	优化	迭代1	迭代2	迭代3
厚度	▮	12mm	15mm	12mm	18mm	12mm	18mm
宽度	▮	9mm	12mm	9mm	15mm	15mm	9mm
应力1	< 248 牛顿/mm^2	1.331e+02 N/mm^2 (MPa)	9.325e+01 N/mm^2 (MPa)	1.331e+02 N/mm^2 (MPa)	6.773e+01 N/mm^2 (MPa)	1.083e+02 N/mm^2 (MPa)	7.652e+01 N/mm^2 (MPa)
频率1	(1200 Hz ~ 3000 Hz)	2.025e+03 Hz	2.106e+03 Hz	2.025e+03 Hz	2.178e+03 Hz	2.159e+03 Hz	2.056e+03 Hz
质量1	最小化	0.174 kg	0.205 kg	0.174 kg	0.236 kg	0.203 kg	0.207 kg

迭代4	迭代5	迭代6	迭代7	迭代8	迭代9
12mm	18mm	12mm	15mm	15mm	15mm
9mm	12mm	12mm	15mm	9mm	12mm
1.331e+02 N/mm^2 (MPa)	7.429e+01 N/mm^2 (MPa)	1.277e+02 N/mm^2 (MPa)	8.629e+01 N/mm^2 (MPa)	1.002e+02 N/mm^2 (MPa)	9.218e+01 N/mm^2 (MPa)
2.025e+03 Hz	2.121e+03 Hz	2.092e+03 Hz	2.174e+03 Hz	2.050e+03 Hz	2.106e+03 Hz
0.174 kg	0.222 kg	0.188 kg	0.22 kg	0.191 kg	0.205 kg

图9-48 优化结果和迭代结果

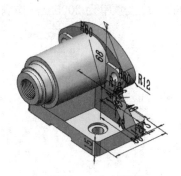

图9-49 初始模型

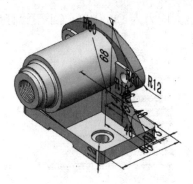

图9-50 优化模型

2）单击屏幕左下角的"频率1"标签，进入频率分析算例。

图9-51 应力和频率分布图解

3）在"结果视图"选项卡中对比初始结果和优化结果，如图 9-52 所示。由图可知，质量从初始的 0.205kg 降为 0.174kg，节约了材料。

初始	优化
15mm	12mm
12mm	9mm
9.428e+01 N/mm^2 (MPa)	1.344e+02 N/mm^2 (MPa)
2.106e+03 Hz	2.029e+03 Hz
0.205 kg	0.174 kg

图9-52 初始与优化对比

17. 定义当地趋向图表

1）在"设计算例"左侧框中右击 ⬚ 结果和图表 图标，在弹出的快捷菜单中选择"定义当地趋向图表"命令，打开"当地趋向图表"属性管理器。选择"设计变量（X-轴）"为"厚度"，"Y-轴"选择"约束"和"应力1"，在"本地趋向位于"下拉列表中选择"优化"，如图 9-53

所示。

2）单击 ✔ 按钮，生成当地趋向图表，如图 9-54 所示。

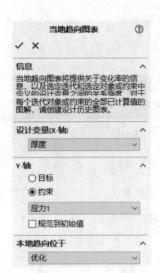

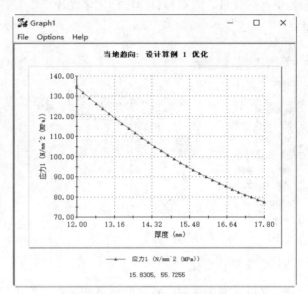

图9-53 "当地趋向图表"属性管理器　　　　　　图9-54 当地趋向图表

9.3　实例——泵体的评估分析

图 9-55 所示为泵体模型。在 9.2 节中对泵体进行了静应力分析和频率分析，本节将在此基础上对泵体进行评估分析。

图9-55 泵体模型

【操作步骤】

1. 新建设计算例

1）选择菜单栏中的"文件"→"打开"命令或单击快速访问工具栏中的"打开"按钮 ，打开源文件中的"泵体.sldprt"文件。

2）单击"Simulation"主菜单工具栏中的"新算例"按钮 ，弹出"算例"属性管理器。

设置分析类型为"设计算例","名称"采用默认，如图 9-56 所示。

3）单击 ✓ 按钮，系统在屏幕的下部弹出"设计算例 2"对话框，如图 9-57 所示。在该对话框中可对变量、约束和目标进行优化设计。

图9-56 "算例"属性管理器

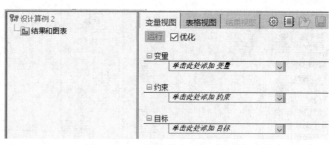

图9-57 "设计算例2"列表框

2. 定义设计变量

在定义设计变量之前，首先要在"变量视图"选项卡中取消勾选"优化"复选框，然后进行离散变量设计。

1）在"变量"下拉菜单中选择已有变量"厚度"，在其后的下拉列表中选择"带步长范围"，"最小"设置为 12mm，"最大"设置为 18mm，"步长"设置为 3mm，如图 9-58 所示。

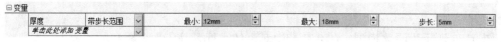

图9-58 设置"厚度"变量

2）在"变量视图"选项卡中的"变量"下拉菜单中选择已有变量"宽度"，在其后的下拉列表中选"带步长范围"，"最小"设置为 9mm，"最大"设置为 15mm，"步长"设置为 3mm，如图 9-59 所示。

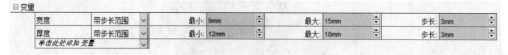

图9-59 设置"宽度"变量

3. 定义约束

1）在"变量视图"选项卡中的"约束"下拉菜单中选择已有约束"应力 1"，设置约束范围为"仅监视"。

2）采用同样的方法，选择已有约束"频率 1"，设置约束范围为"仅监视"。选择已有约束"频率 1"，设置约束范围为"仅监视"，如图 9-60 所示。

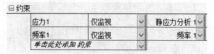

图9-60 设置约束参数

4．运行评估分析并查看结果

1）单击"设计算例 2"对话框中的"设计算例选项"按钮⚙，打开"设计算例属性"属性管理器。"设计算例质量"选择"质量高（较慢）"，如图 9-61 所示。

2）单击✔按钮，关闭属性管理器。

3）单击"设计算例 2"对话框"变量视图"选项卡中的"运行"按钮，打开"设计算例"对话框，系统开始评估分析，如图 9-62 所示。

图9-61　"设计算例属性"属性管理器

图9-62　"设计算例"对话框

4）评估分析完成后，在"结果视图"选项卡中显示出 10 种情形，如图 9-63 所示。因为设置的设计算例的质量为高质量，所以 10 种情形结果全部以黑体字显示。若设置"设计算例质量"为"快速结果"，则部分情形会以灰色字体显示。此时，若想查看精确的结果，需要右击想要计算的情形列，并在弹出的快捷菜单中选择"运行"命令，系统则会计算该情形。

变量视图　表格视图　结果视图　⚙ 🗎 📂 💾
10 情形之 10 已成功运行 设计算例质量: 高

		当前	初始	情形 1	情形 2	情形 3	情形 4
宽度		9mm	9mm	9mm	12mm	15mm	9mm
厚度		12mm	12mm	12mm	12mm	12mm	15mm
应力 1	仅监视	1.312e+02 N/mm^2 (MPa)	1.312e+02 N/mm^2 (MPa)	1.312e+02 N/mm^2 (MPa)	1.194e+02 N/mm^2 (MPa)	1.080e+02 N/mm^2 (MPa)	1.009e+02 N/mm^2 (MPa)
频率 1	仅监视	2.028e+03 Hz	2.028e+03 Hz	2.028e+03 Hz	2.091e+03 Hz	2.160e+03 Hz	2.049e+03 Hz

情形 5	情形 6	情形 7	情形 8	情形 9
12mm	15mm	9mm	12mm	15mm
15mm	15mm	18mm	18mm	18mm
9.218e+01 N/mm^2 (MPa)	8.848e+01 N/mm^2 (MPa)	7.193e+01 N/mm^2 (MPa)	7.429e+01 N/mm^2 (MPa)	6.738e+01 N/mm^2 (MPa)
2.106e+03 Hz	2.174e+03 Hz	2.057e+03 Hz	2.122e+03 Hz	2.178e+03 Hz

图9-63　10种情形

5）在"结果视图"选项卡中选中"情形7"，在左侧的"结果和图表"文件夹中双击 应力1 图标，系统打开情形7的应力图，如图9-64所示。采用相同的方法，可观察各情形的应力和频率图。

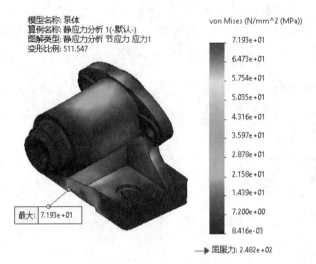

图9-64　情形7的应力图

5. 定义设计历史图表

1）在"设计算例"左框中右击 [结果和图表] 图标，在弹出的快捷菜单中选择"定义设计历史图表"命令，打开"设计历史图表"属性管理器。"Y-轴"选择"约束"，在列表框中选择"应力1"，如图9-65所示。

2）单击 ✔ 按钮，生成设计历史图表，如图9-66所示。该图表显示了每种情形对应的应力值。

图9-65　"设计历史图表"属性管理器

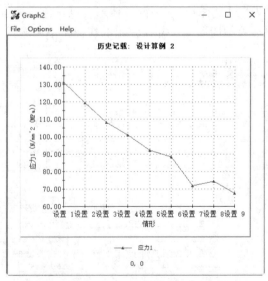

图9-66　设计历史图表

第 **10** 章

SOLIDWORKS Motion 2022技术基础

本章介绍了虚拟样机技术及运动仿真、Motion分析运动算例，并通过一个曲柄滑块机构实例说明了SOLIDWORKS Motion 2022的具体使用方法。

◎ 虚拟样机技术及运动仿真

◎ Motion 分析运动算例

◎ 用 SOLIDWORKS Motion 分析曲柄滑块机构

10.1 虚拟样机技术及运动仿真

10.1.1 虚拟样机技术

图 10-1 所示为虚拟样机设计、分析仿真、设计管理和制造生产一体化解决方案，在进行产品三维结构设计的同时，运用分析仿真软件(CAE)对产品工作性能进行模拟仿真，发现设计缺陷，再根据分析仿真结果，用三维设计软件对产品设计结构进行修改，然后重复上述仿真、找错、修改的过程，不断对产品设计结构进行优化，便可使其达到一定的设计要求。

虚拟产品开发有如下三个特点：

➢ 以数字化方式进行新产品的开发。
➢ 开发过程涉及新产品开发的全生命周期。
➢ 虚拟产品的开发是开发网络协同工作的结果。

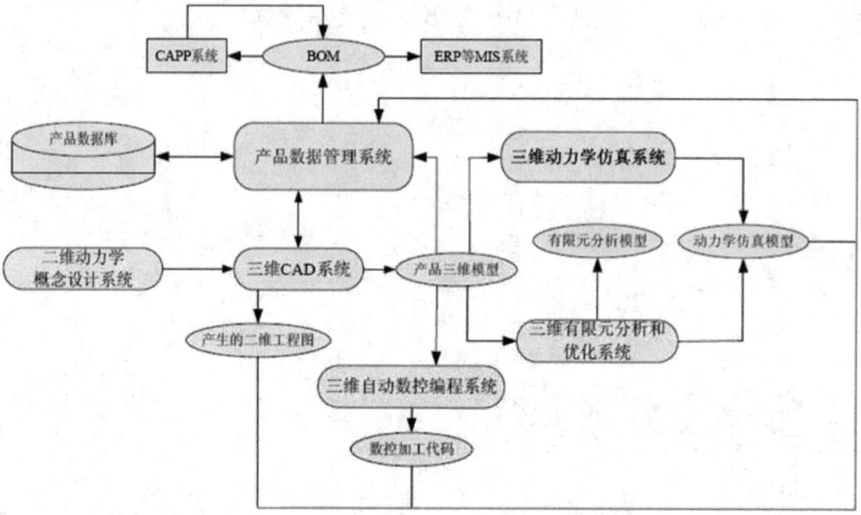

图 10-1 虚拟样机设计、分析仿真、设计管理和制造生产一体化解决方案

为了实现上述的三个特点，虚拟样机的开发工具一般具有如下 4 个技术功能：

➢ 采用数字化的手段对新产品进行建模。
➢ 以产品数据管理（PDM）/产品全生命周期（PLM）的方式控制产品信息的表示、储存和操作。
➢ 产品模型的本地/异地的协同技术。
➢ 开发过程的业务流程重组。

传统的仿真一般是针对单个子系统的仿真，而虚拟样机技术则是强调整体的优化，它通过虚拟整机与虚拟环境的耦合，可对产品进行多种设计方案的测试、评估，并不断改进设计方案，直到获得最优的整机性能。另外，传统的产品设计方法是一个串行的过程，各子系统（如整机结构、液压系统、控制系统等）的设计都是相互独立的，忽略了各子系统之间的动态交互与协同求解，因此设计的不足往往到产品开发的后期才会被发现，从而造成严重浪费。运用虚拟样机技术可以快速地建立包括控制系统、液压系统、气动系统在内的多体系动力学虚拟样机，实现产品的并行设计，并可在产品设计初期及时发现问题、解决问题，把系统的测试分析作为整个产品设计过程的驱动。

10.1.2 数字化功能样机及机械系统动力学分析

在虚拟样机的基础上，人们又提出了数字化功能样机（Functional Digital Prototyping）的概念，这是在 CAD/CAM/CAE 技术和一般虚拟样机技术的基础之上发展起来的。其理论基础为计算多体系动力学、结构有限元理论、其他物理系统的建模与仿真理论，以及多领域物理系统的混合建模与仿真理论。该技术侧重于在系统层次上的性能分析与优化设计，并通过虚拟试验技术预测产品性能，基于多体系动力学和有限元理论解决产品的运动学、动力学、变形、结构、强度和寿命等问题，并基于多领域的物理系统理论解决较复杂产品的机-电-液-控等系统的能量流和信息流的耦合问题。

数字化功能样机的内容如图 10-2 所示，它包括计算多体系动力学的运动/动力特性分析、有限元疲劳理论的应力疲劳分析、有限元非线性理论的非线性变形分析、有限元模态理论的振动和噪声分析、有限元热传导理论的热传导分析、基于有限元大变形理论的碰撞和冲击的仿真、计算流体动力学（CFD）分析、液压/气动的控制仿真，以及多领域混合模型系统的仿真等。

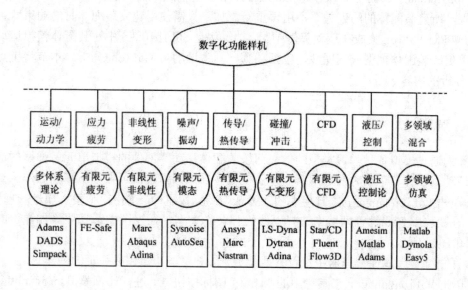

图 10-2 数字化功能样机的内容

多个物体通过运动副的连接组成了机械系统，系统内部有弹簧、阻尼器、制动器等力学元件的作用,系统外部受到外力和外力矩的作用,以及驱动和约束。物体有柔性和刚性之分,而实际上工程研究的对象多为混合系统。机械系统动力学分析和仿真主要是为了解决系统的运动学、动力学和静力学问题。其过程主要包括:

> 物理建模:用标准运动副、驱动/约束、力元和外力等要素抽象出与实际机械系统具有一致性的物理模型。

> 数学建模:通过调用专用的求解器生成数学模型。

> 问题求解:迭代求出计算解。

实际上,在软件操作过程中数学建模和问题求解过程都是软件自动完成的,内部过程并不可见,最后系统会给出曲线显示、曲线运算和动画显示过程。

美国MDI(Mechanical Dynamics Inc.)最早开发了ADAMS(Automatic Dynamic Analysis of Mechanical System)软件,应用于虚拟仿真领域,后被美国的 MSC 公司收购,改名为MSC.ADAMS。SOLIDWORKS Motion 正是基于 ADAMS 解决方案引擎创建的虚拟原型机仿真工具。通过 SOLIDWORKS Motion,可以在 CAD 系统构建的原型机上查看其工作情况,从而检测设计的结果,如找到电动机尺寸、连接方式、压力过载、凸轮轮廓、齿轮传动率、运动零件干涉等设计中可能出现的问题,然后修改设计,得到进一步优化的结果。同时,SOLIDWORKS Motion 用户界面是 SOLIDWORKS 界面的无缝扩展,它使用 SOLIDWORKS 数据存储库,不需要SOLIDWORKS 数据的复制/导出,给用户带来了方便性和安全性。

10.2　Motion 分析运动算例

在 SOLIDWORKS 2022 中,SOLIDWORKS Motion 比之前版本的 Cosmos Motion 大大简化了操作步骤,所建装配体的约束关系不用再重新添加,只需使用建立装配体时的约束即可。新的 SOLIDWORKS Motion 集成在运动算例中。运动算例是 SOLIDWORKS 中对装配体模拟运动的统称,它不更改装配体模型或其属性,包括动画、基本运动与 Motion 分析。本节将重点讲解Motion 分析的内容。

10.2.1　弹簧

弹簧为通过模拟各种弹簧类型的效果而绕装配体移动零部件的模拟单元。弹簧的运动属于基本运动,在计算运动时需考虑其质量。要对零件添加弹簧,可按如下步骤操作:

1)单击 MotionManager 工具栏中的"弹簧"图标按钮 ,弹出"弹簧"属性管理器。

2)在"弹簧"属性管理器中选择"线性弹簧"类型,在视图中选择要添加弹簧的两个面,如图 10-3 所示。

3)在"弹簧"属性管理器中设置其他参数,单击 按钮,完成弹簧的创建。

4)单击 MotionManager 工具栏中的"计算"图标按钮 ,进行计算模拟。MotionManager 界面如图 10-4 所示。

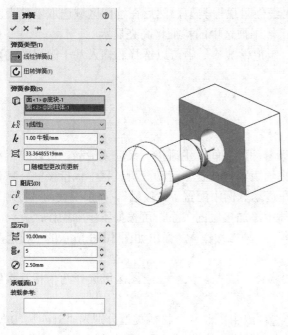

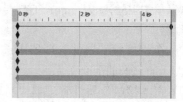

图 10-3　选择弹簧的类型和放置面　　　　图 10-4　MotionManager 界面

10.2.2　阻尼

如果对动态系统应用了初始条件，系统会以不断减小的振幅振动，直到最终停止，这种现象称为阻尼效应。阻尼效应是一种复杂的现象，它以多种机制（如内摩擦和外摩擦、轮转的弹性应变材料的微观热效应、空气阻力）消耗能量。要在装配体中添加阻尼的关系，可按如下步骤操作：

1）单击 MotionManager 工具栏中的"阻尼"按钮 ，弹出如图 10-5 所示的"阻尼"属性管理器。

图 10-5　"阻尼"属性管理器

2）在"阻尼"属性管理器中选择"线性阻尼"类型，然后在绘图区域选取零件上阻尼一端所附加到的面或边线。此时在绘图区域中被选中的特征将高亮显示。

3）在"阻尼力表达式指数" $c\dot{v}^e$ 和"阻尼常数" C 中可以选择和输入基于阻尼的函数表达式，单击 ✔ 按钮，完成阻尼的创建。

10.2.3　接触

接触仅限基本运动和运动分析，如果零部件之间发生碰撞、滚动或滑动，可以在运动算例中创建零部件接触。还可以使用接触来约束零件在整个运动分析过程中保持接触。默认情况下零部件之间的接触将被忽略，除非在运动算例中配置了"接触"。如果不使用"接触"指定接触，零部件将彼此穿越。要在装配体中添加接触的关系，可按如下步骤操作：

1）单击 MotionManager 工具栏中的"接触"按钮 🖐，弹出如图 10-6 所示的"接触"属性管理器。

2）在"接触"属性管理器中选择"实体"类型，然后在绘图区域选择两个相互接触的零件，添加它们的配合关系。

3）在"接触"属性管理器"材料"选项组中更改两个材料类型分别为"Steel（Dry）"与"Aluminum（Dry）"，然后设置其他参数，单击 ✔ 按钮，完成接触的创建。

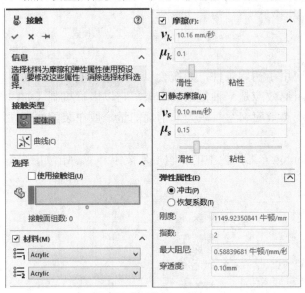

图 10-6　"接触"属性管理器

10.2.4　引力

引力（仅限基本运动和运动分析）为一通过插入模拟引力而绕装配体移动零部件的模拟单元。要对零件添加引力的关系，可按如下步骤操作：

1）单击 MotionManager 工具栏中的"引力"图标按钮 ⚬，弹出"引力"属性管理器。

2) 在"引力"属性管理器中选择"Z 轴",如图 10-7 所示。可单击"反向"按钮调
节方向,也可以在视图中选择线或者面作为引力参考。

3) 在"引力"属性管理器中设置其他参数,单击按钮,完成引力的创建。

4) 单击 MotionManager 工具栏中的"计算"图标按钮,进行计算模拟。MotionManager
界面如图 10-8 所示。

图 10-7　"引力"属性管理器

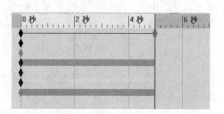

图 10-8　MotionManager 界面

10.3　用 SOLIDWORKS Motion 分析曲柄滑块机构

某曲柄滑块机构如图 10-9 所示。曲柄长度为 100mm,宽度为 10mm,厚度为 5mm;连杆长
度为 200mm,宽度为 10mm,厚度也为 5mm;滑块尺寸为 50 mm×30 mm×20mm。全部零件的材
料为普通碳钢。曲柄以 60rad/s 的速度逆时针旋转。在滑块端部连接有一弹簧,弹簧原长 80mm,
其弹簧常数为 $k=0.1$N/mm,阻尼常数为 $C=0.5$N/(mm/s)。地面摩擦系数 $f=0.25$。

➢ 绘制滑块的位移、速度和加速度与时间的关系曲线。
➢ 绘制弹簧的反作用力随时间的变化曲线。
➢ 绘制曲柄的角位移随时间的变化曲线。

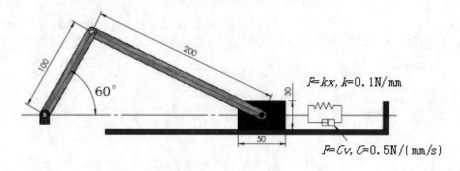

图 10-9　曲柄滑块机构

10.3.1　SOLIDWORKS Motion 2022的启动

1) 单击快速访问工具栏中的"打开"按钮,打开源文件中的"曲柄滑块机构. sldprt"。
2) 选择"工具"菜单栏中的"插件"命令。

3）弹出如图 10-10 所示的"插件"对话框。选择"SOLIDWORKS Motion"，单击"确定"按钮。

4）单击"运动算例 1"标签，此时在"运动算例 1"的 MotionManager 工具栏下拉列表中增加了"Motion 分析"选项，如图 10-11 所示。

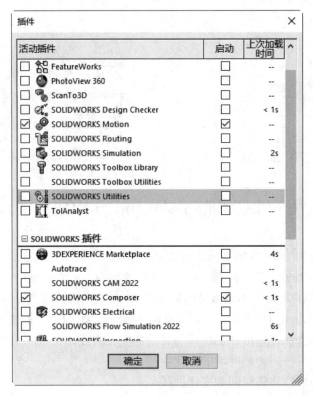

图 10-10 "插件"对话框

图 10-11 MotionManager 工具栏

10.3.2 曲柄滑块机构的参数设置

1. 添加马达

1）单击 MotionManager 工具栏中的"马达"图标按钮，系统弹出如图 10-12 所示的

"马达"属性管理器。

2）在"马达"属性管理器的"马达类型"中单击"旋转马达"图标，为曲柄滑块机构添加旋转类型的马达。

3）单击"马达位置"图标右侧的显示框，然后在绘图区单击曲柄下部的圆孔，作为添加的马达位置，如图 10-13 所示。

4）马达的方向采用默认的逆时针方向。

5）在"运动"选项组中选择"马达类型"为"等速"，设置马达的"转速"为"10RPM"（1RPM=1r/min）。参数设置完成后的"马达"属性管理器如图 10-14 所示。

6）单击按钮，生成新的马达。

图 10-12　"马达"属性管理器

图 10-13　添加马达位置

2. 添加弹簧

1）单击 MotionManager 工具栏中的"弹簧"图标按钮，系统弹出如图 10-15 所示的"弹簧"属性管理器。

图 10-14　参数设置　　　　　　　图 10-15　"弹簧"属性管理器

2）在"弹簧"属性管理器的"弹簧类型"中单击"线性弹簧"图标➡，为曲柄滑块机构添加线性弹簧。

3）单击"弹簧端点"图标🗔右侧的显示框，然后在绘图区分别单击滑块的右端面和导轨机架竖直部分的左端面，作为添加的弹簧位置，如图 10-16 所示。

4）在"弹簧参数"选项组中输入"弹簧常数" k 为

"0.10 牛顿/mm"，弹簧的"自由长度"🗔为"80.00 mm"。

5）勾选"阻尼"复选框，输入"阻尼常数" C 为"0.50 牛顿/（mm/秒）"。

6）"显示"选项组采用系统默认的参数（对"显示"进行修改不影响系统分析的结果）。参数设置完成后的"弹簧"属性管理器如图 10-17 所示。

7）单击✔按钮，生成新的弹簧。

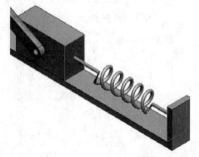

图 10-16　添加弹簧位置

3.添加实体接触

1）单击 MotionManager 工具栏中的"接触"图标按钮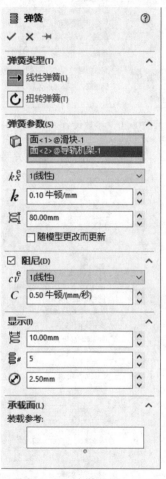，系统弹出如图 10-18 所示的"接触"属性管理器。

2）在"接触"属性管理器的"接触类型"中单击"实体"图标，为曲柄滑块机构添加实体接触。

3）单击"零部件"图标右侧的显示框，然后在绘图区选择滑块和导轨机架，如图 10-19 所示，作为添加实体接触的零件。

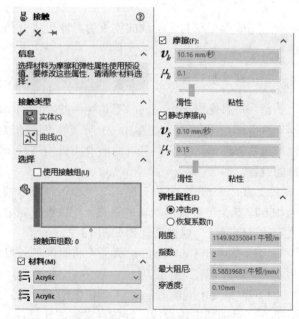

图 10-17　参数设置　　　　　　　　图 10-18　"接触"属性管理器

4）取消勾选"材料"复选框。本例中采用输入摩擦系数的方式。

5）在"摩擦"选项组中输入"动态摩擦系数"μ_s 为"0.15"，其余参数采用默认的设置。

参数设置完成后的"摩擦"属性管理器如图 10-20 所示。

6）单击✔按钮，生成新的接触关系。

图 10-19　添加实体接触的零件位置

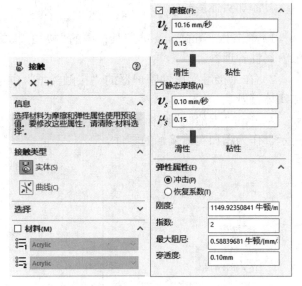

图 10-20　参数设置

10.3.3　仿真求解

当完成模型动力学参数的设置后，即可进行仿真求解。

1. 仿真参数设置及计算

1）单击 MotionManager 工具栏中的"运动算例属性"按钮 ⚙️，系统弹出如图 10-21 所示的"运动算例属性"属性管理器。在其中可对曲柄滑块机构进行仿真求解的设置。

2）在"Motion 分析"选项组中输入"每秒帧数"为"50"，其余参数采用默认的设置。参数设置完成后的"运动算例属性"属性管理器如图 10-21 所示。

（3）在 MotionManager 界面中将时间的长度设置为 12s，如图 10-22 所示。

4）单击 MotionManager 工具栏中的"计算"图标按钮 📊，对曲柄滑块机构进行仿真求解的计算。

2. 添加结果曲线

计算完成后对结果进行后处理，分析计算的结果和进行图解。

1）单击 MotionManager 工具栏中的"结果和图解"图标按钮 📈，系统弹出如图 10-23 所示的"结果"属性

图 10-21　"运动算例属性"属性管理器

管理器。在其中可对曲柄滑块机构进行仿真结果的分析。

2）在"结果"选项组中的"选取类别"下拉列表中选择分析的类别为"位移/速度/加速度"，在"选取子类别"下拉列表中选择分析的子类别为"线性位移"，在"选取结果分量"下拉列表中选择分析的结果分量为"X 分量"。SOLIDWORKS Motion 可以分析的图解类别和子类别见表 10-1。

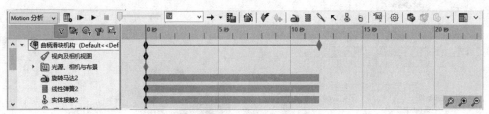

图 10-22　设置时间为 12s

表 10-1　SOLIDWORKS Motion 可以分析的图解类别和子类别

类别	子类别
位移/速度/加速度	● 跟踪路径。显示荧屏图像，跟踪顶点的路径 ● XYZ 位置 ● 线性位移。从单独零件中选取两个点 ● 线性速度 ● 线性加速度 ● 角位移。从两个或三个零件中选取三个点 ● 角速度 ● 角加速度 ● 压力角度
力	● 应用的力 ● 应用的力矩 ● 反作用力 ● 反力矩 ● 摩擦力 ● 摩擦力矩
动量/能量/力量	● 平移力矩 ● 角力矩 ● 平移运动能 ● 角运动能 ● 总运动能 ● 势能差 ● 能源消耗 ● 旋转运动发生器
其他数量	● 欧拉角度 ● 俯仰/偏航/滚转 ● Rodriguez 参数 ● 勃兰特角度 ● 投影角度

3）单击"面"图标右侧的显示框，然后在绘图区单击滑块的任意一个面，如图 10-24 所示。

4）单击✔按钮，生成滑块位移-时间曲线，如图 10-25 所示。

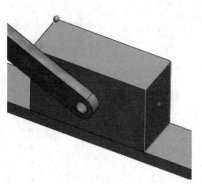

图 10-23　"结果"属性管理器　　　　　　图 10-24　选择滑块的面

5）在"结果"选项组中的"选取类别"下拉列表中选择分析的类别为"位移/速度/加速度"，在"选取子类别"下拉列表中选择分析的子类别为"线性速度"，在"选取结果分量"下拉列表中选择分析的结果分量为"X 分量"。参数设置完成后的"结果"属性管理器如图 10-26 所示。

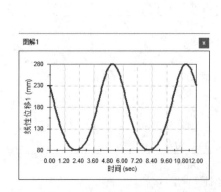

图 10-25　滑块位移-时间曲线　　　　　　图 10-26　"结果"属性管理器

6）单击"面"图标右侧的显示框，然后在绘图区单击滑块的任意一个面，如图 10-27 所示。

7）单击✅按钮，生成滑块速度-时间曲线，如图 10-28 所示。

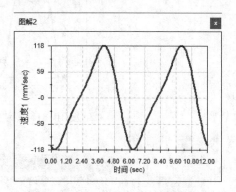

图解2

图 10-27　选择滑块的面　　　　图 10-28　滑块速度-时间曲线

8）在"结果"选项组中的"选取类别"下拉列表中选择分析的类别为"位移/速度/加速度"，在"选取子类别"下拉列表中选择分析的子类别为"线性加速度"，在"选取结果分量"下拉列表中，选择分析的结果分量为"X 分量"。参数设置完成后的"结果"属性管理器如图 10-29 所示。

9）单击"面"图标🔲右侧的显示框，然后在绘图区单击滑块的任意一个面，如图 10-30 所示。

图 10-29　"结果"属性管理器　　　　图 10-30　选择滑块的面

10）单击✅按钮，生成滑块加速度-时间曲线，如图 10-31 所示。

11）在 "结果"属性管理器中设置弹簧反作用力的参数，生成反作用力-时间曲线，如图 10-32 所示。

12）在"结果"属性管理器中设置曲柄角位移的参数，生成角位移-时间曲线，如图 10-33 所示。

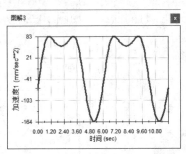

图 10-31　滑块加速度-时间曲线

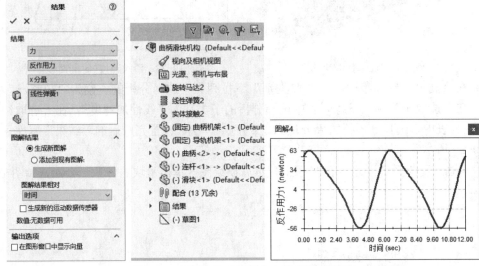

图 10-32　弹簧的反作用力参数设置及图解

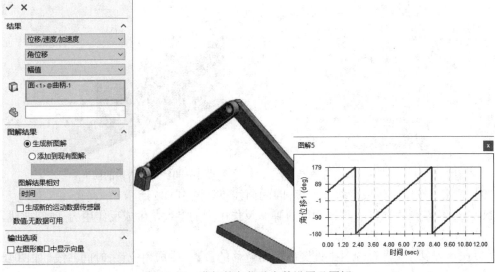

图 10-33　曲柄的角位移参数设置及图解

第 **11** 章

SOLIDWORKS Motion 2022

仿真分析实例

　　本章介绍了SOLIDWORKS Motion 2022运动仿真的若干实例。通过对仿真分析实例的讲解，可使读者进一步理解和掌握SOLIDWORKS Motion 2022。

- 几种运动仿真分析实例
- SOLIDWORKS Motion 2022 的使用技巧

11.1 连杆运动机构

本例说明了如何使用 SOLIDWORKS Motion 来求解运动机构已知作用力的问题。连杆机构的结构如图 11-1 所示。已知连杆 1 和连杆 4 组成运动副的运动参数，求连杆 3 的角速度。

11.1.1 调入模型设置参数

加载装配体模型并定义运动驱动。

1）加载"连杆机构"文件夹中的装配体文件"连杆机构.sldasm"。

2）单击绘图区下部的"运动算例 1"标签，切换到运动算例界面。

3）单击 MotionManager 工具栏中的"马达"图标按钮 ，系统弹出如图 11-2 所示的"马达"属性管理器。

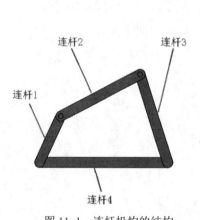

图 11-1 连杆机构的结构

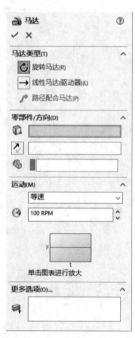

图 11-2 "马达"属性管理器

4）在"马达"属性管理器的"马达类型"中单击"旋转马达"图标 ，为连杆机构添加旋转类型的马达。

5）单击"马达位置"图标 右侧的显示框，然后在绘图区单击连杆 1 与连杆 4 连接的凸台，如图 11-3 所示，作为添加的马达位置。

6）单击"反向"按钮 ，将马达的方向更改为顺时针方向。

7）在"运动"选项组中选择"马达类型"为"等速"，设置马达的"转速" 为"20 RPM"。参数设置完成后的"马达"属性管理器如图 11-4 所示。

8）单击✔按钮，生成新的马达。

图 11-3　添加马达位置

图 11-4　参数设置

11.1.2　仿真求解

1. 仿真参数设置及计算

1）单击 MotionManager 工具栏中的"运动算例属性"图标按钮⚙，系统弹出如图 11-5 所示的"运动算例属性"属性管理器。在其中对连杆机构进行仿真求解的设置。

2）在"Motion 分析"选项组中输入"每秒帧数"为"50"，其余参数采用默认的设置。参数设置完成后的"运动算例属性"属性管理器如图 11-5 所示。

3）在 MotionManager 界面中将时间的长度设置为 6s，如图 11-6 所示。

4）单击 MotionManager 工具栏中的"计算"图标按钮🔢，对连杆机构进行仿真求解的计算。

2. 添加结果曲线

计算完成后对结果进行后处理，分析计算的结果和进行图解。

1）单击 MotionManager 工具栏中的"结果和图解"图标按钮📈，系统弹出如图 11-7 所示的"结果"属性管理器。在其中可对连杆机构进行仿真结果的分析。

2）在"结果"选项组中的"选取类别"下拉列表中选择分析的类别为"位移/速度/加速度"，在"选取子类别"下拉列表中选择分析的子类别为"角速度"，在"选取结果分量"下拉列表中选择分析的结果分量为"幅值"。

3）单击"面"图标⬜右侧的显示框，然后在绘图区单击连杆 3 的任意一个面，如图 11-8

所示。

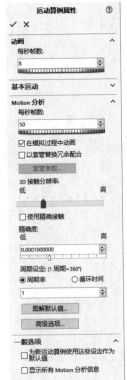

图 11-5 "运动算例属性"
属性管理器

图 11-6 设置时间为 6s

图 11-7 "结果"属性管理器

图 11-8 选择连杆 3 的面

4）单击✔按钮，生成连杆 3 角速度-时间曲线，如图 11-9 所示。

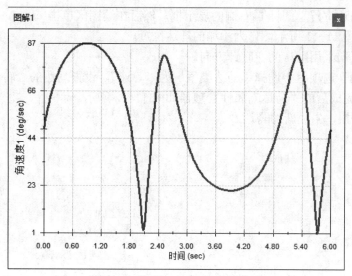

图 11-9　连杆 3 角速度-时间曲线

11.2　阀门凸轮机构

本例说明了用 SOLIDWORKS Motion 来解决间歇接触问题，并以 3D 接触的方式来保证摇杆始终与凸轮接触的方法。阀门凸轮机构的结构如图 11-10 所示。

11.2.1　调入模型设置参数

1. 加载装配体模型

1）加载"阀门凸轮机构"文件夹中的装配体文件"valvecam.sldasm"。

2）单击绘图区下部的"运动算例 1"标签，切换到运动算例界面。

3）在算例类型列表中选择"Motion 分析"。

2. 添加马达

1）单击 MotionManager 工具栏中的"马达"图标按钮 🔁，系统弹出"马达"属性管理器。

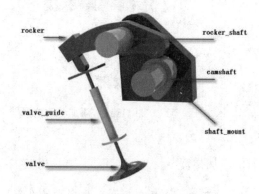

图 11-10　阀门凸轮机构的结构

2）在"马达"属性管理器的"马达类型"中单击"旋转马达"图标 ↻，为阀门凸轮机构添加旋转类型的马达。

3）单击"马达位置"图标 右侧的显示框，然后在绘图区单击 camshaft（凸轮轴）向外伸出的圆柱，如图 11-11 所示，作为添加的马达位置。

4）马达的方向采用默认的逆时针方向。

5）在"运动"选项组中选择"马达类型"为"等速"，设置马达的"转速" 为"1200 RPM"。参数设置完成后的"马达"属性管理器如图 11-12 所示。

6）单击 按钮，生成新的马达。

图 11-11 添加马达位置　　图 11-12 "马达"属性管理器

3.添加弹簧

1）单击 MotionManager 工具栏中的"弹簧"图标按钮，系统弹出"弹簧"属性管理器。

2）在"弹簧"属性管理器的"弹簧类型"中单击"线性弹簧"图标，为阀门凸轮机构添加线性弹簧。

3）单击"弹簧端点"图标 右侧的显示框，然后在绘图区分别单击 valve_guide（导筒）

的外缘边线和 valve（阀）的底面，如图 11-13 所示，作为添加的弹簧位置。

4）在"弹簧参数"选项组中输入 *k* "弹簧常数"为"0.10 牛顿/mm"，⌗ "自由长度"为 60.00mm。

5）在"显示"选项组中输入 ⌗ "弹簧圈直径"为 10mm，⌗# "圈数"为 5，⊘ "直径"为 2.5mm，参数设置完成后的"弹簧"属性管理器如图 11-14 所示。

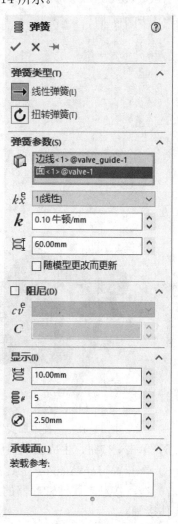

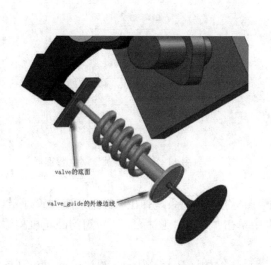

图 11-13 添加弹簧位置   图 11-14 "弹簧"属性管理器

6）单击 ✔ 按钮，生成新的弹簧。

4. 添加实体接触

1）单击 MotionManager 工具栏中的"接触"图标按钮 🖐，系统弹出"接触"属性管理器。

2）在"接触"属性管理器的"接触类型"中单击"实体"图标 🖐，为阀门凸轮机构添

261

加实体接触。

3）单击"零部件"图标 右侧的显示框，然后在绘图区选择 camshaft（凸轮轴）和 rocker（摇杆），如图 11-15 所示，作为添加实体接触的零件。

4）在"材料"选项组中的"材料名称"下拉列表中分别选择材料名称为"Steel（Dry）"和"Steel（Greasy）"，其余参数采用默认的设置。参数设置完成后的"接触"属性管理器如图 11-16 所示。

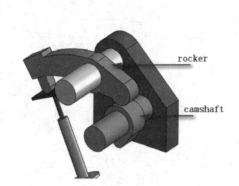

图 11-15　选择添加实体接触的零件　　　　图 11-16　"接触"属性管理器

5）单击 ✔ 按钮，生成新的接触关系。

6）单击 MotionManager 工具栏中的"接触"图标按钮 ，系统弹出"接触"属性管理器。

7）在"接触"属性管理器的"接触类型"中单击"实体"图标 ，为阀门凸轮机构添加实体接触。

8）单击"零部件"图标 右侧的显示框，然后在绘图区选择 valve（阀）和 rocker（摇杆），如图 11-17 所示，作为添加实体接触的零件。

9）在"材料"选项组中的"材料名称"下拉列表中分别选择材料名称为"Steel（Dry）"和"Steel（Greasy）"，其余参数采用默认的设置。参数设置完成后的"接触"属性管理器如图 11-18 所示。

10）单击 ✔ 按钮，生成新的接触关系。

11）添加完所有的模型驱动与约束后的 MotionManager 如图 11-19 所示。

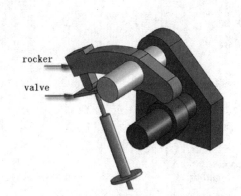

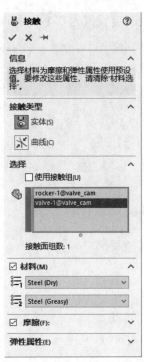

图 11-17　选择添加实体接触的零件　　　　图 11-18　"接触"属性管理器

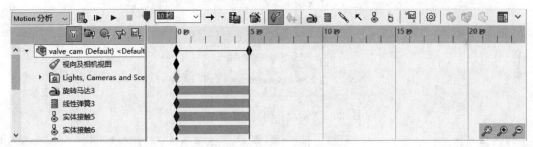

图 11-19　MotionManager

11.2.2　仿真求解

当完成模型动力学参数的设置后，即可进行仿真求解。

1.仿真参数设置及计算

1）单击 MotionManager 工具栏中的"选项"图标按钮⚙，系统弹出"运动算例属性"属性管理器。在其中可对阀门凸轮机构进行仿真求解的设置。

2）在"Motion 分析"选项组中输入"每秒帧数"为"1500"，选中"使用精确接触"复选框，其余参数采用默认的设置。参数设置完成后的"运动算例属性"属性管理器如图 11-20所示。

3）在 MotionManager 界面右下角的单击"放大"按钮🔍，直到将时间放大到精度为 0.1s，并将时间的长度设置为 0.1s，如图 11-21 所示。

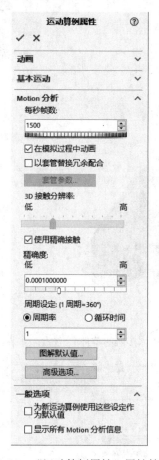

图 11-20　"运动算例属性"属性管理器

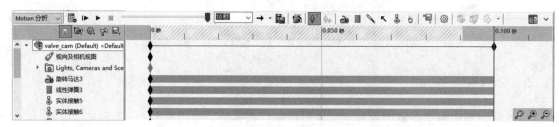

图 11-21　设置时间为 0.1s

4）在 MotionManager 工具栏中的"播放速度" 1x 下拉列表中选择播放速度为 10s。

5）单击 MotionManager 工具栏中的"计算"图标按钮，对阀门凸轮机构进行仿真求解的计算。

2. 添加结果曲线

计算完成后，对结果进行后处理，分析计算的结果和进行图解。

1）单击 MotionManager 工具栏中的"结果和图解"图标按钮，系统弹出如图 11-22

所示的"结果"属性管理器。在其中可对阀门凸轮机构进行仿真结果的分析。

2）在"结果"选项组中的"选取类别"下拉列表中选择分析的类别为"力"，在"选取子类别"下拉列表中选择分析的子类别为"接触力"，在"选取结果分量"下拉列表中选择分析的结果分量为"幅值"。首先单击"面"图标 右侧的显示框，然后在绘图区选取进行接触的摇杆面和凸轮轴面，如图 11-23 所示。

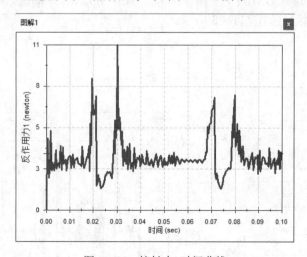

图 11-22　"结果"属性管理器　　　　　　　　　图 11-23　选择接触的面

3）单击 按钮，生成接触力-时间曲线，如图 11-24 所示。

图 11-24　接触力-时间曲线

11.2.3 优化设计

通过观察生成的摇杆面和凸轮轴面的接触力-时间曲线，可以发现在 0.03s 与 0.08s 附近有比较大的力的变化，因此需要在设计中对参数进行修改，以达到最优的方案。

1. 复制方案

1）双击绘图区左下方的"运动算例 1"标签，将"运动算例 1"重命名为"1200 RPM"。
2）右击刚重命名的"1200 RPM"标签，在弹出的快捷菜单中选取"复制算例"命令
3）将新复制得到的"运动算例 1"重命名为"2000 RPM"。

2. 更改马达参数

1）在 MotionManager 界面的右下角单击"放大"按钮，直到时间栏放大到精度为"0.1 秒"，并检查时间栏的长度是否在 0.1 秒，并且将时间点竖线拉到 0 秒处（更改 0 秒处的马达参数）。

2）在 MotionManager 设计树中右击"旋转马达 2"，在弹出的快捷菜单中选取"编辑特征"命令。

3）在"马达"属性管理器中的"运动"选项组中将马达转速更改为"2000 RPM"，如图 11-25 所示。

4）单击 ✔ 按钮，生成新的马达。

5）单击 MotionManager 工具栏中的"计算"图标按钮，对更改转速后的阀门凸轮机构进行仿真求解的计算。

6）在 MotionManager 设计树中右击"图解 2<反作用力 2>"，然后选取"显示图解"，生成新的接触力-时间曲线，如图 11-26 所示。

图 11-25　"马达"属性管理器

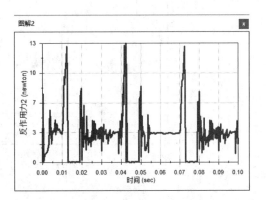

图 11-26　接触力-时间曲线

3. 更改弹簧参数

由于接触力在一段时间内为零，所以图解显示弹簧强度不足以支持更高转速的运动。通过观察绘图区中阀门凸轮机构的模拟运动情况，发现在运动中某些时刻摇杆会失去与凸轮的接触，如图 11-27 所示。这是因为马达转速太快的缘故。此时可以通过调整弹簧来对这种情况进行控制。

1）将时间点竖线拖动到 0s 处。

2）在 MotionManager 设计树中右击"线性弹簧 2"，在弹出的快捷菜单中选取"编辑特征"命令。

3）在"弹簧"属性管理器中的"弹簧参数"选项组中将"弹簧常数" k 更改为"10.00 牛顿/mm"，如图 11-28 所示。

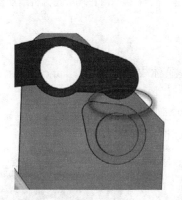

图 11-27　摇杆失去与凸轮的接触　　　　图 11-28　"弹簧"属性管理器

4）单击 ✔ 按钮，生成新的弹簧。

5）单击 MotionManager 工具栏中的"计算"图标按钮 🎬，对更改弹簧参数后的阀门凸轮机构进行仿真求解的计算。

6）在 MotionManager 设计树中右击"图解 2<反作用力 2>"，在弹出的快捷菜单中选取"显示图解"命令，生成接触力-时间曲线，如图 11-29 所示。

通过生成的摇杆面和凸轮轴面的接触力-时间曲线，可以看到力为相对稳定的状态。

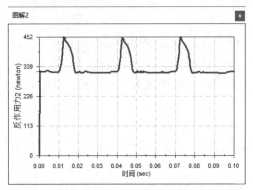

图 11-29　接触力-时间曲线

11.3　挖掘机运动机构

本例说明了用 SOLIDWORKS Motion 设定不同运动参数的方法，以及通过可视化检查运动参数的设定效果的方法（其中一种方法是绘制运动参数的曲线）。SOLIDWORKS Motion 可以通过常量、步进、谐波以及样条的方法绘制驱动构件的力和运动。挖掘机运动机构如图 11-30 所示。

图 11-30　挖掘机运动机构

11.3.1　调入模型设置参数

1）加载"挖掘机运动机构"文件夹中的装配体文件"Plot_functions_exercise_start.SLDASM"。

2）单击绘图区下部的"运动算例 1"标签，切换到运动算例界面。

3）单击 MotionManager 工具栏中的"马达"图标按钮，系统弹出"马达"属性管理器。

4）在"马达"属性管理器的"马达类型"中单击"线性马达"图标，为挖掘机添加线性类型的马达 1。

5）单击"马达位置"图标右侧的显示框，然后在绘图区单击名称为"IP2"的零部件外圆，如图 11-31 所示，作为添加的马达位置。

6）在"运动"选项组中选择"马达类型"为"数据点"，在弹出的"函数编制程序"对话框中选择"值"为"位移"，选择"插值类型"为"立方样条曲线"，依照表 11-1 输入时间和位移参数，得到图表的放大图，如图 11-32 所示。

图 11-31　添加马达位置

表11-1 IP2时间-位移参数

序号	1	2	3	4	5	6	7	8
时间	0.00秒	1.00秒	2.00秒	3.00秒	4.00秒	5.00秒	6.00秒	7.00秒
位移	0mm	3mm	3mm	4mm	-2mm	-3.8mm	-3.8mm	0mm

7）参数设置完成后的"马达"属性管理器如图11-33所示。单击✓按钮，生成新的马达1。

8）单击MotionManager工具栏中的"马达"图标按钮，系统弹出"马达"属性管理器。

9）在"马达"属性管理器的"马达类型"中单击"线性马达"图标，为挖掘机添加线性类型的马达2。

10）单击"马达位置"图标右侧的显示框，然后在绘图区单击名称为"IP1"的零部件外圆柱面，如图11-34所示，作为添加的马达位置。

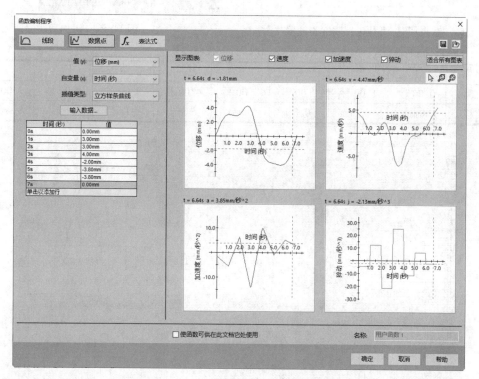

图11-32 "函数编制程序"对话框

11）在"运动"选项组中选择"马达类型"为"数据点"，在弹出的"函数编制程序"对话框中选择"值"为"位移"，选择"插值类型"为"立方样条曲线"，依照表11-2输入时间和位移参数，得到图表的放大图，如图11-35所示。

12）参数设置完成后的"马达"属性管理器如图11-33所示。单击✓按钮，生成新的马达2。

图 11-33 "马达"属性管理器

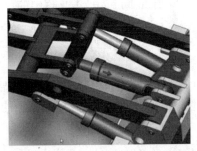

图 11-34 添加马达位置

表 11-2 IP1 时间-位移参数

序号	1	2	3	4	5	6	7	8
时间	0.00 秒	1.00 秒	2.00 秒	3.00 秒	4.00 秒	5.00 秒	6.00 秒	7.00 秒
位移	0mm	−0.5mm	−0.5mm	−1mm	−3mm	4mm	4mm	0mm

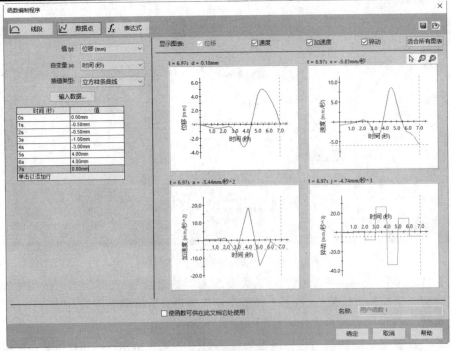

图 11-35 "函数编制程序"对话框

11.3.2 仿真求解

当完成模型动力学参数的设置后，即可进行仿真求解。

1. 仿真参数设置及计算

1）单击 MotionManager 工具栏中的"运动算例属性"图标按钮⚙，系统弹出如图 11-36 所示的"运动算例属性"属性管理器。在其中可对挖掘机进行仿真求解的设置。

2）在"Motion 分析"选项组中输入"每秒帧数"为 50，其余参数采用默认的设置。参数设置完成后的"运动算例属性"属性管理器如图 11-37 所示。

3）在 MotionManager 界面将时间的长度设置为 7s，如图 11-38 所示。

4）单击 MotionManager 工具栏中的"计算"图标按钮🖩，对挖掘机进行仿真求解的计算。

图 11-36　"运动算例属性"属性管理器

图 11-37　设置参数

2. 添加结果曲线

计算完成后，即可对结果进行后处理，分析计算的结果和进行图解。

1）单击 MotionManager 工具栏中的"结果和图解"图标按钮🖺，系统弹出如图 11-39

所示的"结果"属性管理器。对挖掘机进行仿真结果的分析。

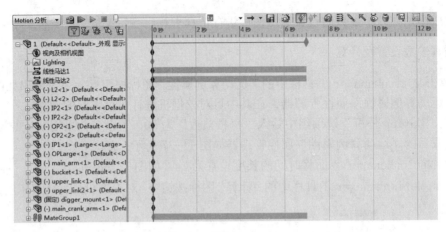

图 11-38　设置时间为 7s

2）在"结果"选项组中的"选取类别"下拉列表中选择分析的类别为"力"，在"选取子类别"下拉列表中选择分析的子类别为"反作用力"，在"选取结果分量"下拉列表中选择分析的结果分量为"幅值"。

3）单击"面"图标 🔲 右侧的显示框，然后在装配体模型树中单击 IP2 与 main_arm 的同心配合 Concentric55，如图 11-40 所示。

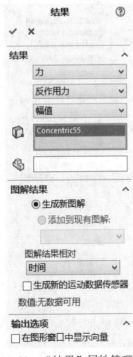

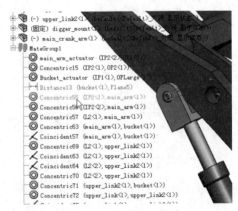

图 11-39　"结果"属性管理器　　　　　　图 11-40　选择同心配合

4）单击 ✔ 按钮，生成反作用力-时间曲线，如图 11-41 所示。

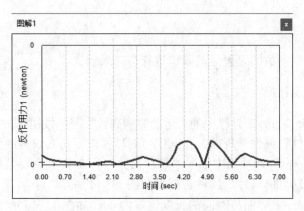

图 11-41　反作用力-时间曲线

11.4　球摆机构

本例说明了如何使用 SOLIDWORKS Motion 求解球摆机构的问题，同时用 SOLIDWORKS Simulation 进行了静应力分析。球摆机构如图 11-42 所示。

11.4.1　调入模型设置参数

1.加载装配体模型

1）加载"球摆机构"文件夹中的装配体文件"球摆.SLDASM"。

2）单击绘图区下部的"运动算例 1"标签，切换到运动算例界面。

3）在"算例类型"列表中选择"Motion 分析"。

2.添加引力

1）为球摆零件设置一个初始高度。单击 MotionManager 工具栏中的"引力"图标按钮，系统弹出"引力"属性管理器。

2）在"引力"属性管理器的"引力参数"中选中"Y"，为球摆零件添加竖直向下的引力。参数设置完成后的"引力"属性管理器如图 14-43 所示。

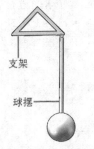

图 11-42　球摆机构

图 11-43　"引力"属性管理器

3）单击✔按钮，完成引力的添加。

11.4.2 仿真求解

当完成模型动力学参数的设置后，即可进行仿真求解。

1.仿真参数设置及计算

1）单击 MotionManager 工具栏中的"运动算例属性"图标按钮⚙，系统弹出如图 11-44 所示的"运动算例属性"属性管理器。在其中可对球摆进行仿真求解的设置。

2）在"Motion 分析"选项组中输入"每秒帧数"为 50，其余参数采用默认的设置。参数设置完成后的"运动算例属性"属性管理器如图 11-44 所示。

3）在 MotionManager 界面将时间的长度设置为 6s，如图 11-45 所示。

图 11-44 "运动算例属性"属性管理器

4）单击 MotionManager 工具栏中的"计算"图标按钮，对球摆进行仿真求解的计算。

图 11-45 MotionManager 界面

2.添加结果曲线

计算完成后，即可对结果进行后处理，分析计算的结果和进行图解。

1）单击 MotionManager 工具栏中的"结果和图解"图标按钮，系统弹出如图 11-46 所示的"结果"属性管理器。在其中可对球摆进行仿真结果的分析。

2）在"结果"选项组中的"选取类别"下拉列表中选择分析的类别为"力"，在"选取子类别"下拉列表中选择分析的子类别为"反作用力"，在"选取结果分量"下拉列表中选择分析的结果分量为"幅值"。

3）单击"面"图标右侧的显示框，然后在装配体模型树中单击支架与球摆的同心配合，如图 11-47 所示。

4）单击✔按钮，生成反作用力-时间曲线，如图 11-48 所示。

图 11-46　"结果"属性管理器　　　　　　　　　图 11-47　选择同心配合

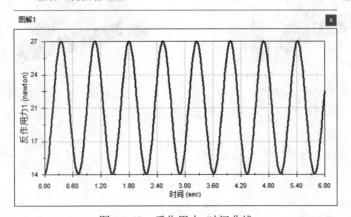

图 11-48　反作用力-时间曲线

275

11.4.3 支架受力分析

1）打开 SOLIDWORKS Simulation 插件，并在装配体中右击支架零件，在弹出的快捷菜单中单击"打开 " 按钮，将支架打开。

2）新建"静应力分析"类型的新算例，设置分析名称为"静应力分析"，然后编辑支架的材料为"2014 合金"。

3）如图 11-49 所示对该机构的约束和载荷进行处理。注意：取端部压力为常量，并按图 11-49 所示的"球摆"所受的最大载荷值。

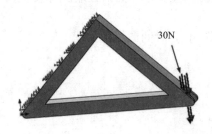

图 11-49 静态分析的约束和载荷

4）划分网格，按系统的默认值处理。

5）运行分析。双击 Simulation 算例树中"结果"文件夹中的"应力 1"图标 ，生成应力图解，如图 11-50 所示。由应力图解可以看出， von Mises 应力最大值为 0.623MPa，远远小于屈服力，表明支架满足屈服强度要求。安全系数图解如图 11-51 所示。

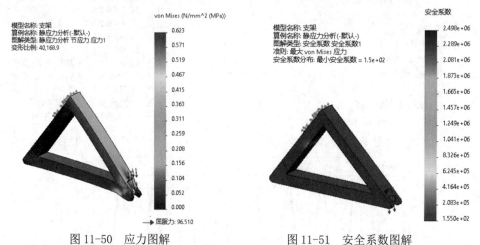

图 11-50 应力图解   图 11-51 安全系数图解

第 **12** 章

SOLIDWORKS Flow Simulation 2022

技术基础

本章介绍了计算流体动力学和SOLIDWORKS Flow Simulation基础知识，并通过一个球阀流场分析实例，说明了SOLIDWORKS Flow Simulation 2022的具体使用方法。

- 计算流体动力学基础
- SOLIDWORKS Flow Simulation 基础

12.1　计算流体动力学基础

计算流体动力学(Computational Fluid Dynamics, 简称 CFD)是研究复杂流体力学问题的计算方法,即研究如何利用数值方法求解流体力学方程(组)。CFD 属于数值方法在流体力学上的应用。从理论研究上来说,可以用 CFD 技术分析流体运动的内在规律与机理。而对于工程流体领域,更关心的是采用 CFD 分析技术解决实际问题,所引用的理论与分析方法只是一种手段。与其他应用学科比较,CFD 的特殊性体现在流体对流作用与非线性作用,流体动力学方程的求解常常需要特定的数值理论、方法与技巧。从工程应用角度来说,CFD 的任务是研究、建立预测流动现象的数值模型,不仅包括对计算理论与方法的研究,还包括研究如何在计算机硬件、软件环境中通过有效的、可靠的计算来获得合理的具有实际意义的计算结果,以便提出实际问题的解决方案。

CFD 的主要目标是研究、建立合理反映实际流动系统的数学模型和数值模型。将实际流动系统的变化规律进行抽象、简化后,得到由数学方程(组)和适当的初值、边值构成的数学定解问题,称为原流动系统的数学模型(mathematical model)。一个实际问题的数学模型通常包括多个定解问题。将数学模型中所有数学方程、初值与边值进行数值离散并且赋予一定的计算步骤,使之转变成适用于现代计算机计算求解的形式,这种离散化的数学模型称为原流动系统的数值模型(numerical model)。

实施 CFD 分析的基本步骤如图 12-1 所示。CFD 利用计算机综合了现代观念、理论、技术和方法。工程问题是 CFD 的出发点又是最终目标。在建立数学模型和数值模型时,应当结合具体问题特点来选择有关理论、方法与技术。在分析数学模型和模型方程特性、建立数值模型过程中,CFD

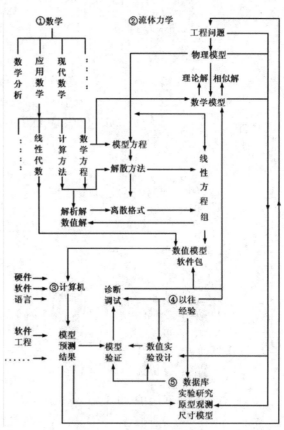

图 12-1　CFD 分析的基本步骤

集成了大量的应用数学方法,以现代数学作为理论基础。由于问题复杂、信息量大,CFD 运用了软件工程和图像处理等现代技术来进行数值模型的求解与软件包的设计、诊断、调试以及数据处理、可视化与仿真。然而,这些理论知识与信息不可能从根本上回答计算结果的可靠性问题。尽量利用原型观测资料与比尺模型试验资料且配合一定的数值试验来实施数值模型可靠度验证是实际问题 CFD 分析的一个不可缺少的环节。

12.1.1 连续介质模型

气体与液体都属流体。从微观角度讲，无论是气体还是液体，分子间都存在间隙，同时由于分子的随机运动，导致流体的质量不但在空间上分布不连续，而且在任意空间点上流体物理量相对时间也不连续。但是从宏观的角度考虑，流体的结构和运动又表现出明显的连续性与确定性，而流体力学研究的正是流体的宏观运动，在流体力学中，正是用宏观流体模型来代替微观有空隙的分子结构。1753 年，欧拉首先采用"连续介质"作为宏观流体模型，将流体看成是由无限多流体质点所组成的稠密而无间隙的连续介质，这个模型称为连续介质模型。

流体的密度定义为

$$\rho = \frac{m}{V} \tag{12-1}$$

式中，ρ 为流体密度；m 为流体质量；V 表示质量为 m 的流体所占的体积。

对于非均质流体，流体中任一点的密度定义为

$$\rho = \lim_{\Delta v \to \Delta v_0} \frac{\Delta m}{\Delta v} \tag{12-2}$$

式中，Δv_0 是设想的一个最小体积，在 Δv_0 内包含足够多的分子，使得密度的统计平均值（$\Delta m / \Delta v_0$）有确切的意义。Δv_0 是流体质点的体积，所以连续介质中某一点的流体密度实质上是流体质点的密度，同样，连续介质中某一点的流体速度是在某瞬时质心在该点的流体质点的质心速度。不仅如此，对于空间上任意点的流体物理量都是指位于该点上的流体质点的物理量。

12.1.2 流体的基本性质

1. 流体压缩性

流体体积会随着作用其上的压强的增大而减小，这一特性称为流体的压缩性，通常用压缩系数 β 来度量。它具体定义为：在一定温度下升高单位压强时流体体积的相对缩小量，即

$$\beta = \frac{1}{\rho} \frac{\mathrm{d}\rho}{\mathrm{d}p} \tag{12-3}$$

当密度为常数时，流体为不可压缩流体，否则为可压缩流体。纯液体的压缩性很差，通常情况下可以认为液体的体积和密度是不变的。对于气体，其密度随压强的变化是和热力过程有关的。

2. 流体的膨胀性

流体体积会随温度的升高而增大，这一特性称为流体的膨胀性，通常用膨胀系数 α 度量。它具体定义为：在压强不变的情况下，温度每上升 1℃，流体体积的相对增大量，即

$$\alpha = -\frac{1}{\rho}\frac{\mathrm{d}\rho}{\mathrm{d}T} \tag{12-4}$$

一般来说，液体的膨胀系数很小，通常情况下工程中不考虑液体膨胀性。

3. 流体的黏性

在做相对运动的两流体层的接触面上存在一对等值且反向的力阻碍两相邻流体层的相对运动，流体的这种性质叫作流体的黏性，由黏性产生的作用力叫作黏性阻力或内摩擦力。黏性阻力产生的物理原因是存在分子不规则运动的动量交换和分子间吸引力。根据牛顿内摩擦定律，两层流体间切应力的表达式为

$$\tau = \mu\frac{\mathrm{d}V}{\mathrm{d}y} \tag{12-5}$$

式中，τ 为切应力；μ 为动力黏性系数，与流体种类和温度有关；$\mathrm{d}V/\mathrm{d}y$ 为垂直于两层流体接触面上的速度梯度。我们把符合牛顿内摩擦定律的流体称为牛顿流体。

黏性系数受温度的影响很大，在温度升高时，液体的黏性系数减小，黏性下降，而气体的黏性系数增大，黏性增加。在压强不是很高的情况下，黏性系数受压强的影响很小，只有当压强很高（如几十兆帕）时才需要考虑压强对黏性系数的影响。

当流体的黏性较小（如空气和水的黏性都很小），运动的相对速度也不大时，其所产生的黏性应力比起其他类型的力（如惯性力）可忽略不计。此时，可以近似地把流体看成是无黏性的，称为无黏流体，也叫作理想流体；而对于需要考虑黏性的流体则称为黏性流体。

4. 流体的导热性

当流体内部或流体与其他介质之间存在温度差时，温度高的地方与温度低的地方之间会发生热量传递。热量传递有热传导、热对流、热辐射 3 种形式。当流体在管内高速流动时，在紧贴壁面的位置会形成层流底层，液体在该处的流速很低，几乎可看作是零，所以与壁面进行的主要是热传导，而层流以外的区域的热流传递形式主要是热对流。单位时间内通过单位面积由热传导所传递的热量可按傅里叶导热定律确定，即

$$q = -\lambda\frac{\partial T}{\partial n} \tag{12-6}$$

式中，n 为面积的法线方向，$\partial T/\partial n$ 为沿 n 方向的温度梯度，λ 为导热系数，负号 "–" 表示热量传递方向与温度梯度方向相反。

通常情况下，流体与固体壁面间的对流换热量可用下式表达：

$$q = h(T_1 - T_2) \tag{12-7}$$

式中，h 为对流换热系数，与流体的物性、流动状态等因素有关，主要是由实验数据得出的经验公式来确定。

12.1.3 作用在流体上的力

作用在流体上的力可分为质量力与表面力两类。质量力（或称体积力）是指作用在体积 V 内每一液体质量（或体积）上的非接触力，其大小与流体质量成正比。重力、惯性力、电磁力都属于质量力。

表面力是指作用在所取流体体积表面 S 上的力，它是由与该流体相接触的流体或物体的直接作用而产生的。

在流体表面围绕 M 点选取一微元面积，作用在其上的表面力用 $\Delta \vec{F}_S$ 表示，$\Delta \vec{F}_S$ 可分解为垂直于微元表面的法向力 $\Delta \vec{F}_n$ 和平行于微元表面的切向力 $\Delta \vec{F}_\tau$。在静止流体或运动的理想流体中，表面力只存在垂直于表面上的法向力 $\Delta \vec{F}_n$，这时，作用在 M 点周围单位面积上的法向力就定义为 M 点上的流体静压强，即

$$P = \lim_{\Delta S \to \Delta S_0} \frac{\Delta \vec{F}_n}{\Delta S} \tag{12-8}$$

式中，ΔS_0 是和流体质点的体积具有相比拟尺度的微小面积。

静压强又常称为静压。流体静压强具有如下两个重要特性：

➢ 流体静压强的方向总是和作用面相垂直，并且指向作用面。
➢ 在静止流体或运动理想流体中，某一点静压强的大小与所取作用面的方位无关。

对于理想流体流动，流体质点只受法向力，没有切向力。对于黏性流体流动，流体质点所受作用力既有法向力，也有切向力。

单位面积上所受到的切向力称为切应力。对于一元流动，切向力可由牛顿内摩擦定律求出；对于多元流动，切向力可由广义牛顿内摩擦定律求得。

12.1.4 流动分析基础

研究流体运动的方法有拉格朗日法和欧拉法两种不同的方法。拉格朗日法是从分析流体各个质点的运动入手，来研究整个流体的运动。欧拉法是从分析流体所占据的空间中各固定点处的流体运动入手，来研究整个流体的运动。

在任意空间点上，流体质点的全部流动参数（如速度、压强、密度等）都不随时间的变化而改变的流动称为定常流动；若流体质点的全部或部分流动参数随时间的变化而改变，则称为非定常流动。人们常用迹线或流线的概念来描述流场。迹线是任何一个流体质点在流场中的运动轨迹，它是某一流体质点在一段时间内所经过的路径，是同一流体质点不同时刻所在位置的连线；流线是某一瞬时各流体质点的运动方向线，在该曲线上各点的速度矢量相切于这条曲线。

在定常流动中，流动与时间无关，流线不随时间的改变而改变，流体质点沿着流线运动，流线与迹线重合。对于非定常流动，迹线与流线是不同的。

12.1.5 流体运动的基本概念

1. 层流流动与紊流流动

当流体在圆管中流动时，如果管中流体是一层一层流动的，各层间互不干扰，互不相混，则这样的流动状态称为层流流动。当流速逐渐增大时，流体质点除了沿管轴向运动外，还有垂直于管轴向方向的横向流动，即层流流动已被打破，完全处于无规则的乱流状态，这种流动状态称为紊流或湍流流动。我们把流动状态发生变化（如从层流到紊流）时的流速称为临界速度。

大量实验数据与相似理论证实，流动状态不是取决于临界速度，而是由综合反映管道尺寸、流体物理属性、流动速度的组合量——雷诺数来决定的。雷诺数 Re 定义为

$$Re = \frac{\rho u d}{\mu} \tag{12-9}$$

式中，ρ 为流体密度，u 为平均流速，d 为管道直径，μ 为动力黏性系数。

由层流转变到紊流时所对应的雷诺数称为上临界雷诺数，用 Re'_{cr} 表示；由紊流转变到层流所对应的雷诺数称为下临界雷诺数，用 Re_{cr} 表示。通过比较实际流动的雷诺数 Re 与临界雷诺数，就可确定黏性流体的流动状态。

➤ 当 $Re < Re_{cr}$ 时，流动为层流状态。
➤ 当 $Re > Re'_{cr}$ 时，流动为紊流状态。
➤ 当 $Re_{cr} < Re < Re'_{cr}$ 时，可能为层流，也可能为紊流。

在工程应用中，一般管道雷诺数 $Re < 2000$ 时，流动为层流流动，当 $Re > 4000$ 时，可认为流动为紊流流动。

实际上，雷诺数反映了惯性力与黏性力之比，雷诺数越小，表明流体黏性力对流体的作用较大，能够削弱引起紊流流动的扰动，保持层流状态；雷诺数越大，表明惯性力对流体的作用更明显，易使流体质点发生紊流流动。

2. 有旋流动与无旋流动

有旋流动是指流场中各处的旋度（流体微团的旋转角速度）不等于零的流动，无旋流动是指流场中各处的旋度都为零的流动。流体质点的旋度是一个矢量，用 ω 表示，其表达式为

$$\omega = \frac{1}{2} \begin{vmatrix} i & j & k \\ \dfrac{\partial}{\partial x} & \dfrac{\partial}{\partial y} & \dfrac{\partial}{\partial z} \\ u & v & w \end{vmatrix} \tag{12-10}$$

若 $\omega = 0$，则流动为无旋流动，否则为有旋流动。

流体运动是有旋流动还是无旋流动，取决于流体微团是否有旋转运动，与流体微团的运动轨迹无关。流体流动中，如果考虑黏性，由于存在摩擦力，这时流动为有旋流动；如果黏性可以忽略，而流体本身又是无旋流，如均匀流，这时流动为无旋流动。例如，均匀

气流流过平板，在紧靠壁面的附面层内需要考虑黏性影响，因此附面层内为有旋流动；附面层外的流动可以忽略黏性，为无旋流动。

3. 声速与马赫数

声速是指微弱扰动波在流体介质中的传播速度，它是流体可压缩性的标志，对于确定可压缩流的特性和规律起着重要作用。声速表达式的微分形式为

$$c = \sqrt{\frac{\mathrm{d}p}{\mathrm{d}\rho}} \qquad (12\text{-}11)$$

声速在气体中传播时，由于在微弱扰动的传播过程中，气流的压强、密度和温度的变化都是无限小量，若忽略黏性作用，整个过程接近可逆过程，同时该过程进行得很迅速，又接近一个绝热过程，所以微弱扰动的传播可以认为是一个等熵的过程。对于完全气体，声速又可表示为

$$c = \sqrt{kRT} \qquad (12\text{-}12)$$

式中，k 为比热比，R 为气体常数。

式（12-12）只能用来计算微弱扰动的传播速度，对于强扰动，如激波、爆炸波等，其传播速度比声速大，并随波的强度增大而加快。

流场中某点处气体流速 V 与当地声速 c 之比为该点处气流的马赫数，用 Ma 表示：

$$Ma = \frac{V}{c} \qquad (12\text{-}13)$$

马赫数表示气体宏观运动的动能与气体内部分子无规则运动的动能（即内能）之比。当 $Ma \leqslant 0.3$ 时密度的变化可以忽略，当 $Ma > 0.3$ 时就必须考虑气流压缩性的影响，因此马赫数是研究高速流动的重要参数，是划分高速流动类型的标准。当 $Ma > 1$ 时，为超声速流动；当 $Ma < 1$ 时，为亚声速流动；当 $Ma = 0.8 \sim 1.2$ 时，为跨声速流动。超声速流动与亚声速流动的规律有本质的区别，跨声速流动兼有超声速与亚声速流动的某些特点，是更复杂的流动。

4. 膨胀波与激波

膨胀波与激波是超声速气流特有的重要现象，超声速气流在加速时会产生膨胀波，减速时会出现激波。当超声速气流流经由微小外折角（θ）所引起的马赫波时，气流加速，压强和密度下降，这种马赫波就是膨胀波。超声速气流沿外凸壁流动的基本微分方程如下：

$$\frac{\mathrm{d}V}{V} = -\frac{\mathrm{d}\theta}{\sqrt{Ma^2-1}} \qquad (12\text{-}14)$$

当超声速气流绕物体流动时，在流场中往往出现强压缩波，即激波。气流经过激波后，压强、温度和密度均突然升高，速度则突然下降。超声速气流被压缩时一般都会产生激波。激波按照其形状可分为以下3类：

➢ 正激波：气流方向与波面垂直。
➢ 斜激波：气流方向与波面不垂直。例如，当超声速气流流过楔形物体时，在物体前缘往往产生斜激波。
➢ 曲线激波：波形为曲线形。

设激波前的气流速度、压强、温度、密度和马赫数分别为 v_1、p_1、T_1、ρ_1 和 Ma_1，经过激波后变为 v_2、p_2、T_2、ρ_2 和 Ma_2，则激波前后气流应满足以下方程：

连续性方程：

$$\rho_1 v_1 = \rho_2 v_2 \tag{12-15}$$

动量方程：

$$p_1 - p_2 = \rho_1 v_1^2 - \rho_2 v_1^2 \tag{12-16}$$

能量方程（绝热）：

$$\frac{v_1^2}{2} + \frac{k}{k-1}\frac{p_1}{\rho_1} = \frac{v_2^2}{2} + \frac{k}{k-1}\frac{p_2}{\rho_2} \tag{12-17}$$

式中，k 为等熵指数。

状态方程：

$$\frac{p_1}{\rho_1 T_1} = \frac{p_2}{\rho_2 T_2} \tag{12-18}$$

据此，可得出激波前后参数的关系：

$$\frac{p_2}{p_1} = \frac{2k}{k+1}Ma^2 - \frac{k-1}{k+1} \tag{12-19}$$

$$\frac{v_2}{v_1} = \frac{k-1}{k+1} + \frac{2}{(k+1)Ma^2} \tag{12-20}$$

$$\frac{\rho_2}{\rho_1} = \frac{\dfrac{k+1}{k-1}Ma^2}{\dfrac{2}{k-1}+Ma^2} \tag{12-21}$$

$$\frac{T_2}{T_1} = \left(\frac{2kMa_1^2 - k + 1}{k+1}\right)\left(\frac{2+(k-1)Ma_1^2}{(k+1)Ma_1^2}\right) \tag{12-22}$$

$$\frac{Ma_2^2}{Ma_1^2} = \frac{Ma_1^{-2} + \dfrac{k-1}{2}}{Ma_1^2 - \dfrac{k-1}{2}} \tag{12-23}$$

12.1.6 流体流动及换热的基本控制方程

流体流动要符合物理守恒定律，即流动要满足质量守恒方程、动量守恒方程、能量守恒方程。这里给出了求解多维流体运动与换热的方程组。

1. 物质导数

把流场中的物理量认作是空间和时间的函数：

$$T = T(x,y,z,t) \qquad p = p(x,y,z,t) \qquad v = v(x,y,z,t)$$

研究各物理量对时间的变化率，如速度分量 u 对时间 t 的变化率有

$$\frac{\mathrm{d}u}{\mathrm{d}t}=\frac{\partial u}{\partial t}+\frac{\partial u}{\partial x}\frac{\mathrm{d}x}{\mathrm{d}t}+\frac{\partial u}{\partial y}\frac{\mathrm{d}y}{\mathrm{d}t}+\frac{\partial u}{\partial x}\frac{\mathrm{d}z}{\mathrm{d}t}=\frac{\partial u}{\partial t}+u\frac{\partial u}{\partial x}+v\frac{\partial u}{\partial y}+w\frac{\partial u}{\partial x} \tag{12-24}$$

式中，u、v、w 分别为速度沿 x、y、z 方向的速度矢量。

将式（12-24）分子中的 u 用 N 替换，代表任意物理量，得到任意物理量 N 对时间 t 的变化率：

$$\frac{\mathrm{d}N}{\mathrm{d}t}=\frac{\partial N}{\partial t}+u\frac{\partial N}{\partial x}+v\frac{\partial N}{\partial y}+w\frac{\partial N}{\partial x} \tag{12-25}$$

这就是任意物理量 N 的物质导数，也称为质点导数。

2. 质量守恒方程（连续性方程）

任何流动问题都要满足质量守恒方程，即连续性方程。其定律表述为：在流场中任取一个封闭区域，此区域称为控制体，其表面称为控制面，单位时间内从控制面流进和流出控制体的流体质量之差，等于单位时间该控制体质量增量。其积分形式为

$$\frac{\partial}{\partial t}\iiint_{\mathrm{Vol}}\rho\,\mathrm{d}x\,\mathrm{d}y\,\mathrm{d}z+\oiint_{A}\rho\,\mathrm{d}A=0 \tag{12-26}$$

式中，V_{01} 表示控制体；A 表示控制面。第一项表示控制体内部质量的增量，第二项表示通过控制面的净通量。

式（12-26）在直角坐标系中的微分形式如下：

$$\frac{\partial\rho}{\partial t}+\frac{\partial(\rho u)}{\partial x}+\frac{\partial(\rho v)}{\partial y}+\frac{\partial(\rho w)}{\partial z}=0 \tag{12-27}$$

连续性方程的适用范围没有限制，无论是可压缩或不可压缩流体，黏性或无黏性流体，定常或非定常流动都适用。

对于定常流动，密度 ρ 不随时间的变化而变化，式（12-27）变为

$$\frac{\partial(\rho u)}{\partial x}+\frac{\partial(\rho v)}{\partial y}+\frac{\partial(\rho w)}{\partial z}=0 \tag{12-28}$$

对于定常不可压缩流动，密度 ρ 为常数，式（12-27）变为

$$\frac{\partial u}{\partial x}+\frac{\partial v}{\partial y}+\frac{\partial w}{\partial z}=0 \tag{12-29}$$

3. 动量守恒方程（N-S 方程）

动量守恒方程也是任何流动系统都必须满足的基本定律。其定律表述为：任何控制微元中流体动量对时间的变化率等于外界作用在微元上各种力之和。数学表达式为

$$\delta_F=\delta_m\frac{\mathrm{d}v}{\mathrm{d}t} \tag{12-30}$$

式中，δ_F 为作用力的合力；δ_m 为单位时间内动量的变化之和。

由流体的黏性本构方程得到直角坐标系下的动量守恒方程，即 N-S 方程：

$$\rho \frac{\mathrm{d}u}{\mathrm{d}t} = \rho F_x - \frac{\partial p}{\partial x} + \frac{\partial}{\partial x}\left(\mu \frac{\partial u}{\partial x}\right) + \frac{\partial}{\partial y}\left(\mu \frac{\partial u}{\partial y}\right) + \frac{\partial}{\partial z}\left(\mu \frac{\partial u}{\partial z}\right) + \frac{\partial}{\partial x}\left[\left(\frac{\mu}{3}\left(\frac{\partial u}{\partial x} + \frac{\partial v}{\partial y} + \frac{\partial w}{\partial z}\right)\right)\right]$$

$$\rho \frac{\mathrm{d}v}{\mathrm{d}t} = \rho F_y - \frac{\partial p}{\partial y} + \frac{\partial}{\partial x}\left(\mu \frac{\partial v}{\partial x}\right) + \frac{\partial}{\partial y}\left(\mu \frac{\partial v}{\partial y}\right) + \frac{\partial}{\partial z}\left(\mu \frac{\partial v}{\partial z}\right) + \frac{\partial}{\partial y}\left[\left(\frac{\mu}{3}\left(\frac{\partial u}{\partial x} + \frac{\partial v}{\partial y} + \frac{\partial w}{\partial z}\right)\right)\right]$$

$$\rho \frac{\mathrm{d}w}{\mathrm{d}t} = \rho F_z - \frac{\partial p}{\partial z} + \frac{\partial}{\partial x}\left(\mu \frac{\partial w}{\partial x}\right) + \frac{\partial}{\partial y}\left(\mu \frac{\partial w}{\partial y}\right) + \frac{\partial}{\partial z}\left(\mu \frac{\partial z}{\partial z}\right) + \frac{\partial}{\partial z}\left[\left(\frac{\mu}{3}\left(\frac{\partial u}{\partial x} + \frac{\partial v}{\partial y} + \frac{\partial w}{\partial z}\right)\right)\right]$$

$$(12\text{-}31)$$

对于不可压缩常黏度的流体，则式（12-31）可变为

$$\rho\left(\frac{\partial u}{\partial t} + u\frac{\partial u}{\partial x} + v\frac{\partial u}{\partial y} + w\frac{\partial u}{\partial z}\right) = \rho F_x - \frac{\partial \rho}{\partial x} + \mu\left(\frac{\partial^2 u}{\partial x^2} + \frac{\partial^2 u}{\partial y^2} + \frac{\partial^2 u}{\partial z^2}\right)$$

$$\rho\left(\frac{\partial v}{\partial t} + u\frac{\partial v}{\partial x} + v\frac{\partial v}{\partial y} + w\frac{\partial v}{\partial z}\right) = \rho F_y - \frac{\partial \rho}{\partial y} + \mu\left(\frac{\partial^2 v}{\partial x^2} + \frac{\partial^2 v}{\partial y^2} + \frac{\partial^2 v}{\partial z^2}\right) \qquad (12\text{-}32)$$

$$\rho\left(\frac{\partial w}{\partial t} + u\frac{\partial w}{\partial x} + v\frac{\partial w}{\partial y} + w\frac{\partial w}{\partial z}\right) = \rho F_z - \frac{\partial \rho}{\partial z} + \mu\left(\frac{\partial^2 w}{\partial x^2} + \frac{\partial^2 w}{\partial y^2} + \frac{\partial^2 w}{\partial z^2}\right)$$

在不考虑流体黏性的情况下，则由式（12-31）可得出欧拉方程如下：

$$\frac{\mathrm{d}u}{\mathrm{d}t} = \frac{\partial u}{\partial t} + u\frac{\partial u}{\partial x} + v\frac{\partial u}{\partial y} + w\frac{\partial u}{\partial z} = F_x - \frac{\partial \rho}{\rho \partial x}$$

$$\frac{\mathrm{d}v}{\mathrm{d}t} = \frac{\partial v}{\partial t} + u\frac{\partial v}{\partial x} + v\frac{\partial v}{\partial y} + w\frac{\partial v}{\partial z} = F_y - \frac{\partial \rho}{\rho \partial y} \qquad (12\text{-}33)$$

$$\frac{\mathrm{d}w}{\mathrm{d}t} = \frac{\partial w}{\partial t} + u\frac{\partial w}{\partial x} + v\frac{\partial w}{\partial y} + w\frac{\partial w}{\partial z} = F_z - \frac{\partial \rho}{\rho \partial z}$$

N-S 方程比较准确地描述了实际的流动，黏性流体的流动分析可归结为对此方程的求解。N-S 方程有 3 个分式，加上不可压缩流体连续性方程式，共 4 个方程，有 4 个未知数 u、v、w 和 p，方程组是封闭的，加上适当的边界条件和初始条件原则上可以求解。但由于 N-S 方程存在非线性项，因此求一般解析解非常困难，只有在边界条件比较简单的情况下才能求得解析解。

4. 能量方程与导热方程

描述固体内部温度分布的控制方程为导热方程。直角坐标系下三维非稳态导热微分方程的一般形式为

$$\rho c \frac{\partial t}{\partial \tau} = \frac{\partial}{\partial x}\left(\lambda \frac{\partial t}{\partial x}\right) + \frac{\partial}{\partial y}\left(\lambda \frac{\partial t}{\partial y}\right) + \frac{\partial}{\partial z}\left(\lambda \frac{\partial t}{\partial z}\right) + \varPhi \qquad (12\text{-}34)$$

式中，τ、ρ、c、$\varPhi$ 和 t 分别为微元体的温度、密度、比热容、单位时间单位体积的内热源生成热和时间，λ 为导热系数。

如果将导热系数看作常数，在无内热源且稳态的情况下，式（12-34）可简化为拉普拉斯（Laplace）方程：

$$\frac{\partial^2 t}{\partial x^2} + \frac{\partial^2 t}{\partial y^2} + \frac{\partial^2 t}{\partial y^2} = 0 \qquad (12\text{-}35)$$

用来求解对流换热的能量方程为

$$\frac{\partial t}{\partial \tau}+u\frac{\partial t}{\partial x}+v\frac{\partial t}{\partial y}+w\frac{\partial t}{\partial z}=\alpha\frac{\partial^2 t}{\partial x^2}+\frac{\partial^2 t}{\partial y^2}+\frac{\partial^2 t}{\partial y^2} \tag{12-36}$$

式中，$a=\lambda/\rho c_p$，称为热扩散率，其中 c_p 为比定压热容；u、v、w 为流体速度的分量，对于固体介质 $u=v=w=0$。这时能量方程式（12-36）即为求解固体内部温度场的导热方程。

12.1.7 边界层理论

1. 边界层概念及特征

当黏性较小的流体绕流物体时，黏性的影响仅限于贴近物面的薄层内，在这薄层之外，黏性的影响可以忽略。而在这个薄层内，形成一个从固体壁面速度为零到外流速度的速度梯度区，普朗特把这一薄层称为边界层。

边界层厚度 δ 的定义：如果以 V_0 表示外部无黏流速度，则通常把各个截面上速度达到 $V_x=0.99V_0$ 或 $V_x=0.995V_0$ 值的所有点的连线定义为边界层外边界，而从外边界到物面的垂直距离定义为边界层厚度。

2. 附面层微分方程

普朗特根据在大雷诺数下边界层非常薄的前提，对黏性流体运动方程做了简化，得到了被人们称为普朗特方程的边界层微分方程。根据附面层概念对黏性流动的基本方程的每一项进行数量级的估计，忽略掉数量级较小的量，这样在保证一定精度的情况下可使方程得到简化，得出适用于附面层的基本方程。

1）层流附面层方程：

$$\frac{\partial V_x}{\partial x}+\frac{\partial V_y}{\partial y}=0$$

$$V_x\frac{\partial V_x}{\partial y}+V_y\frac{\partial V_y}{\partial y}=-\frac{1}{\rho}\frac{\partial p}{\partial x}+\nu\frac{\partial^2 V}{\partial y^2} \tag{12-37}$$

$$\frac{\partial p}{\partial y}=0$$

式（12-37）是平壁面二维附面层方程，适用于平板及楔形物体，其求解的边界条件如下：

➢ 在物面上 $y=0$ 处，满足无滑移条件，$V_x=0$，$V_y=0$。

➢ 在附面层外边界 $y=\delta$ 处，$V_x=V_0(x)$。$V_0(x)$ 是附面层外部边界上无黏流的速度，它由无黏流场求解中获得，在计算附面层流动时为已知参数。

2）紊流附面层方程：

$$\frac{\partial \overline{V_x}}{\partial x}+\frac{\partial \overline{V_y}}{\partial y}=0 \tag{12-38}$$

$$\overline{V_x}\frac{\partial \overline{V_x}}{\partial x}+\overline{V_y}\frac{\partial \overline{V_y}}{\partial y}=-\frac{1}{\rho}\frac{\mathrm{d}p}{\mathrm{d}x}+\upsilon\frac{\partial^2 \overline{V_x}}{\partial y^2}-\frac{\partial}{\partial y}\overline{V_x'V_y'}$$

对于附面层方程，在 Re 数很高时才有足够的精度，在 Re 数不比 1 大许多的情况下，附面层方程是不适用的。

12.2 SOLIDWORKS Flow Simulation 基础

12.2.1 SOLIDWORKS Flow Simulation的应用领域

SOLIDWORKS Flow Simulation 作为一种 CFD 分析软件，在流体流动和传热分析领域有着广泛的应用背景。典型的应用场合如下：

➢ 流体流动的内流和外流。
➢ 定常和非定常流动。
➢ 可压缩和不可压缩流动（在同一个项目中没有混合）。
➢ 自由、强迫和混合对流。
➢ 考虑边界层的流动，包括粗糙壁面的影响。
➢ 层流和湍流流动。
➢ 多组分流动和多体固体。
➢ 多种情况下流固的热传导。
➢ 多孔介质流动。
➢ 非牛顿流体流动问题。
➢ 可压缩液体流动问题。
➢ 两相（液体和固体颗粒）流动问题。
➢ 水蒸气的等体积压缩问题，以及对流动和传热的影响。
➢ 作用于移动或旋转壁面的流动问题。

12.2.2 SOLIDWORKS Flow Simulation的使用流程

CFD 软件的使用有其固定的流程，SOLIDWORKS Flow Simulation 也不例外。

1. 确定求解几何区间和物理特征

用来描述问题的几何区间和物理特征极大地影响着计算的结果。在求解之前的建模工作中需要对问题进行一定的简化，即判断一些 SOLIDWORKS Flow Simulation 无法引入到计算过程中的工程问题参数的影响。

1）如果问题包含运动的物体，那么就要考虑物体的运动对计算结果的影响。如果运动对结果影响很大，那么就要考虑使用准静态方法。

2）如果问题包含若干种类的流体和固体，那么就要考虑这些组分之间化学反应对计算结果的影响。如果化学反应有一定作用，即化学反应的速率很高，而且反应得到的物质很多，那么可以考虑把反应结果当作另外一种物质考虑到计算过程之中。

3）如果问题包含多种流体，如气体和液体，那么就要考虑其界面存在的重要性，并进行处理。因为 SOLIDWORKS Flow Simulation 在计算过程中并不考虑液气界面的存在。

2．构建 SOLIDWORKS Flow Simulation 求解项目

1）将实际的工程问题简化，去除大量占用计算资源的约束。例如，在考察壁面特性的时候，一般假定为绝对光滑或者具有相同的表面粗糙度特性。

2）为模型加入辅助特征，如流入和流出通道。

3）指定 SOLIDWORKS Flow Simulation 项目的类型，如问题类型（内流或外流）、流体和固体的物性、计算域的边界、边界条件和初始化条件、流体的子区域、旋转区域、基于体积或表面积的热源、风扇条件等。

4）指定关注的物理参数作为 SOLIDWORKS Flow Simulation 项目的求解目标（这类参数可以是全局的也可以是局部的参数），从而在计算后考察其在求解过程中的变化情况。

3．问题求解

1）划分网格。可以使用系统自动生成的计算网格，也可以在其基础之上手工调整网格的特性，如全局精细或者局部精细网格。这些将对求解时间和精度有绝对的影响。

2）求解并监测求解过程。

3）用图表的形式观察计算结果。

4）考察计算结果的可靠性和准确性。

12.2.3　SOLIDWORKS Flow Simulation的网格技术

为了在计算机上求得数学模型的解，必须使用离散方法将数学模型离散成数值模型，主要包括计算空间的离散和物理方程的离散过程。

常用的物理方程离散方法有有限差分法、有限体积法和有限单元法。SOLIDWORKS Flow Simulation 对物理方程的离散采用的方法是有限体积法。

对空间离散的方法就是网格生成过程，用离散的网格来代替整个物理空间。网格生成是数值模拟的基础。提高网格质量、减少人工成本、易于编写程序、提高收敛速度是高效求解算法的几个主要目标。目前普遍应用的主要有贴体网格法、块结构化网格法和非结构化网格法。

贴体网格法是通过变换，把物理平面的不规则区域变换到计算平面的规则区域的一种计算方法。这种方法的优点是在整个计算域为结构化网格，程序编写容易，离散方程的求解算法比较简单、成熟、收敛较快，但其网格生成的算法、技巧与具体的几何形状有关，不易做到自动生成，而且对于特别复杂的区域，往往难以生成高质量的网格。

块结构化网格法是把一个复杂的计算区域分成若干个比较简单的块，每一块内均采用各自的结构化网格。这种方法可以大大减轻单个区域生成网格的难度，生成高质量的网格，但对于特别复杂的区域，整个区域的分块工作需要大量的人工干预，最终生成网格的质量相当程度上依赖于工作人员的经验水平，而且块交界面处需要进行大量的信息交换，程序编写比较复杂。

非结构化网格法是在有限元方法的影响之下，于最近十几年发展起来的。该方法可根据计算问题的特点自由布置网格系统，对任何复杂的区域均可获得高质量的网格，且可以实现网格生成自动化。但是非结构化网格的生成算法多采用四面体网格，对于大纵横比的计算问题，非结构化网格方法需要布置较多的网格才能保证网格的质量，而且非结构化网格法的程序组织及编写也比结构化网格系统复杂，离散方程收敛较慢。

现有的方法各有优势，但也都存在需要改进之处，它们都没能同时满足高效求解算法的几个要求。

自适应直角坐标网格方法是近年来发展起来的一种能较好处理复杂外形的计算方法。该方法概念简单易懂，易于生成高质量的网格，控制方程形式简单，不易发散，而且其自适应的特性可以最大限度地减少人工干预成本。自适应直角坐标网格方法是在原始的均匀直角坐标网格基础上，根据物面外形和物理量梯度场的特点，在边界附近及物理量梯度较大的局部区域内不断进行网格细化，因此可以用足够细密的阶梯形边界来逼近曲线边界并在物理量梯度较大处用较细密网格获得较高精度。只要不断进行网格细化，该方法可以以任意精度模拟边界曲线，而且网格建立简单省时，网格加密容易。

SOLIDWORKS Flow Simulation 正是采用这种自适应直角坐标网格方法（又叫作自适应直角网格），并以人工干预的方法来控制网格的生成和局部细化过程。

12.3　球阀流场分析实例

本例通过对一个球阀装配体的内部流场计算，介绍了 SOLIDWORKS Flow Simulation 的基本使用方法，并简单介绍了改变零件几何参数后流场分析的操作步骤。

1. 打开 SOLIDWORKS 模型"球阀设计"文件夹中的文件

1）打开文件"Ball Valve.SLDASM"。打开后的球阀模型如图 12-2 所示。

2）在 SOLIDWORKS 特征树下单击 Lid 1 和 Lid 2，观察 Lids（盖子）。Lids 是用来定义出口和入口条件的边界。

2. 创建 SOLIDWORKS Flow Simulation 项目

1）单击"FlowSimulation"工具栏中的"向导"命令，打开"向导-项目名称"对话框。

2）在"项目名称"文本框中输入"Ball Valve"，在"配置"下拉列表中选择 "新建"，设置"配置名称"为"Ball Valve（1）"，其他选项采用默认设置，创建新的配置，如图 12-3 所示。

SOLIDWORKS Flow Simulation 会创建新的配置文件，并存储在新建立的文件夹里。

3）单击"下一步"按钮，打开"向导-单位系统"对话框。

4）选择计算的单位制，本例选择 SI，如图 12-4 所示。注意，在完成项目向导之后，仍然可以通过配置的方法来改变SOLIDWORKS Flow Simulation 的单位系统。

图 12-2 球阀模型

图 12-3 "向导-项目名称"对话框

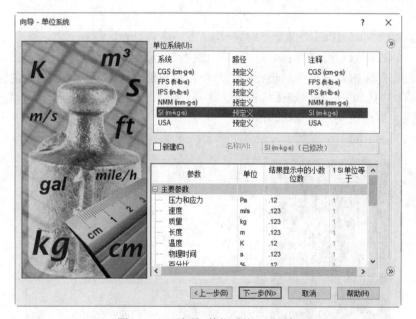

图 12-4 "向导-单位系统"对话框

在 SOLIDWORKS Flow Simulation 中有一些预先定义好的单位系统，用户也可以定义自己的单位系统。

5）单击"下一步"按钮，打开"向导-分析类型"对话框。

6）将"分析类型"设定为"内部"，设置"考虑封闭腔"为"排除不具备流动的腔"，同时不包括任何的物理特征，如图 12-5 所示。

在这里要分析的是内部流动，即在结构内部的流动（与之相对应的是外部流动）。同时选择了条件"排除不具备流动条件的腔"，即忽略空穴的作用。

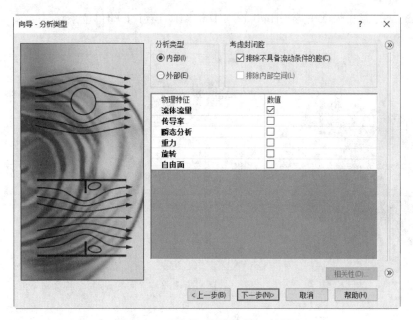

图 12-5 "向导-分析类型"对话框

7）单击"下一步"按钮，打开"向导-默认流体"对话框。

实际上 SOLIDWORKS Flow Simulation 不仅会计算流体的流动，而且会把固体的传热条件考虑进去，如面面辐射，也可以进行瞬态分析，在自然对流时还会考虑重力的因素。

8）在流体树上单击展开"液体"选项，选择"水"，如图 12-6 所示。可以通过双击，或者单击"添加"按钮来添加流体。

图 12-6 "向导-默认流体"对话框

SOLIDWORKS Flow Simulation 可以在一个算例里分析多种性质的流体，但流体之间必须通过壁面隔离开来，只有同种流体才可以混合。

9）单击"下一步"按钮，打开"向导-壁面条件"对话框。

SOLIDWORKS Flow Simulation 能够分析的流动类型有：仅层流、仅湍流以及层流和湍流的混合状态。也可以用来计算不同马赫数条件的可压缩流体。

10）单击"下一步"按钮，采用默认的壁面条件，如图 12-7 所示。

由于并不关心流体流经壁面的传热条件，所以选择接受"绝热壁面"，表明壁面是绝热的。可以自行定义壁面的表面粗糙度值（Rz 值），设置为真实的壁面边界条件。

图 12-7 "向导-壁面条件"对话框

11）单击"下一步"按钮，采用默认的初始条件，如图 12-8 所示。

这里定义的是压力、速度、温度的初始条件。实际上，初始值与最终的计算值越接近，计算时间就越短。但由于现在并不知道数值结果的最终值，所以接受默认设置。

12）单击"完成"按钮，完成一个新配置的创建。在模型树中单击"Configuration Manager"图标🖼，可以看到已经创建了"Ball Valve 配置"，如图 12-9 所示。

13）单击进入 SOLIDWORKS Flow Simulation 分析树，打开所有的选项，如图 12-10 所示。

在下面的流程里会像在 SOLIDWORKS Feature Manager 中创建实体特征进行设计的过程那样定义分析的内容。

可以在任何时候选择显示或者隐藏指定的内容。例如，右击"计算域"，在弹出的快捷菜单中单击"隐藏"命令，如图 12-11 所示，可以隐藏计算区域的黑色线框。

3. 边界条件

边界条件是指在求解区域边界上所求解的变量值，或者是其对时间和位置的导数。变量可以是压力、质量或体积流动、速度。

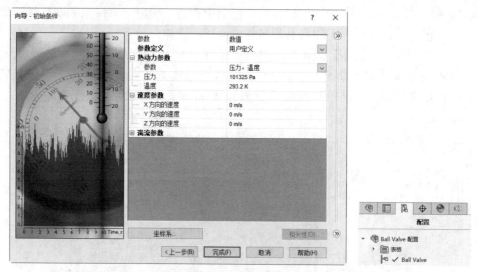

图 12-8 "向导-初始条件"对话框　　　　　　　图 12-9 Ball Valve 配置

1）单击"剖面图"按钮 📖，打开"剖面视图"属性管理器，并打开剖视图，如图 12-12 所示。

图 12-10 SOLIDWORKS Flow Simulation 分析树　　图 12-11 单击"隐藏"命令

在 SOLIDWORKS Flow Simulation 分析树中右击"边界条件"图标，选择"插入边界条件"命令，如图 12-13 所示。

2）如图 12-12 所示选中 Lid 1 的内侧面。

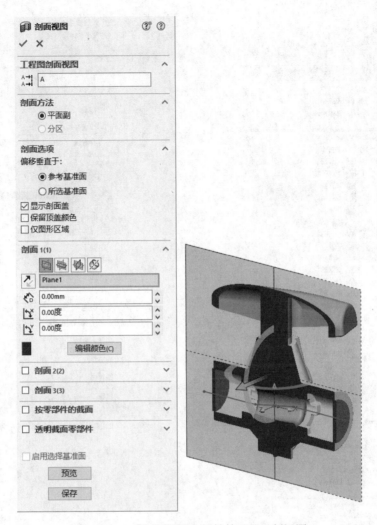

图 12-12 "剖面视图"属性管理器及剖视图

3）单击"流动开口"按钮，在列表框中选择"入口质量流量"，然后在"流动参数"选项组中设置"质量流量垂直于面" $\dot{m}$ 为 0.5kg/s，如图 12-14 所示。

4）单击 ✔ 按钮，结束设置。此时"入口质量流量 1"选项已添加在"边界条件"选项中，如图 12-15 所示。

因为流体的流动具有质量守恒的特性，因此这里不必再另外定义阀体的流出边界条件，默认为与流入的边界条件相同。

5）如图 12-16 所示选中 Lid 2 的内侧面。

6）在 SOLIDWORKS Flow Simulation 分析树中右击"边界条件"图标，选择"插入边界条件"命令。

7）选择"压力开口" 作为基本的边界条件，并以"静压"作为边界条件的类型，如图 12-17 所示。

8）单击 ✔ 按钮，将"静压 1"选项添加到"边界条件"选项中。

图 12-13　选择"插入边界条件"命令

图 12-14　定义边界条件

图 12-15　添加"入口质量流量 1"选项

图 12-16　选中 Lid 2 的内侧面

这样就完成了对 SOLIDWORKS Flow Simulation 出口边界条件的定义（即流体以标准大气压 101325Pa 流出阀体），如图 12-18 所示。

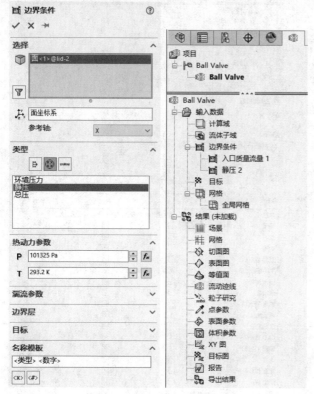

图 12-17　定义边界条件　　　　　　　图 12-18　出口边界条件

4. 定义求解目标

1）右击 SOLIDWORKS Flow Simulation 分析树中的"目标"图标，选择"插入表面目标"命令，如图 12-19 所示。

2）在 SOLIDWORKS Flow Simulation 分析树中选择"入口质量流量 1"，作为求解目标应用的截面位置。

在"参数"表的"静压"行中选中"平均值"，注意"用于控制目标收敛"已经被选中，表明将会使用定义的求解目标作为收敛控制，如图 12-20 所示。

如果"用于控制目标收敛"未被选中，则该变量不会影响迭代过程的收敛性，而是用作"监视变量"，提供求解过程的额外信息，同时不会影响求解的结果和解算时间。

3）单击✔按钮，则在"目标"选项中显示"SG 平均值 静压 1"作为求解目标，如图 12-21 所示。

求解目标表明了用户对某种类型变量的关切程度。通过对求解变量目标的定义，可以使求解器对该变量进行求解。在全部求解区间内定义的目标变量叫作全局目标（Global Goals），在局部选定的区间内定义的目标变量叫作壁面目标（Surface Goals），或者叫作体积目标（Volume Goals）。可以定义平均值、最大值、最小值以及表达式作为求解目标。

4）单击"文件"→"保存"按钮。

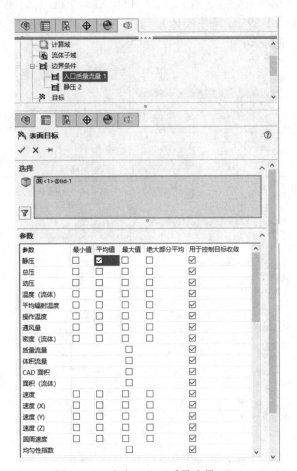

图 12-19 选择"插入表面目标"命令　　　　　图 12-20 定义"入口质量流量 1"

5. 求解计算

1）单击"Flow Simulation"工具栏中的"运行"按钮，弹出"运行"对话框，如图 12-22 所示。

2）采用默认设置，单击"运行"按钮。

6. 监视求解过程

弹出如图 12-23 所示的对话框，即求解过程的监视对话框。左边是正在进行的求解过程，右边则是计算资源的信息提示。

1）在计算还未完成之前单击工具栏中的暂停 ❚❚ 命令，然后单击"插入目标图"按钮 ，弹出"添加/移除目标"对话框，如图 12-24 所示。

2）勾选"SG 平均值 静压 1"复选框，单击"确定"按钮。

3）系统弹出如图 12-25 所示的"目标图 1"对话框。在该对话框中列出了每一个设置的求解目标，可以观察到计算的当前值和迭代次数。

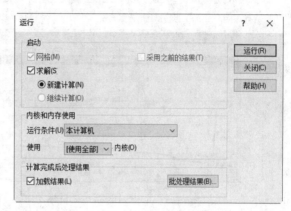

图 12-21　"SG 平均值 静压 1"作为求解目标　　　　图 12-22　"运行"对话框

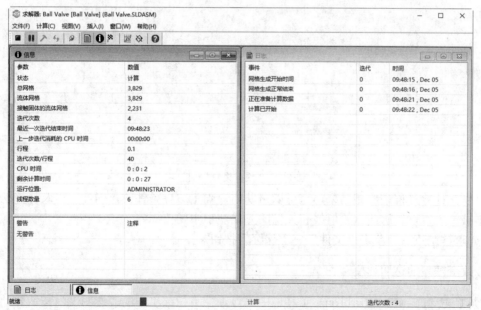

图 12-23　求解过程的监视对话框

4）单击求解过程的监视对话框工具栏中的"插入预览"按钮 ⬙。

5）系统弹出如图 12-26 所示的"预览设置"对话框。在"平面名"下拉列表中选择"Plane2"平面，然后单击"确定"按钮。SOLIDWORKS Flow Simulation 会在 Plane2 平面上创建显示图解，如图 12-27 所示。

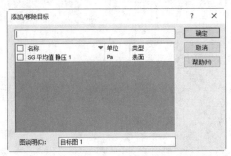

图 12-24 "添加/移除目标"对话框

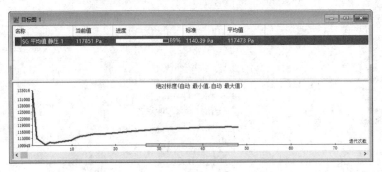

图 12-25 "目标图 1"对话框

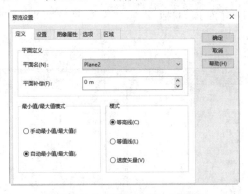

图 12-26 "预览设置"对话框

可以在计算过程中看到结果,这可以帮助用户确定边界条件的正确性,以及计算初期的计算结果。可以以轮廓线、等值线和矢量的方式观察中间值。

6)求解结束后,单击"文件"→"保存"按钮。

7.改变模型的透明程度

1)单击"Flow Simulation"工具栏中"显示"下拉菜单中的"透明度"按钮 。
2)系统弹出如图 12-28 所示的"模型透明度"对话框。将模型透明度的值设置为"0.75"。这里将实体设置成透明的状态,可以清晰地看到流动的截面。

8.绘制截面图

1)右击"切面图"图标,选择"插入"命令,如图 12-29 所示。

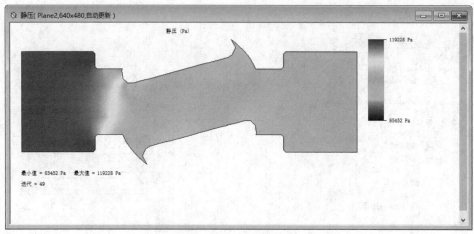

图 12-27　显示图解

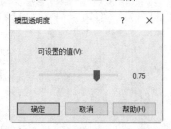

图 12-28　"模型透明度"对话框

2）弹出"切面图"属性管理器，在其中设定显示截面的位置。选择"Plane1"作为显示截面（可以通过在 SOLIDWORKS Feature Manager 中选择 Plane1 平面来实现）。设置"等高线"选项（即显示轮廓线）如图 12-30 所示。

3）单击✔按钮，生成如图 12-31 所示的截面图。

可以以任何 SOLIDWORKS 的平面作为截面位置，显示方法有轮廓线、等值线和矢量等。

4）双击图 12-31 左侧的颜色图标，弹出如图 12-32 所示的"刻度标尺"属性管理器。这里可以设置显示的变量和用来显示数值结果的颜色数量。

5）右击"切面图"中的"切面图 1"图标，选择"编辑定义"命令，如图 12-33 所示。

6）在"切面图 1"属性管理器中设置"显示"为"矢量"，如图 12-34 所示。

7）单击✔按钮，完成矢量显示，结果如图 12-35 所示。

在"显示"属性管理器中的"矢量"选项组中可以改变矢量箭头的大小。在"切线图"属性管理器中的"设置"选项组中可以改变矢量线的间距。

在矢量显示图线下，注意球阀尖角附近的流体回流现象。

9. 绘制表面图

1）右击"切面图"中的"切面图 1"图标，选择"隐藏"命令。

2）右击"表面图"图标，在弹出的快捷菜单中选择"插入"命令，如图 12-36 所示。

3）弹出"表面图"属性管理器。勾选"使用所有面"复选框，设置"显示"为"等高线"，如图 12-37 所示。

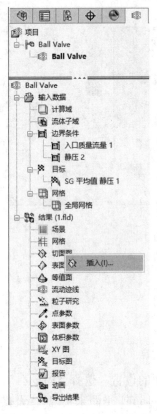

图 12-29　选择"插入"命令

图 12-30　设定显示截面的位置

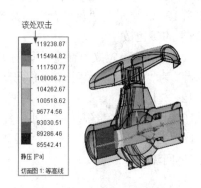

图 12-31　生成截面图

图 12-32　"刻度标尺"属性管理器

表面图的设置和截面图类似。

4）单击✔按钮，生成表面图。

图 12-38 所示为在所有与流体接触的表面上的压力分布情况。也可以单独显示某处曲面上的局部压力分布情况。

图12-33　选择"编辑定义"命令　　　　　图12-34　"切面图1"属性管理器

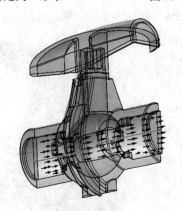

图12-35　矢量显示

10. 生成等值截面图

1）右击"表面图"中的"表面图1"图标，选择"隐藏"命令。

2）右击"等值面"图标，选择"插入"命令，如图 12-39 所示。在打开的属性管理器中单击✓按钮，生成如图12-40所示的等值截面。

等值截面（Isosurfaces）是SOLIDWORKS Flow Simulation 创建的三维曲面，通过该曲

面的变量具有相同的数值。变量的类型和变量的颜色显示可以在"刻度标尺"属性管理器里设置。

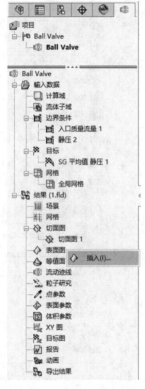

图 12-36　选择"插入"命令　　　　图 12-37　"表面图"属性管理器

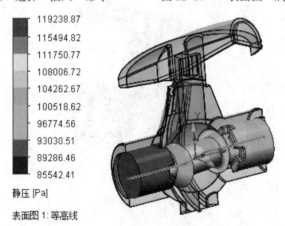

图 12-38　压力分布情况

3）右击"等值面"中的"等值面 1"图标，选择"编辑定义"命令，打开"等值面 1"属性管理器，如图 12-41 所示。

4）拖拽数值滑块，改变显示的压力数值。可以选中"数值 2"，拖拽"数值 2"的滑块到最右端，同时显示两个等值截面。

5）单击Flow Simulation 菜单中的"结果"→"显示"→"照明"选项。

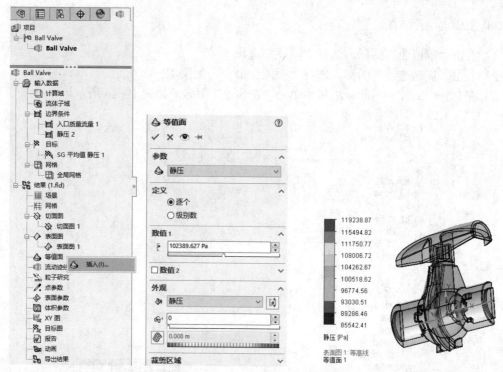

图 12-39 选择"插入"命令

图 12-40 等值截面

对三维曲面施加照明设置可以更好地观察曲面。

6）单击 ✔ 按钮，生成等值截面，结果如图 12-42 所示。

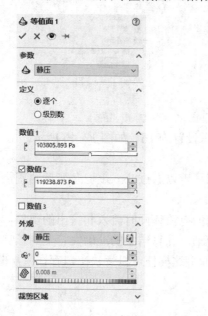

图 12-41 "等值面 1"属性管理器

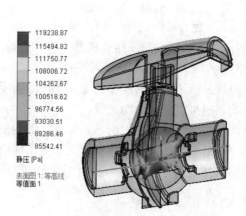

图 12-42 等值截面

等值截面可以帮助用户确定流体的压力和速度等变量在哪里达到了一个确定的值。

11. 生成流动迹线图

1）右击"等值面"图标，选择"隐藏"选项。

2）右击"流动迹线"图标，选择"插入"命令，如图 12-43 所示。

3）在 Flow Simulation 分析树中单击"静压 2"图标，如图 12-44 所示。

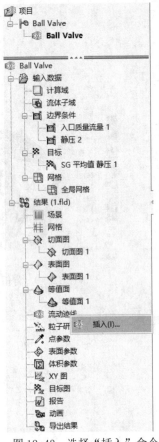

图 12-43　选择"插入"命令　　　　图 12-44　单击"静压 2"图标

4）弹出"流动迹线"属性管理器。将"点数"设置为 16，如图 12-45 所示。

5）单击✔按钮，生成流动迹线图。

流动迹线显示了流动的线型，如图 12-46 所示。可以通过 Excel 记录变量的变化对流动迹线的影响，也可以保存流动迹线。

注意，这里的计算结果表明，在 Lid2 的内侧面有流体同时流入和流出的现象。一般来讲，在同一个截面上如果同时存在流入和流出的流动，计算结果的准确性将受到影响。解决方法是在出口处增加管道，从而增大计算求解的区间，这样便可以解决出口存在漩涡的问题。

12. 绘制 XY 图

1）右击"流动迹线 1"图标，选择"隐藏"命令。

这里将绘制静压和速度沿阀体的分布情况。系统将把之前已经绘制了的多条线段组成一条曲线，如图 12-47 所示。

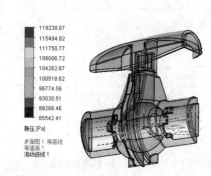

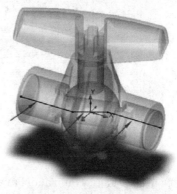

图 12-45　"流动迹线"属性管理器　　图 12-46　流动迹线　　图 12-47　多条线段组成一条曲线

2）右击"XY 图"图标，选择"插入"命令。

3）弹出"XY 图"属性管理器。选择"静压"和"速度""参数"，从 SOLIDWORKS Feature Manager 中选择"Sketch1"，如图 12-48 所示。

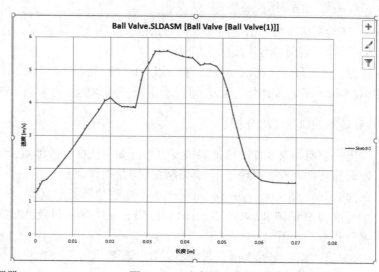

图 12-48　"XY 图"属性管理器　　　　　　　　图 12-49　速度的分布图

4）单击 导出到 Excel 按钮，生成两组数据，同时生成速度和静压的分布图，如图 12-49 和图 12-50 所示。

注意，这里的静压和速度都是沿着 Sketch1 分布的。

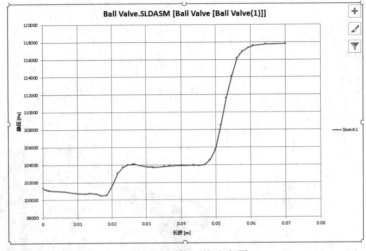

图 12-50　静压的分布图

13. 计算壁面参数值

壁面参数值（Surface Parameters）为与流体接触壁面的压力、力和热通量等参数值。这里我们关心的是压力沿着阀体的压力降。

1）右击"表面参数"图标，选择"插入"命令，如图 12-51 所示。

2）通过 SOLIDWORKS Flow Simulation 分析树中的"入口质量流量 1"选项选择 Lid1 的内侧壁面，如图 12-52 所示。

3）在弹出的如图 12-53 所示的"表面参数"属性管理器中选中"参数"选项组中的"全部"，单击 显示 按钮。

4）在绘图区下面弹出壁面参数值对话框，如图 12-54 所示。

5）关闭"表面参数"属性管理器。

注意，这里显示出在流动入口的平均静压为 117825Pa，对照前面定义的出口压力边界条件 101325Pa（即 1 标准大气压），可以看出沿着阀体的压力差为 16500Pa。

14. 球阀的参数变更分析

这里将说明如果零件的特征参数变更后，如何快捷有效地重新分析新生成的流场空间问题。本例的特征参数变更在于对阀体增加的圆角操作。

在 SOLIDWORKS Configuration Manager 中创建新的配置。

1）右击"SOLIDWORKS Configuration Manager"的根目录"Ball Valve 配置"，选择"添加配置"命令，如图 12-55 所示。

2）弹出"添加配置"属性管理器。在"配置名称"文本框中输入"Ball Valve 2"作为新的配置名称，如图 12-56 所示。

图 12-51 选择"插入"   图 12-52 选择 Lid1 的内侧壁面   图 12-53 "表面参数"属性管理器

局部参数	最小值	最大值	平均值	绝大部分平均	表面面积 [r	整体参数	数值	X 方向分量	Y 方向分量	Z 方向分量	表面面积 [m
静压 [Pa]	117788.08	117870.86	117825.30	117825.30	0.0003	质量流量 [kg/s]	0.5000				0.0003
密度 (流体) [kg/m^3]	997.56	997.56	997.56	997.56	0.0003	体积流量 [m^3/s]	0.0005				0.0003
速度 [m/s]	1.615	1.615	1.615	1.615	0.0003	表面面积 [m^2]	0.0003	0.0003	-7.8528e-20	6.3781e-19	0.0003
速度 (X) [m/s]	1.615	1.615	1.615	1.615	0.0003	绝对总焓率 [W]	618425.576				0.0003
速度 (Y) [m/s]	0	0	0	0	0.0003	均匀性指数 [ ]	1.0000000				0.0003

图 12-54 壁面参数值对话框

3）添加配置后的SOLIDWORKS Configuration Manager，如图12-57所示。

4）在SOLIDWORKS Feature Manager中右击Ball零件，再单击"打开零件"按钮，如图12-58所示。

5）右击SOLIDWORKS Configuration Manager中的"ball配置（standard）"选项，选择"添加配置"命令，如图12-59所示。

6）弹出"添加配置"属性管理器。在"配置名称"文本框中输入"Ball 3"作为新的配置名称，如图 12-60 所示。

图 12-55　选择"添加配置"命令　　　　　　　图 12-56　输入配置名称

图 12-57　添加配置　　　　　　　　图 12-58　单击"打开零件"按钮

7）添加配置后的 SOLIDWORKS Configuration Manager 如图 12-61 所示。

8）在球阀曲面上增加半径为 1.5mm 的圆角，如图 12-62 所示。

9）保存 Ball 零件后，回到 SOLIDWORKS Feature Manager，右击 Ball 零件，再单击"零部件属性"按钮，如图 12-63 所示。

10）打开"零部件属性"对话框。选中新生成的配置名称"Ball 2"，如图 12-64 所示。

11）单击"确定"按钮，关闭对话框。

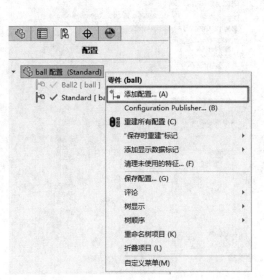

图 12-59 选择"添加配置"命令

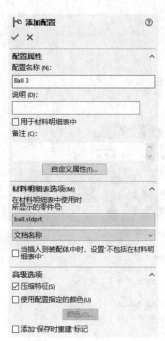

图 12-60 输入配置名称

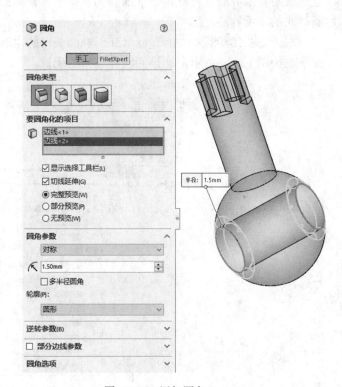

图 12-61 添加配置

图 12-62 添加圆角

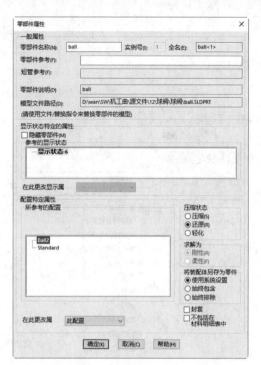

图 12-63　单击"零部件属性"按钮　　　　图 12-64　"零部件属性"对话框

这样就用新生成的具有圆角特征的球阀代替了原来的配置。下面在 Flow Simulation 中求解新球阀的流场特性。

12）右击 SOLIDWORKS Configuration Manager 的"Ball Valve"选项，选择"显示配置"命令，如图 12-65 所示，切换回没有圆角的配置。

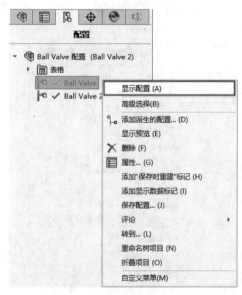

图 12-65　选择"显示配置"命令

15. 复制项目

1）选择"工具"菜单栏中的"Flow Simulation"→"项目"→ "克隆项目"命令。

2）打开"克隆项目"属性管理器。在"配置"选项组中的"要添加项目的配置"下拉列表中选择"选择"。

3）在"配置"列表框中选择"Ball Valve 2"配置，如图12-66所示。

4）单击✓按钮，并在之后出现的一系列消息框中单击"是"。

这样就完成了从"Ball Valve"到"Ball Valve 2"配置的复制，所有在"Ball Valve"中输入的条件也都被复制到"Ball Valve 2"中，而不必再手工创建。此时对"Ball Valve 2"进行新的条件设置，如设置新的边界条件，不会影响"Ball Valve"的现有结果。

16. SOLIDWORKS Flow Simulation 参数变更分析

下面介绍零件几何参数变更后的分析方法。

1）单击"Flow Simulation"工具栏中的"克隆项目"按钮📇。

2）打开"克隆项目"属性管理器。在"配置"选项组中的"要添加项目的配置"下拉列表中选择"新建"。

3）在"配置名称"文本框中填写新的配置名称为"Ball Valve 3"，如图12-67所示。

这样就完成了"Ball Valve 3"配置的创建过程，同样所有在"Ball Valve"中输入的条件也都被复制到"Ball Valve 3"中。如果要对"Ball Valve 3"进行新的条件设置，如将质量流动速率改为0.75kg/s，按照前面的方法进行求解及分析结果即可。

图12-66 "克隆项目"属性管理器

图12-67 "克隆项目"属性管理器

第 **13** 章

SOLIDWORKS Flow Simulation 2022

分析实例

本章通过三个实例进一步说明了使用SOLIDWORKS
Flow Simulation 2022进行CFD分析的方法。

学 习 要 点

- ◎ CFD 分析实例
- ◎ CFD 分析技巧

13.1 电子设备散热问题

本例是对一个电子设备的内部流场计算，其中考虑了固体的热传导问题。电子设备散热模型如图 13-1 所示。

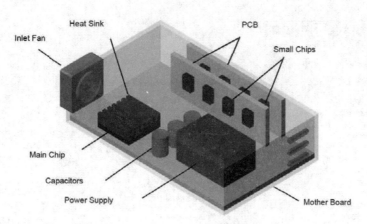

图 13-1　电子设备散热模型

1. 打开 SOLIDWORKS 模型

打开位于"电子设备散热"文件夹内的文件"Enclosure Assembly.SLDASM"。

2. 修改模型

一般在做 CFD 分析时会忽略一些过于细节的特征，如一些小零件结构或者是装配结构，同样在进行 SOLIDWORKS Flow Simulation 分析之前也需要观察哪些特征是不需要的，并将其忽略，这样可以大量地节约计算资源和计算时间。本例是以 Fan 作为 Inlet lid 的边界条件，而风扇过于复杂，需要忽略。

1）在 FeatureManager 设计树中选中 Screw 组和 Fan 装配体。选择时需要按下 Ctrl 键实现复选。

2）在选择的选项上面右击，在弹出的快捷菜单中单击"压缩" 命令，将风扇及组件压缩，如图 13-2 所示。

3）在 FeatureManager 设计树中选中"Inlet Lid"、"Outlet Lid"和"Screwhole Lid"及它们的阵列，在选择的选项上面右击，在弹出的快捷菜单中单击"解除压缩" 命令。

3. 创建 SOLIDWORKS Flow Simulation 项目

1）单击"Flow Simulation"工具栏中的"向导"按钮 ，弹出"向导 - 项目名称"对话框，如图 13-3 所示。

2）在"项目名称"文本框中输入"Inlet Fan"，然后在"配置"下拉列表中选择"新建",其他采用默认设置,创建新的项目。

3)单击"下一步"按钮,弹出"向导-单位系统"对话框。

在该对话框中将创建名为"USA Electronics"的单位制系统。

图 13-2　压缩风扇及组件

图 13-3　"向导-项目名称"对话框

4)选择计算的单位制,本例选择"USA"。勾选"新建"复选框,在工程数据库中创建一个新的单位系统,命名为"USA",如图 13-4 所示。

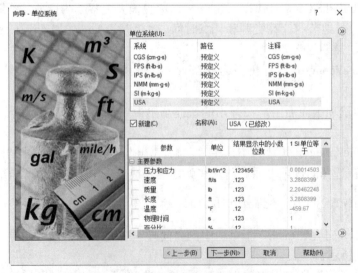

图 13-4　"向导-单位系统"对话框

在 SOLIDWORKS Flow Simulation 中有一些预先定义好的单位系统，但是一般用户使用自己的单位系统会更加方便。可以通过直接修改工程数据库或者在项目向导里的操作来创建所需的单位系统。

5）在"长度"的 "单位"下拉列表中选择"英寸"作为长度的单位，如图 13-5 所示。

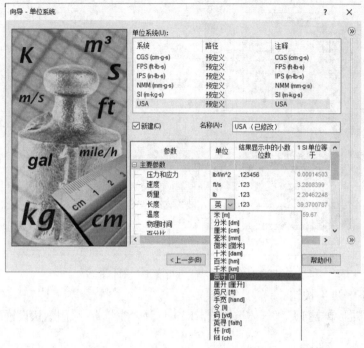

图 13-5　设置长度单位

6）在"参数"栏中单击打开"热量"选项，将"动能"的单位设置为"N·mm"，将"总热流和功耗"的单位设置为"W"，将"热通量"的单位设置为"W/m^2"，如图 13-6 所示。

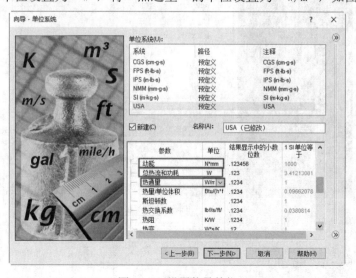

图 13-6　设置热量单位

7）单击"下一步"按钮，弹出"向导-分析类型"对话框。

8）将"分析类型"设定为"内部"，且在"物理特征"栏中勾选"传导率"，如图 13-7 所示。

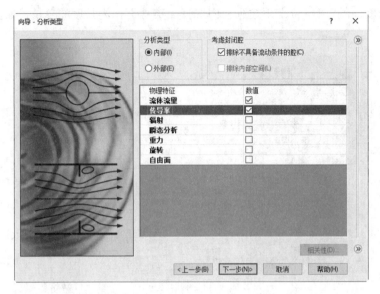

图 13-7　"向导-分析类型"对话框

9）单击"下一步"按钮。

10）在流体树上单击打开"气体"选项，双击选择"空气"，采用默认设置，如图 13-8 所示。

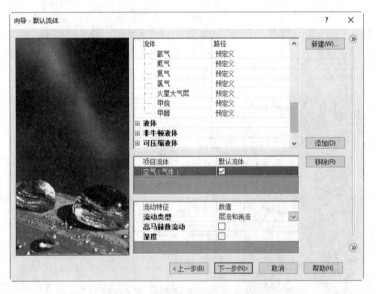

图 13-8　选择"空气"介质

11）单击"下一步"按钮。

12）选择"合金"→"不锈钢 321"，对默认固体赋值，这样就完成了固体材料的定义，如图 13-9 所示。

图 13-9　定义固体材料

这里 SOLIDWORKS Flow Simulation 对所有的固体赋予了相同的材料属性。也可以在创建项目之后对不同的固体结构赋予不同的材料属性。

13) 单击"下一步"按钮。

14) 单击"下一步"按钮，采用默认的壁面条件，如图 13-10 所示。

图 13-10　采用默认的壁面条件

由于我们并不关心流体流经壁面的传热条件，所以选择接受绝热壁面，表明壁面是绝热的。

可以自行定义壁面的表面粗糙度值（*Rz* 值），设置为真实的壁面边界条件。

15）由于初始值与最终的计算值越接近，计算时间就越短，因此这里我们根据常理做出判断，将"热动力参数"中的"温度"设置为 50℉，将"固体参数"中的"初始固体温度"设置为 50℉，如图 13-11 所示。

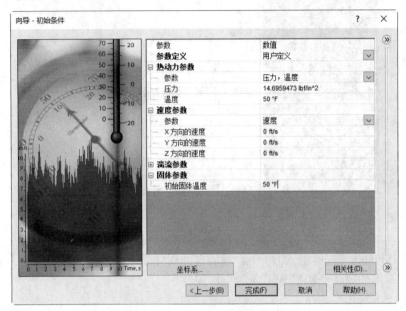

图 13-11　设置温度

16）单击"完成"按钮，完成一个新的配置的创建。

17）在 SOLIDWORKS Flow Simulation 分析树中右击"计算域"选项，选择"隐藏"命令，隐藏计算区域的黑色线框。

4. 定义风扇

风扇（Fan）实际上是边界条件之一。可以在没有被边界条件和源相指定的壁面上设置风扇，也可以在模型上的出口处创建的盖子（Lids）上创建风扇，还可以在流动区间内部设置风扇，这种风扇叫作内部风扇（Internal Fans）。风扇是一种产生体积或者质量流动的理想设备，其性能依赖于选定的流入面和流出面的静压差。在工程数据库里面已经定义了风扇性能曲线，该曲线是体积流动速率或者质量流动速率相对于静压差的函数。

一般在有风扇设置的求解问题里面需要知道风扇的性能。如果在工程数据库里面找不到相应的风扇性能曲线，那就需要人为定义。

1）单击菜单栏中的"工具"→"Flow Simulation（O）"→"插入"→"风扇"，系统弹出"风扇"属性管理器。

2）"风扇"类型选择"外部入口风扇"。

3）"流体流出风扇的面"选择 Inlet Lid 的内表面。

4）设置"全局坐标系"作为参考坐标系统（Coordinate System）。

5）"参考轴" 选择 X 方向。

6）单击"风扇"选项组中的"预定义"，从数据库里面选择"预定义"→"风机曲线"→"Papst"→"DC-Axial"→"Series 400"→"405"→405"选项。

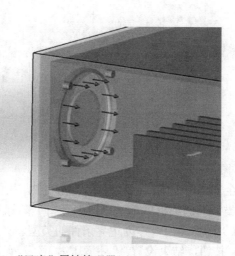

图13-12 "风扇"属性管理器

7）系统在"风扇"属性管理器中增加一个"流动参数"选项组。在"流动参数"选项组中选择 "旋转"形式。

8）设置 "入口处的角速度"的数值为"100rad/s"，采用 "入口处的径向速度"为"0ft/s"的默认数值。

9）在"热动力参数"选项组中确认 "环境压力"的数值为标准大气压，如图 13-12所示。

10）单击✔按钮，则在 SOLIDWORKS Flow Simulation 分析树的"风扇"图标下创建一个名为"外部入口风扇1"的风扇，如图 13-13 所示。

5.定义边界条件

1）在 SOLIDWORKS Flow Simulation 分析树中右击"边界条件"图标，选择"插入边界条件"命令，如图 13-14 所示。弹出"边界条件"属性管理器。

图 13-13　创建"外部入口风扇 1"

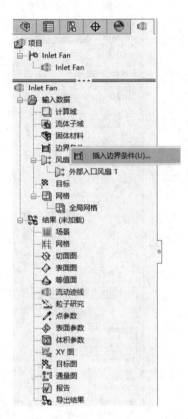

图 13-14　选择"插入边界条件"命令

2）选择全部流出盖子（outlet lids）的内侧面。

3）在"类型"选项组中单击"压力开口"图标🞧，以"压力开口"作为边界条件的基本设置，并以"环境压力"作为边界条件的类型，如图 13-15 所示。

4）单击✔按钮，结束设置。"环境压力 1"选项会出现在"边界条件"选项中。

6.定义发热源

1）单击菜单栏中的"工具"→"Flow Simulation（O）"→"插入"→"体积热源"命令，弹出"体积热源"属性管理器。

2）在 FeatureManager 设计树中选择"main chip"作为该体积热源的应用对象。

3）在"参数"选项组中的"源类型"选项中采用默认的"热功耗"📇。

4）在"热功耗"Q 文本框中输入"5W"，如图 13-16 所示。

5）单击✔按钮，则在 SOLIDWORKS Flow Simulation 分析树的"热源"图标下创建一个名为"VS 热功耗 1"的发热源，如图 13-17 所示。直接单击，将其重新命名为"main chip"。

体积热源允许定义发热率（单位为 W）、体积发热率（单位为 W/mm^3）或者体积恒温的边界条件。可以用热导率，也可用热通量（W/mm^2）来定义表面热源。

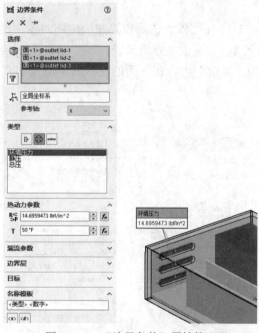

图 13-15　"边界条件"属性管理器

图 13-16　"体积热源"属性管理器

6）在 SOLIDWORKS Flow Simulation 分析树中右击"热源"图标，选择"插入体积热源"命令，如图 13-18 所示。弹出"体积热源"属性管理器。

7）在 Feature Manager 设计树中选择三个"capacitor"。

图 13-17　创建"VS 热功耗 1"

图 13-18　选择"插入体积热源"命令

8）在"参数"选项组中选择"源类型"为"温度" $^{T_□}$ 。

9）在"温度" **T** 文本框中输入"100℉"，如图 13-19 所示。

10）单击✔按钮，则在"热源"图标下创建一个名为"VS 温度 2"的图标。直接单击，将其重新命名为"capacitors"。

11）按照同样的操作步骤，将全部的"small chip"作为该体积热源的应用对象，设置"源类型"为"热功耗" $^{□□}$ ，在下面的文本框中输入 4W，如图 13-20 所示。然后将"power supply"作为该体积热源的应用对象，设置"源类型"为"温度" $^{T_□}$ ，在下面的文本框中输入 120℉，如图 13-21 所示。

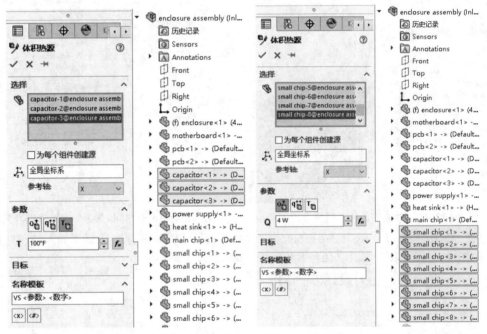

图 13-19　设置"capacitor"体积热源　　　　图 13-20　设置"small chip"体积热源

12）将芯片的热源重命名为"Small Chips"，然后将电源的热源重命名为"Power Supply"，如图 13-22 所示。

13）单击"文件"→"保存"按钮。

7.创建新材料

芯片的材料是环氧树脂（Epoxy），但是 SOLIDWORKS Flow Simulation 的工程数据库里没有这个材料，这里需要用户自己定义。

1）单击"Flow Simulation"工具栏中的"工程数据库"按钮 ，弹出"工程数据库"对话框，如图 13-23 所示。

2）在"数据库树"里单击打开"材料"选项，然后单击工具栏中的"新建项目"图标 。

3）在"项目"列表框中设置物性参数如下：

名称 = Epoxy

注释 = Epoxy Resin

密度 = 1120 kg/m^3

图 13-21 设置"power supply"体积热源

图 13-22 重命名热源

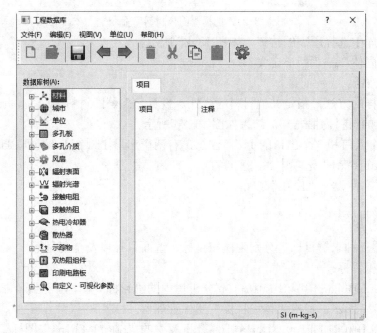

图 13-23 "工程数据库"对话框

比热容= 1400 J/(kg*K)

热导率 = 0.2 W/(m*K)

熔点温度 = 1000 K

4）单击"保存"按钮 。

8.定义固体的材料属性

1）选择菜单栏中的"工具"→"Flow Simulation（0）"→"插入"→"固体材料"命令，如图 13-24 所示。弹出"固体材料"属性管理器。

2）在 Feature Manager 设计树中单击"MotherBoard,PCB（1）,PCB（2）"作为定义材料的应用对象。

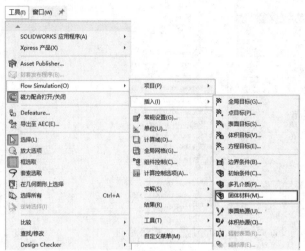

图 13-24 选择"固体材料"命令

3）从数据库中选择所需的材料，如图 13-25 所示。

4）选择"固体"→"用户定义"→"Epoxy"。

5）单击✔按钮。

6）按照同样的方法，指定其他材料的属性，设置 chips 的材料为硅，heat sink 的材料为铝，4 个 lid 的材料为尼龙-6，结果如图 13-26 所示。

这里有 1 个入口和 3 个出口的 lid。注意，有两个出口 lid 在 Feature Manager 设计树的"Derived Pattern1"选项中。

7）单击"文件"→"保存"按钮。

9.定义求解目标

这里要设置三种求解目标，分别为体积目标、壁面目标以及全局目标。

1）设置体积目标：

① 右击 SOLIDWORKS Flow Simulation 分析树中的"目标"图标，选择"插入体积目标"命令，如图 13-27 所示。弹出"体积目标"属性管理器。

② 单击 SOLIDWORKS Flow Simulation 分析树中的"Small Chips"图标。

③ 在"参数"表的"温度（固体）"行中选中"最大值"，注意"用于控制目标收敛"已经被选中，表明将会使用定义的求解目标作为收敛控制，如图 13-28 所示。

④ 单击✔按钮，在"目标"选项中创建完成名为"VG 最大值 温度（固体）1"的选项。

⑤ 右击新生成的"VG 最大值 温度（固体）1"图标，选择"属性"命令，如图 13-29 所示，在弹出的"特征属性"对话框的"名称"文本框中输入 "VG Small Chip 最大值温度"，

重命名该图标，如图 13-30 所示。

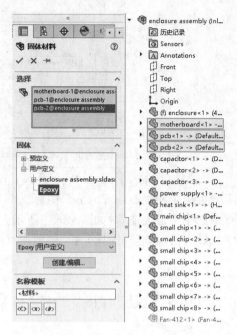

图 13-25 选择材料

图 13-26 指定其他材料的属性

图 13-27 选择"插入体积目标"命令

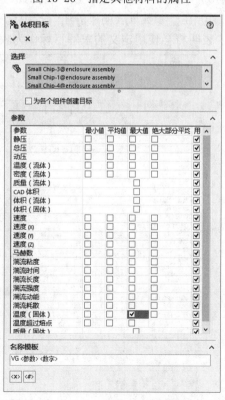

图 13-28 "体积目标"属性管理器

327

⑥ 右击 SOLIDWORKS Flow Simulation 分析树中的"目标"图标，选择"插入体积目标"命令，弹出"体积目标"属性管理器。

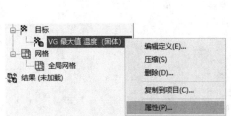

图 13-29 选择"属性"命令　　　　　　　图 13-30 输入"VG Small Chip 最大值温度"

⑦ 单击 SOLIDWORKS Flow Simulation 分析树中的"Main Chips"图标。

⑧ 在"参数"表的"温度（固体）"行中选中"最大值"，如图 13-31 所示。

⑨ 单击✔按钮，重命名自动生成的"VG 最大值 温度（固体）1"选项为"VG Chip 最大值温度"。

2）设置壁面目标：

① 右击 SOLIDWORKS Flow Simulation 分析树中的"目标"图标，选择"插入表面目标"命令，如图 13-32 所示。弹出"表面目标"属性管理器。

② 单击 SOLIDWORKS Flow Simulation 分析树中的"外部入口风扇 1"图标。

③ 在"参数"表的"静压"行中选中"平均值"。注意"用于控制目标收敛"已经被选中，表明将会使用定义的求解目标作为收敛控制。

图 13-31 "体积目标"属性管理器

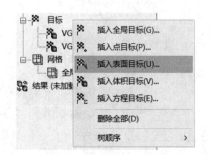

图 13-32 选择"插入表面目标"命令

④ 从"名称模板"中移除"<数字>"，此时在"名称模板"中显示出"SG<参数>"，如图 13-33 所示。

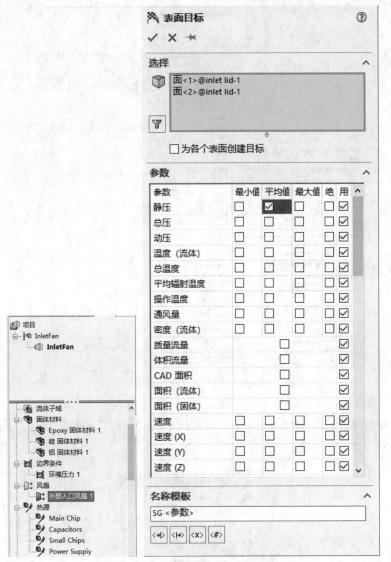

图 13-33 "表面目标"属性管理器

⑤ 单击✔按钮，自动生成新的压力目标选项"SG 平均值 静压"。

⑥ 右击 SOLIDWORKS Flow Simulation 分析树中的"目标"图标，选择"插入表面目标"命令。

⑦ 单击"SOLIDWORKS Flow Simulation" 分析树中的"环境压力 1"图标。

⑧ 在"参数"表中选中"质量流量"。注意"用于控制目标收敛"已经被选中，表明将会使用定义的求解目标作为收敛控制，如图 13-34 所示。

⑨ 单击 按钮，从"名称模板"中移除"<数字>"。

⑩ 单击✔按钮，自动生成新的压力目标选项"SG 出口质量流量"。

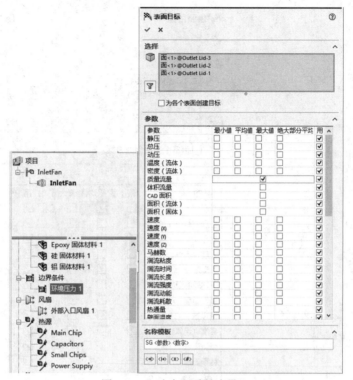

图 13-34 选中"质量流量"

3）设置全局目标：

① 右击 SOLIDWORKS Flow Simulation 分析树中的"目标"图标，选择"插入全局目标"命令，如图 13-35 所示。

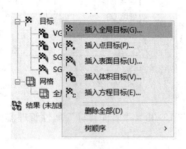

图 13-35 选择"插入全局目标"命令

② 在"参数"表的"静压"行中选中"平均值"，在"参数"表的"温度（流体）"行中选中"平均值"。注意"用于控制目标收敛"已经被选中，表明将会使用定义的求解目标作为收敛控制。

③ 从"名称模板"中移除"〈数字〉"。然后单击✔按钮，生成"GG 平均值静压"和"GG 平均值温度（流体）"，如图 13-36 所示。

④ 单击"文件"→"保存"按钮，完成目标设置。

10. 设定几何分辨率

1）右击 SOLIDWORKS Flow Simulation 分析树中的"全局网格"按钮 ，在弹出的快捷菜单中选择"编辑定义"命令，系统弹出"全局网格设置"属性管理器。

2）采用"初始网格的级别"的设置。"类型"选择"自动"图标，输入"0.15in"作为"最小缝隙尺寸"，如图 13-37 所示。

3）单击 ✔ 按钮，完成设置。

图 13-36 全局目标

图 13-37 "全局网格"属性管理器

11. 求解计算

1）单击"Flow Simulating"工具栏中的"运行"按钮▷，弹出"运行"对话框，如图 13-38 所示。

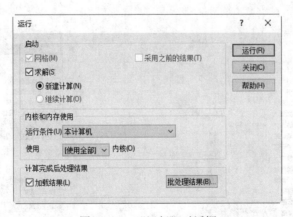

图 13-38 "运行"对话框

2）采用默认设置，单击"运行"按钮。

图 13-39 所示为计算过程中不同变量的收敛速度。可以看出，不同的求解目标具有不同的收敛速度。如果只是关注某种目标的结果，则可以提前结束求解过程。

12. 查看求解目标的结果

这里可以查看之前预设置的求解目标的求解结果，并可以看到计算收敛的最后结果，这样可以对计算结果有一个充分的判断。

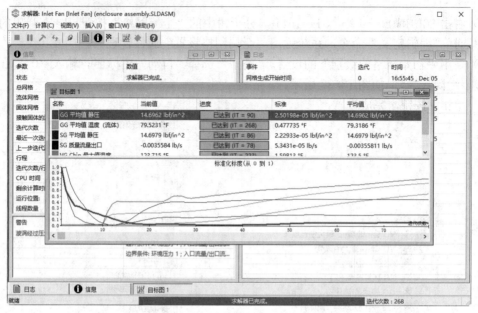

图 13-39　计算过程中不同变量的收敛速度

1）右击 SOLIDWORKS Flow Simulation 分析树中的"目标图"图标，选择"插入"命令，如图 13-40 所示。弹出"目标图"属性管理器。

2）在"目标图"属性管理器中的"目标过滤器"中选择"全部"，如图 13-41 所示。

图 13-40　选择"插入"命令

图 13-41　"目标图"选项

3）单击 导出到 Excel 按钮。

4）生成 Excel 表格，其中引出了求解目标的计算结果，如图 13-42 所示。可以看到，"VG Chip 最大值温度"为 123.72℉，"VG Small Chip 最大值温度"为 164.31℉。

目标名称	单位	数值	平均值	最小值	最大值	进度 [%]	用于收敛	增量	标准
GG 平均值 静压	[lbf/in^2]	14.69617844	14.69617823	14.6961778	14.69617875	100	是	4.0313E-07	2.50198E-05
GG 平均值 温度（流体）	[°F]	79.52305291	79.31861431	79.05325199	79.52305291	100	是	0.46980092	0.477735282
SG 平均值 静压	[lbf/in^2]	14.69788167	14.69788078	14.69787968	14.69788197	100	是	1.8583E-07	2.22933E-05
SG 质量流量出口	[lb/s]	-0.0035584	-0.00355811	-0.00355894	-0.00355719	100	是	1.16167E-07	5.3431E-05
VG Small Chip 最大值温度	[°F]	164.3111242	164.0582982	163.7837964	164.3111242	100	是	0.52332781	2.767365991
VG Chip 最大值温度	[°F]	123.7153041	123.4999712	123.2248862	123.7153041	100	是	0.49041789	1.598132851

a) 总表

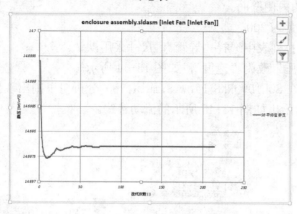

b) "静压" 图表

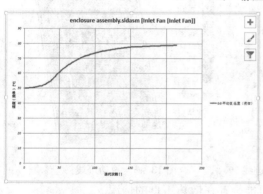

c) GG 平均值 温度（流体）图表

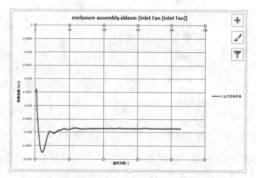

d) SG 出口质量流量 图表

	A	B	C	D	E	F	G	H	I	J	K
1											
2	静压 [lbf/in^2]			温度（流体）[°F]			静压 [lbf/in^2]			质量流量 [lb/s]	
3											
4	迭代次数 [ ]	GG 平均值 静压		迭代次数 [ ]	GG 平均值 温度（流体）		迭代次数 [ ]	SG 平均值 静压		迭代次数 [ ]	SG 质量流量出口
5											
6		是			是			是			是
7		100			100			100			100
8		4.0313E-07			0.46980092			1.8583E-07			1.16167E-07
9		2.50198E-05			0.477735282			2.22933E-05			5.3431E-05
10		14.69617823			79.31861431			14.69788078			-0.00355811
11		14.6961778			79.05325199			14.69787968			-0.00355894
12		14.69617875			79.52305291			14.69788197			-0.00355719
13	1	14.69791336		1	50.01238329		1	14.69967543		1	-0.00223623
14	2	14.69718296		2	50.02333992		2	14.69878324		2	-0.0022069
15	3	14.69691242		3	50.0333893		3	14.69821797		3	-0.00289573
16	4	14.69668843		4	50.04321722		4	14.69779727		4	-0.00331359
17	5	14.69666187		5	50.0537757		5	14.69770381		5	-0.00361916
18	6	14.69657331		6	50.0701044		6	14.69759281		6	-0.00385678
19	7	14.69654253		7	50.08662741		7	14.69754804		7	-0.0041539
20	8	14.69647095		8	50.10237951		8	14.69751415		8	-0.00435532
21	9	14.69643838		9	50.11778477		9	14.6974935		9	-0.00450643
22	10	14.69637462		10	50.13315137		10	14.69748091		10	-0.0045944
23	11	14.69634576		11	50.16788317		11	14.69747486		11	-0.00465108
24	12	14.6962827		12	50.20573211		12	14.69748003		12	-0.00467676

e) 图数据

图13-42 计算结果

13. 流动轨迹图

1）右击"流动迹线"图标，选择"插入"命令，如图 13-43 所示。弹出"流动迹线"属性管理器。

2）在 SOLIDWORKS Flow Simulation 分析树中单击"外部入口风扇 1"图标，这样就选择了 Inlet Lid 零件的内侧壁面。

3）将"点数"设置为 200。

4）在绘制迹线下拉列表中选择"导管"，尺寸采用默认。

5）将参数从"静压"改为"速度"，如图 13-44 所示。

6）单击 ✔ 按钮，在 SOLIDWORKS Flow Simulation 分析树里则出现新的名字为"流动迹线 1"的图标，同时显示出如图 13-45 所示的流动迹线。

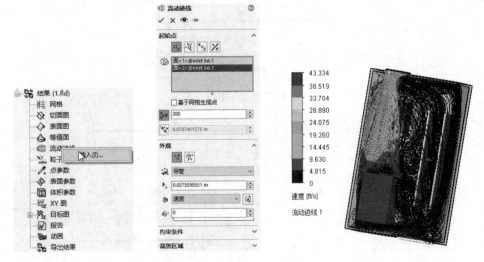

图 13-43　选择"插入"　　　图 13-44　流动迹线　　　图 13-45　流动迹线

这里可以看出 PCB(2)上只有几条流线，可能会存在散热不良的情况。

7）右击"流动迹线 1"，选择"隐藏"命令，如图 13-46 所示。

14. 截面图

1）右击"切面图"图标，选择"插入"命令，如图 13-47 所示。弹出"切面图"属性管理器。

2）以"Front"平面作为截面的位置。

3）将"级别数"设定为"30"，如图 13-48 所示。

4）单击 ✔ 按钮，则在 SOLIDWORKS Flow Simulation 分析树中出现了"切面图 1"图标。

5）以"上视图"的方式显示流场图。可以看到，风扇附近和出口处的高速区以及 PCB 和电容附近的低速区域。图 13-49 所示为显示的温度场。

6）双击图 13-49 左侧的颜色图标，弹出"刻度标尺"属性管理器。

7）将参数从"速度"改为"温度"。

图 13-46 选择"隐藏"命令

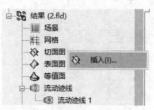

图 13-47 选择"插入"命令

图 13-48 "切面图"属性管理器

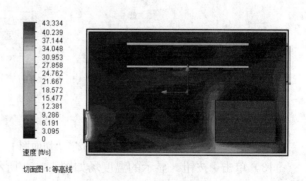

速度 [ft/s]
切面图 1:等高线

图 13-49 显示的温度场

8)将最小值设置为 50℉,最大值设置为 120℉,如图 13-50 所示。

9)单击 ✔ 按钮。

10)右击"切面图 1",单击"编辑定义"命令,如图 13-51 所示。弹出"切面图 1"属性管理器。

11)单击"矢量"图标,将"偏移位置"设置为"-0.2 in"。

图 13-50　"刻度标尺"属性管理器　　　　　图 13-51　单击"编辑定义"命令

12）设置"间距"为"0.18 in"、"箭头大小"为"0.2 in"、"最大值"为"1ft/s"，如图 13-52 所示。

图 13-52　"切面图 1"属性管理器

13）单击✔按钮。显示的温度场如图 13-53 所示。

14）观察计算结果后，右击"切面图 1"，选择"隐藏"命令。

可以看出，矢量箭头大的地方温度较低，矢量箭头小的地方温度较高。这是因为矢量箭头本身代表着流场速度的大小，速度高的地方，散热好，温度自然较低。

15. 壁面温度图

1）右击"表面图"图标，选择"插入"命令，如图 13-54 所示。弹出"表面图"属性管理器。

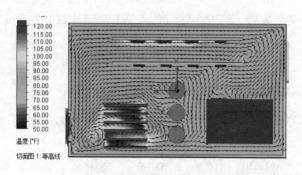

图 13-53　显示的温度场　　　　　　　　图 13-54　选择"插入"命令

2）按住 Ctrl 键，在 SOLIDWORKS Flow Simulation 分析树中选择"铝"选项和"硅"选项，作为表面的应用对象。

3）单击✔按钮。

4）重复 1）、2）步骤，选择"power supply"和三个"capacitor"选项，如图 13-55 所示，单击✔按钮，生成壁面温度图，如图 13-56 所示。

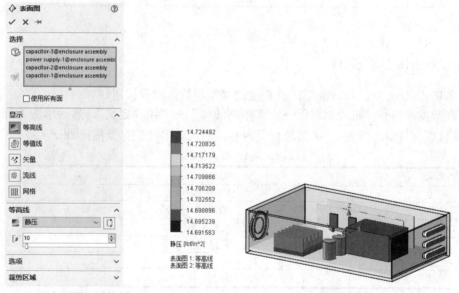

图 13-55　"表面图"属性管理器　　　　　　　图 13-56　壁面温度图

从图中可以看出在电路板上的不同颗粒的散热分布情况，其中后排远离风扇位置的芯片颗粒的温度明显高于接近风扇位置处的芯片颗粒。

13.2　非牛顿流体的通道圆柱绕流

1.问题描述

本例研究的是一个非牛顿流体在长方形通道的流动问题。如图 13-57 所示，该长方形通

道内放置有圆柱，圆柱截面平行于来流方向。该非牛顿流体遵循幂率定律，其黏度定义为

$$\eta = k(\gamma)^{n-1}$$

式中，常量系数 K=20Pa·s，γ 为运动黏度，幂指数 n =0.2。其他物理特性同水。

该问题在于求解全程的压力损失，同时与水做比较。设来流方向均匀，流动流量为 50cm³/s，出口压力为 1atm（1atm=101325Pa）。求解目标为出口和入口的压力差。

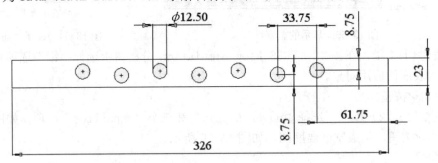

图 13-57　长方形通道

2.定义该流体的物理特性

1）单击"Flow Simulation"工具栏中的"工程数据库"按钮。
2）在数据库树里单击"材料"→"非牛顿液体"→"用户定义"，然后单击工具栏中的"新建项目"图标，按表 13-1 填写相关内容，然后单击"保存"按钮。

表 13-1　相关参数

名称	XGum
密度	1000 kg/m^3
比热容	4000 J/（kg·K）
热导率	0.6 W/（m·K）
黏度	幂律模型
一致性系数	20 Pa·s
幂律指数	0.2

3.项目定义

通过"向导"建立并定义如下内容（见表 13-2）。

表 13-2　建立并定义内容

项目名称	新建：XGS
单位系统	CGS（已修改）：压力和应力；Pa
分析类型	内部；排除不具备流动条件的腔
物理特征	不选择物理特征（默认）
流体	XGum（非牛顿液体）
流动特征	流动类型：仅层流
壁面条件	绝热壁面，默认光滑壁面
初始条件	默认条件

4.边界条件

1）入口边界条件。

入口体积流量1：入口流量为50cm³/s，默认温度，选中如图13-58所示的平面。

2）出口边界条件。

静压1：出口静压为1atm（即101325Pa），选中如图13-59所示的平面。

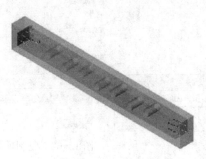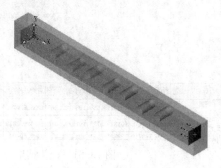

图13-58　入口边界条件　　　　　　　　　图13-59　出口边界条件

5.定义求解目标

1）定义出口和入口的"总压平均值"为"表面目标"的求解目标。

2）定义"方程目标"为两者之差，这样便定义了出口和入口的压力差，如图 13-60 所示。

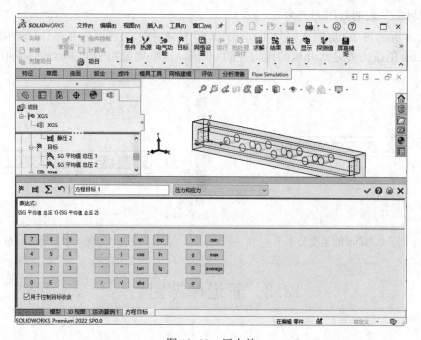

图13-60　压力差

运行并得到如图13-61所示的计算结果。

"方程目标"表明其压力差为3996Pa。

6. 与水介质做比较

1) 用复制的方法新建一个项目，命名为"水"，如图 13-62 所示。

2) 单击"Flow Simulation"工具栏中的"常规设置"，将介质从"XGum"改为"水"。

3) 在"流动类型"中选择"层流和湍流"。

4) 单击✔按钮，重新运行该项目。

图 13-62　复制项目

目标名称	单位	数值	平均值	最小值	最大值	进度 [%]	用于收敛	增量	标准
SG 平均值总压 1	[Pa]	105325.5644	105321.1556	105312.2268	105328.9732	100	是	16.74638914	101.0477452
SG 平均值总压 2	[Pa]	101329.3676	101329.372	101329.3676	101329.3878	100	是	0.020124776	0.069886463
方程目标 1	[Pa]	3996.196716	3991.783541	3982.855322	3999.60484	100	是	16.74951828	101.0760215

图 13-61　计算结果

运行并得到如图 13-63 所示的计算结果。

目标名称	单位	数值	平均值	最小值	最大值	进度 [%]	用于收敛	增量	标准
SG 平均值总压 1	[Pa]	101396.1375	101395.2947	101394.0647	101396.1375	100	是	2.072740761	3.093995554
SG 平均值总压 2	[Pa]	101329.1662	101329.1935	101329.1522	101329.2287	100	是	0.076520964	0.079794532
方程目标 1	[Pa]	66.97129814	66.10120199	64.83605061	66.97129814	100	是	2.135247533	3.094299548

图 13-63　计算结果

"方程目标"表明其压力差为 66.97Pa。

图 13-64 所示为 XGum 的速度分布，图 13-65 所示为水的速度分布。计算结果表明，非牛顿介质 XGum 的压力差是水介质的压力差的 60 倍，这主要是由于非牛顿流体具有较高的黏度系数。

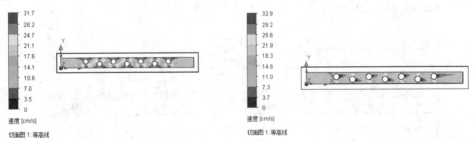

图 13-64　XGum 的速度分布　　　　图 13-65　水的速度分布

13.3　管道摩擦阻力

1. 问题描述

本例研究的是水在湍流状态下对理想光滑管道作用的壁面摩擦力，并对比在不同流速条件下作用力的变化情况。管道直径为0.02m，剪切力的作用长度为0.2m，流动为完全发展的湍流。

在本例中需要对湍流的状态进行描述，湍流参数（Turbulence Parameters）为湍流强度（Turbulence Intensity）和湍流长度（Turbulence Length）。

湍流强度 I 定义为速度波动的几何平均值 u' 和平均流动值 u_{avg} 的比值。一般湍流强度在1%以下认为强度很低，湍流强度在 10%以上则认为强度较高。最好的湍流强度的评测方法是在入口处增加测试装置，对湍流强度进行测量。一般对于完全发展的管道流动，其湍流强度可以定义为

$$I \equiv \frac{u'}{u_{avg}} = 0.16(Re)^{-1/8}$$

湍流长度 l 用于描述容纳动能的大尺度漩涡的尺度。由于漩涡的尺度受到流体流动空间几何条件的限制，一般估计公式为

$$l = 0.07D$$

式中，D 为管道直径。

这里需要用户自己计算湍流参数，并在初始条件（Initial Conditions）中对其进行设置。"常规设置"对话框如图13-66所示。设置参数参考表13-3中的计算式。

表13-3　设置参数参考的计算式

$Re = \rho \dfrac{VD}{u}(20°C)$	$Re = 1 \times \dfrac{10 \times 0.02}{1 \times 10^{-6}} = 2 \times 10^5$
$I = 0.16(Re)^{-1/8}$	$I = 0.16(2 \times 10^5)^{-1/8} = 3.5\%$
$l = 0.07D$	$l = 0.07 \times 0.02 = 0.0014$

注：ρ—流体密度；v—平均流速；D—管道直径；u—流体动力黏度；I—湍流强度；l—湍流长度。

图13-66　"常规设置"对话框

2. 项目定义

通过"向导"建立并定义如下内容（见表 13-4）。

表 13-4　设置参数

项目名称	新建：DragForce10
单位系统	SI(m-kg-s)
分析类型	内部
物理特征	不选择物理特征（默认的）
流体	水
流动特征	流动特征：仅湍流
壁面条件	绝热壁面，默认光滑壁面
初始条件	湍流强度：3.5% 湍流长度：0.0014m

3. 边界条件

1）入口边界条件。

入口速度：入口流量为 10 m/s，默认温度，选中如图 13-67 所示的入口处内侧面，勾选"充分发展流动"复选框，表明该流动为完全发展的湍流。

2）出口边界条件。

静压：出口静压为 1atm（即 101325Pa），选中如图 13-68 所示的出口处内侧面。

图 13-67　入口边界条件

图 13-68　出口边界条件

4. 定义求解目标

定义求解目标为"表面目标"，勾选"摩擦力（X）"选项，并选中流动管道的内侧面作为求解目标作用的壁面，如图 13-69 所示。

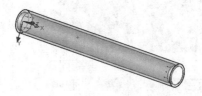
图 13-69　求解目标

运行并得到如图 13-70 所示的计算结果。

目标名称	单位	数值	平均值	最小值	最大值	进度 [%]	用于收敛	增量	标准
SG 摩擦力(X) 1	[N]	2.307484102	2.310768874	2.271871492	2.323767939	100	是	0.051896447	0.054268309

图 13-70　计算结果

改变入口速度为 20m/s，计算结果如图 13-71 所示。

目标名称	单位	数值	平均值	最小值	最大值	进度 [%]	用于收敛	增量	标准
SG 摩擦力(X) 1	[N]	8.104538197	8.118310994	7.986951672	8.164087181	100	是	0.177135509	0.190256507

图 13-71　改变入口速度后的计算结果

可以看出，两次计算得到的壁面摩擦阻力值的比值为 3.5。同时，存在着摩擦阻力是速度的二次方的关系。这里摩擦阻力略小，是因为计算过程中采用的是理想光滑的壁面，在这种情况下，阻力系数会随雷诺数的增大而减小，而在考虑壁面表面粗糙度影响的情况下，当雷诺数达到一定值的时候，阻力系数不会随雷诺数的变化而改变。